(a) Quickbird 真彩色影像（株洲市天元区 2002年，RGB组合方式 3,（4+2）/2,1）

(b)IKONOS真彩色影像（中南林业科技大学株洲校区 2002年，RGB组合方式 3,（4+2）/2,1）

彩图1　彩色合成

(a) MODIS影像大气校正前　　　　　　　(b) MODIS影像大气校正后

彩图2　遥感影像大气校正

 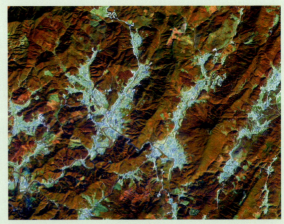

(a) SPOT5 多光谱影像 RGB321组合　　　　(b) SPOT5 多光谱影像 RGB341组合

(c) SPOT5 多光谱影像 RGB431组合　　(d) SPOT5 多光谱影像 RGB231组合　　(e) SPOT5 多光谱影像 RGB241组合

彩图3　SPOT5多光谱波段组合效果

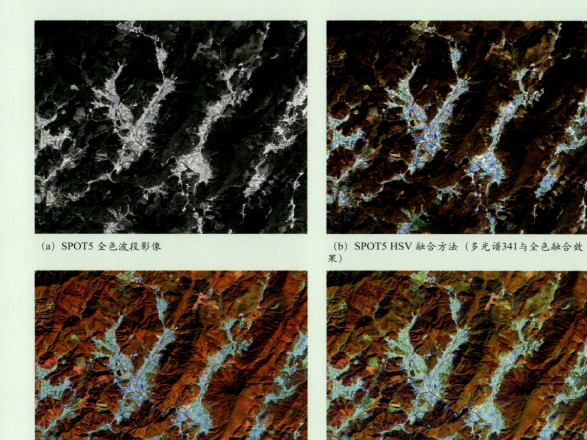

(a) SPOT5 全色波段影像

(b) SPOT5 HSV 融合方法（多光谱341与全色融合效果）

(c) SPOT5 主成分融合方法（多光谱341与全色融合效果）

(d) SPOT5 小波变换融合方法（多光谱341与全色融合效果）

彩图4　SPOT5 影像融合效果

(a) 图像增强前

(b) 高通滤波效果

(c) 低通滤波效果

彩图5　图像增强

(a) 假彩色密度分割前

(b) 假彩色密度分割后

彩图6　假彩色密度分割

(a) ALOS影像

(b) ALOS影像最大似然比分类效果

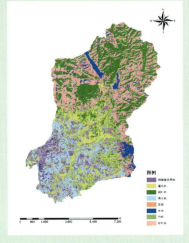
(c) ALOS影像决策树分类效果

彩图7　计算机分类

(a) 分割前真彩色影像

(b) 面向对象的影像分割效果

彩图8　面向对象的影像分割

全国高等农林院校"十二五"规划教材

林业遥感

林 辉 孙 华
熊育久 刘秀英 编著

中国林业出版社

图书在版编目（CIP）数据

林业遥感/林辉等编著. —北京：中国林业出版社，2011.7（2024.2重印）
全国高等农林院校"十二五"规划教材
ISBN 978-7-5038-6250-2

Ⅰ.①林⋯　Ⅱ.①林⋯　Ⅲ.①森林遥感-高等学校-教材　Ⅳ.①S771.8

中国版本图书馆 CIP 数据核字（2011）第 133317 号

国家林业局生态文明教材及林业高校教材建设项目

中国林业出版社·教材出版中心

策划、责任编辑：肖基浒
电话：83143555　　　　　传真：83143561

出版发行	中国林业出版社(100009　北京市西城区德内大街刘海胡同7号)
	E-mail:jiaocaipublic@163.com　电话:(010)83143500
	http://www.forestry.gov.cn/lycb.html
经　销	新华书店
印　刷	三河市祥达印刷包装有限公司
版　次	2011年7月第1版
印　次	2024年2月第7次印刷
开　本	850mm×1168mm　1/16
印　张	14.25　　插页　4
字　数	326千字
定　价	36.00元

凡本书出现缺页、倒页、脱页等质量问题，请向出版社发行部调换。

版权所有　侵权必究

前　言

　　遥感技术是20世纪60年代以来迅速发展的一门新兴的综合探测技术。遥感让我们从宏观的角度重新审视和研究我们所居住的星球。近年来随着计算机技术和空间信息技术的迅速发展，新数据卫星不断发射，遥感数据源变得更为丰富，并不断地向高空间分辨率和高光谱分辨率方向发展。同时，遥感图像处理技术也在不断提高，图像处理软件日益丰富，图像处理功能和手段不断得到完善，使得遥感应用技术也不断提高。林业是国民经济的重要组成部分，也是我国较早引入遥感技术的行业之一。20世纪70年代我国林业工作者开始遥感技术的研究和应用工作，并逐步进行推广，为我国森林资源监测和信息获取技术水平的提高做出了重要贡献。1999年国家林业局规定在第6次全国森林资源清查中全面应用遥感技术，为遥感技术在林业中的进一步推广应用奠定了基础。

　　尽管遥感技术已经广泛地应用于林业行业的各个方面，但是真正掌握遥感技术的人并不多。随着生产单位对遥感专业技术人才的需求日益增加，培养具有行业特色的遥感专业技术人员显得十分迫切。然而，在开展遥感教学时，我们很难找到一本合适的教材，既能传达丰富的遥感基础知识，又能结合行业特点。正是在这样的背景下我们开始了本教材的编写工作。编写本书的目的是为了较为全面系统地介绍遥感技术的基本原理与应用方法，并突出林业特点；面向未来遥感技术的发展趋势，增加了近年来的一些新数据源、新方法和技术手段，结合20年来的教学和科研工作经验，从遥感理论、图像处理及遥感技术应用3个方面系统全面地介绍了遥感技术的基本知识，行文力求通俗易懂，旨在为我国林业遥感教育和事业的发展尽点绵薄之力。

　　本教材编写分工如下：前言、第1章、第4章和第9章由林辉（中南林业科技大学）编写；第2章、第3章和第5章由孙华（中南林业科技大学）编写；第6章、第7章由熊育久（中山大学）编写；第8章由刘秀英（河南科技大学）编写。全书由林辉、孙华统稿，白丽明博士参与部分章节的修改，宋亚斌和柳萍萍同学在资料收集方面给予了支持，严恩萍、李永亮、郄广平和谢进金同学参加了本书的文字校对和排版整理工作，在此表示感谢。

　　编写过程中参考和借鉴了国内外目前非常受欢迎的遥感教材的一些内容，在此向各位原书作者表示感谢。同时，本教材的编写还得到国家自然科学基金（30871962）、"十一五"科技支撑课题（2006BAC08B03）和林业公益性行业科研专项经费（201104028）的资助，得到了中南林业科技大学、湖南省重点学科森林经理学的支持，以及中国林业出版社的帮助，在此一并表示感谢。

本教材既可以作为林学、生态学、森林资源保护与游憩等专业的本科教材，又可以作为研究生和科技工作者学习的参考书。

由于编者水平和编写时间有限，不足之处在所难免，恳请广大读者和有关专家提出宝贵意见，以便今后修订完善。

编著者
2011年2月

目 录

前 言

第1章 绪 论 (1)
1.1 遥感的概念 (1)
1.2 遥感的特性 (2)
1.3 遥感的发展概况 (2)
1.3.1 国外遥感技术发展概况 (2)
1.3.2 我国遥感技术发展概况 (4)
1.4 林业遥感的发展概况、特点和任务 (5)
1.4.1 林业遥感的特点 (6)
1.4.2 林业遥感的任务 (6)
1.5 遥感技术的发展趋势 (7)

第2章 遥感技术系统 (10)
2.1 遥感平台 (10)
2.2 遥感分类 (12)
2.3 传感器 (12)
2.3.1 传感器类型 (13)
2.3.2 传感器性能 (14)
2.4 遥感卫星地面站 (14)
2.4.1 遥感数据传输与接收 (15)
2.4.2 中国遥感卫星地面站 (15)

第3章 遥感物理基础与彩色原理 (18)
3.1 电磁波与电磁波谱 (18)
3.1.1 电磁波 (18)
3.1.2 电磁波谱 (19)
3.2 黑体辐射和实际物体辐射 (21)
3.2.1 黑体辐射 (21)
3.2.2 实际物体的辐射 (23)
3.3 太阳辐射 (23)

3.4 大气对电磁波辐射的影响 …………………………………………………… (23)
　　3.4.1 大气的成分和结构 ………………………………………………… (23)
　　3.4.2 大气对电磁波辐射的吸收 ………………………………………… (24)
　　3.4.3 大气对电磁波辐射的散射 ………………………………………… (24)
　　3.4.4 大气对电磁波辐射的透射 ………………………………………… (25)
　　3.4.5 大气窗口和遥感 …………………………………………………… (26)
3.5 地物波谱特征及其测定 …………………………………………………… (27)
　　3.5.1 地物波谱特征 ……………………………………………………… (27)
　　3.5.2 主要地物波谱曲线及应用 ………………………………………… (28)
　　3.5.3 从多波段影像上获取地物波谱曲线 ……………………………… (29)
　　3.5.4 乔木树种光谱反射能力的几点规律 ……………………………… (29)
　　3.5.5 地物波谱特征的测量 ……………………………………………… (30)
3.6 彩色原理 …………………………………………………………………… (32)
　　3.6.1 颜色性质和颜色立体 ……………………………………………… (32)
　　3.6.2 色彩空间 …………………………………………………………… (33)
　　3.6.3 加色法 ……………………………………………………………… (34)
　　3.6.4 减色法 ……………………………………………………………… (35)

第4章 航空遥感 …………………………………………………………… (37)

4.1 航空摄影 …………………………………………………………………… (37)
　　4.1.1 航空摄影飞机和摄影机 …………………………………………… (37)
　　4.1.2 航空摄影过程 ……………………………………………………… (39)
　　4.1.3 航空摄影的基本参数 ……………………………………………… (40)
　　4.1.4 航空摄影的种类 …………………………………………………… (43)
4.2 航空相片的几何特性 ……………………………………………………… (43)
　　4.2.1 航空相片的基本标志 ……………………………………………… (43)
　　4.2.2 中心投影 …………………………………………………………… (44)
　　4.2.3 航摄相片上的主要点和线 ………………………………………… (46)
　　4.2.4 像点位移 …………………………………………………………… (47)
　　4.2.5 航空相片上使用面积的区划 ……………………………………… (48)
　　4.2.6 航空相片比例尺 …………………………………………………… (48)
4.3 航空相片的立体观察 ……………………………………………………… (50)
　　4.3.1 立体观察原理 ……………………………………………………… (50)
　　4.3.2 像对立体观察条件 ………………………………………………… (52)
　　4.3.3 用立体镜进行立体观察 …………………………………………… (53)
　　4.3.4 立体效应 …………………………………………………………… (54)

第5章 航天遥感 …………………………………………………………… (55)

5.1 卫星的空间轨道参数及其运行特征 ……………………………………… (55)
　　5.1.1 卫星轨道 …………………………………………………………… (55)

		5.1.2 卫星轨道参数	(56)
		5.1.3 其他一些常用的遥感卫星参数	(57)
		5.1.4 遥感卫星的轨道类型	(57)
	5.2	美国陆地资源卫星系统	(58)
		5.2.1 陆地资源卫星的运行特征	(58)
		5.2.2 传感器特征	(59)
		5.2.3 Landsat 数据接收与产品	(63)
	5.3	法国地球观测实验卫星系列	(64)
		5.3.1 SPOT 卫星的轨道特征	(64)
		5.3.2 地球观测实验卫星的结构	(66)
		5.3.3 高分辨率可见光扫描仪(HRV)	(67)
		5.3.4 地面接收与数据处理	(69)
	5.4	中国陆地资源卫星	(70)
		5.4.1 中国—巴西地球资源卫星	(70)
		5.4.2 环境与灾害监测预报小卫星	(75)
	5.5	俄罗斯资源卫星	(77)
	5.6	印度资源卫星	(80)
		5.6.1 IRS-P6	(81)
		5.6.2 IRS-P5	(83)
	5.7	高分辨率卫星	(84)
		5.7.1 IKONOS 卫星	(84)
		5.7.2 Quickbird 卫星	(85)
		5.7.3 Orbview 卫星	(86)
		5.7.4 WorldView 卫星	(88)
		5.7.5 EROS 卫星	(89)
		5.7.6 ALOS 卫星	(90)
		5.7.7 KOMPSAT 卫星	(92)
	5.8	地球观测卫星(EOS)	(93)
		5.8.1 地球观测卫星(EOS)技术参数	(93)
		5.8.2 EOS 卫星的主要任务	(95)
		5.8.3 EOS/MODIS	(95)
		5.8.4 EOS/MODIS 数据下载与数据服务	(97)
第6章	遥感图像处理		(98)
	6.1	遥感数字图像基本介绍	(98)
		6.1.1 遥感数字图像的表示方法	(98)
		6.1.2 遥感数字图像的类型	(99)
		6.1.3 遥感数据的记录方式	(101)
		6.1.4 遥感数据的记录介质与获取	(103)

6.2 遥感图像处理软件简介 ·· (103)
   6.2.1 ENVI ··· (104)
   6.2.2 ERDAS IMAGINE ··· (104)
   6.2.3 ER Mapper ··· (104)
   6.2.4 PCI Geomatica ··· (105)
6.3 遥感数字图像预处理 ·· (105)
   6.3.1 辐射校正 ·· (105)
   6.3.2 几何校正 ·· (108)
   6.3.3 遥感图像镶嵌与裁剪 ·· (112)
   6.3.4 图像基本信息统计 ··· (114)
6.4 图像增强与变换 ·· (116)
   6.4.1 对比度增强 ·· (117)
   6.4.2 代数运算增强 ··· (119)
   6.4.3 彩色增强 ·· (121)
   6.4.4 K-L 变换 ·· (123)
   6.4.5 缨帽变换 ·· (125)
   6.4.6 空间变换 ·· (126)
6.5 图像融合 ··· (129)
   6.5.1 遥感图像融合的类型与方法 ································ (131)
   6.5.2 遥感图像融合效果评价 ····································· (135)

第7章 遥感图像解译 ··· (138)
7.1 目视解译 ··· (139)
   7.1.1 基本原理 ·· (139)
   7.1.2 目视解译的原则与方法 ····································· (139)
   7.1.3 目视解译的步骤 ··· (143)
7.2 计算机自动解译 ·· (146)
   7.2.1 基本原理 ·· (146)
   7.2.2 监督分类与非监督分类 ····································· (147)
   7.2.3 计算机分类的其他方法与发展趋势 ······················ (155)
7.3 图像解译误差与精度评价 ·· (160)
   7.3.1 解译误差及其特点 ··· (161)
   7.3.2 解译精度评价 ·· (161)

第8章 高光谱遥感在植被研究中的应用 ···························· (165)
8.1 高光谱遥感的基本概念 ··· (166)
8.2 高光谱遥感的研究现状 ··· (168)
   8.2.1 航空成像光谱仪 ··· (168)
   8.2.2 航天成像光谱仪 ··· (170)
8.3 高光谱数据的获取与分析 ·· (171)

8.3.1　高光谱数据的获取 ……………………………………………… (171)
　　8.3.2　高光谱遥感影像分析 …………………………………………… (177)
8.4　高光谱数据的处理 ……………………………………………………… (179)
　　8.4.1　多元统计分析技术 ………………………………………………… (179)
　　8.4.2　基于光谱位置(波长)变量的分析技术 ………………………… (180)
　　8.4.3　光学模型方法 …………………………………………………… (183)
　　8.4.4　参数成图技术 …………………………………………………… (184)
8.5　针叶树种高光谱分析 …………………………………………………… (184)
　　8.5.1　光谱数据 …………………………………………………………… (185)
　　8.5.2　分析方法 …………………………………………………………… (185)
　　8.5.3　结果与分析 ………………………………………………………… (187)
8.6　森林郁闭度信息的提取 ………………………………………………… (189)

第9章　遥感技术在林业中的应用 ……………………………………… (191)
9.1　森林制图与森林资源调查 ……………………………………………… (191)
　　9.1.1　森林制图 …………………………………………………………… (191)
　　9.1.2　森林资源调查及规划 ……………………………………………… (192)
9.2　森林资源动态监测 ……………………………………………………… (194)
　　9.2.1　森林资源生态状况监测 …………………………………………… (194)
　　9.2.2　林业生态工程监测 ………………………………………………… (194)
　　9.2.3　森林火灾监测预报 ………………………………………………… (196)
　　9.2.4　森林病虫害监测 …………………………………………………… (196)
　　9.2.5　森林灾害损失评估 ………………………………………………… (197)
9.3　森林生物物理参数反演 ………………………………………………… (197)
　　9.3.1　叶面积指数 ………………………………………………………… (198)
　　9.3.2　光合有效辐射与吸收光合有效辐射 ……………………………… (199)
　　9.3.3　生物量 ……………………………………………………………… (199)
　　9.3.4　净初级生产力 ……………………………………………………… (200)
9.4　森林生态系统碳循环模拟 ……………………………………………… (201)
9.5　森林生态系统景观格局分析 …………………………………………… (202)
9.6　森林可视化经营 ………………………………………………………… (204)

参考文献 ……………………………………………………………………… (207)

附录　遥感中英文词汇表 …………………………………………………… (213)

第1章 绪 论

当前,科学技术迅猛发展,科技已成为促进国民经济和社会发展的决定性因素,并受到世界各国的高度重视,林业作为国民经济的重要组成部分,具有生产周期长、公益性等特点,更加需要科学技术的强力支撑。目前我国林业已从木材生产转向以生态建设为主,传统森林资源监测体系也相应地向森林资源和生态状况综合监测转移。森林资源和生态状况的综合监测属于林业信息化建设范畴,是数字林业的基础,它是直接反映生态建设和森林资源管理效果的指示剂,是国家林业部门制定林业政策的依据。因此,定期获取森林资源状况并向社会公众公布相关信息是构建生态文明建设的重要手段。

遥感技术是 20 世纪 60 年代迅速发展起来的一门新兴综合探测技术。它是建立在现代物理学,如光学技术、红外技术、微波技术、雷达技术、激光技术、全息技术,以及计算机技术、数学、地学基础上的一门综合性科学。我国幅员辽阔,资源丰富,但自然条件复杂,长期以来缺乏详细而全面的资源调查。遥感技术自 20 世纪 70 年代引入我国林业应用中以来,为我国森林资源监测和信息获取技术水平的提高做出了重要贡献,遥感数据已成为森林资源和生态状况监测的重要数据源。目前,随着以遥感技术、地理信息系统及全球定位系统为主的"3S"技术在林业中的应用,使森林资源和生态状况信息的存储、查询、更新、分析、共享和传输变得更加完善,有力地推动了森林资源监测技术的发展,节省了大量的人力物力,提高了调查效率,更好地保证了森林资源监测数据的完备性和连续性。

1.1 遥感的概念

遥感(remote sensing,RS)就字面含义可以解释为遥远的感知。它是一种远离目标,在不与目标对象直接接触的情况下,通过某种平台上装载的传感器获取来自目标地物的特征信息,然后对所获取的信息进行提取、判定、加工处理及应用分析的综合性技术。

现代遥感技术是以先进的对地观测探测器为技术手段,对目标物进行遥远感知的过程。人类通过大量实践,发现地球上每一种物质作为其固有性质都会反射、吸收、透射及辐射电磁波。物体的这种对电磁波固有的播出特性称作光谱特性(spectral characteristics)。一切物体,由于其种类及环境条件的不同,具有反射或辐射不同波长电磁波的特性。现代遥感技术即根据这个原理完成基本作业的过程:在距地面几千米、几百千米甚至上千千米的高度上,以飞机、卫星等为观测平台,使用光学、电子学和电子光学等探测仪器,接收目标物反射、散射和发射来的电磁辐射能量,以图像胶片或数字磁带形式进行记录,然后把这些数据传送到地面接收站。最后将接收到的数据加工处理成用户所需要的遥感资料产品。

1.2 遥感的特性

(1) 空间特性(space)——视域范围大,具有宏观性

运用遥感技术从飞机或卫星上获取的地面航空相片、卫星图像,比在地球上的观察视域范围要大得多,为宏观研究地面现象及其自然规律提供了条件。航空相片不仅可提供地面景物相片,而且可供立体观察,如一张比例尺为 1∶35 000 的 23cm×23cm 航空相片,不仅可以表示 60km^2 的地面实况,而且可以镶嵌为连续的更大区域相片图;卫星图像的视域范围更大,如一张 Landsat 多光谱扫描图像,可以表示的地面面积为 34 225km^2,相当于我国海南岛的面积。

(2) 光谱特性(spectrum)——探测波段从可见光波段向两侧延伸,扩大了地物特性的研究

遥感技术不仅可以获得地物在可见光波段的电磁波信息,还可以获得紫外、红外、微波等波段的信息,使肉眼观察不到或未被认识的一些地物特性和现象在不同波段的相片上观察到。

(3) 时相特性(phrase)——能够瞬间成像和周期成像,有利于动态监测和研究

通过对比不同时期的成像资料,可以研究地物的现状和动态变化,如及时发现森林火灾、农作物病虫害、洪水、污染、地震、火灾等灾害的前兆等,为灾害预报预测提供科学依据。

1.3 遥感的发展概况

1.3.1 国外遥感技术发展概况

遥感作为一门综合技术,是美国海军研究局的艾弗林·普鲁伊特(E. L. Pruitt)在 1960 年提出来的。1961 年,艾弗林·普鲁伊特在美国国家科学院和国家研究理事会的支持下,在密歇根大学召开了"环境遥感国际讨论会",此后,在世界范围内,遥感作为一门独立的新兴学科,获得了飞速的发展。但是,遥感学科的技术积累和酝酿却经历了几百年的历史和发展阶段。

(1) 无记录的地面遥感阶段(1608—1838 年)

1608 年,汉斯·李波尔赛制造了世界上第一架望远镜,1609 年伽利略制作了放大倍数 3 倍的科学望远镜,从而为观测远距离目标奠定了基础,促进了天文学的发展,开创了地面遥感新纪元。但仅仅依靠望远镜观测是不能把观测到的事物用图像的方式记录下来。

(2) 有记录的地面遥感阶段(1839—1857年)

对遥感目标的记录与成像，开始于摄影技术的发明，并与望远镜相结合发展为远距离摄影。1849年，法国人艾米·劳塞达特(Aime Laussedat)制订了摄影测量计划，成为有目的有记录的地面遥感发展阶段的标志。

(3) 空中摄影遥感阶段(1858—1956年)

1858—1903年间，先后出现采用系留气球、载人升空热气球、捆绑在鸽子身上的微型相机、风筝等拍摄的试验性的空间摄影。1903年，莱特兄弟发明了飞机，促进了航空遥感向实用化飞跃，此后各国进行了一系列航空摄影，摄影测绘地图问题得到重视。第一次世界大战推动了航空摄影的规模发展，相片判读、摄影测量水平也获得极大提高。1930年起，美国的农业、林业、牧业等许多政府部门都采用航空摄影并应用于制定规划。第二次世界大战前期，德、英、美、苏各国航空摄影对军事行动的决策起到了重要作用。二次大战中微波雷达的出现及红外技术在军事侦察中的应用，使遥感探测的电磁波谱范围得到了扩展。二次大战及其以后，遥感著作与期刊的不断涌现，为以后遥感发展成为独立的学科奠定了理论基础。

(4) 航天遥感阶段(1957年至今)

1957年10月4日，苏联第一颗人造地球卫星的发射成功，标志着人类从地球空间观测阶段进入到宇宙奥秘探索阶段的新纪元。真正从航天器上对地球进行长期观测是从1960年美国发射TIROS-1和NOAA-1太阳同步气象卫星开始的。航天遥感的重大进展主要表现在以下几方面：

①遥感平台方面　除航空遥感已成业务运行外，航天平台也形成系列。有飞出太阳系的"旅行者"1号、2号等航空平台；也有以空间轨道卫星为主的航天平台，包括载人空间站、空间实验室、返回式卫星以及穿梭于大气层与地球的航天飞机(Space shuttle)。在空间轨道卫星中，有与太阳、地球同步的轨道卫星，也有低轨和变轨卫星；有综合目标的大型卫星，也有专题目的小型卫星群。不同高度、不同用途的卫星构成了对地球和宇宙空间的多度角、多周期观测。

②传感器方面　探测的波段覆盖范围不断延伸，波段的分割愈来愈精细，从单一谱段向多谱段发展，成像光谱技术的出现把探测波段由几百个推向上千个及以上；成像雷达获取的信息也向多频率、多角度、多分辨率、多极化方向发展；激光测距与遥感成像的结合使三维实时成像成为可能。此外，随着多探测技术的集成，遥感的发展日趋成熟，如雷达、多光谱成像与激光测高、GPS的集成使实时测图成为可能。随着探测技术的发展，集成度将更高。

③遥感信息处理方面　全数字化、可视化、智能化和网络化技术迅速发展。信息提取、模式识别等方面不断引入相邻学科的信息处理技术，如分形理论、小波变换、人工神经网络等方法的运用使遥感信息的处理更趋智能化，结构信息、多源遥感数据与非遥感数据的结合也得到重视和发展。今后，遥感信息处理仍将是遥感领域的关键技术之一。

④遥感应用方面　经过近40多年的发展，遥感已广泛渗透到国民经济的各个领域，对推动社会进步起到了重大作用。在外层空间探测与对地观测方面遥感技术更是

不可替代。在全球气候变化、海洋生态、矿产资源、土地资源调查、环境监测、灾害监测、工程建设和农作物估产等领域，遥感已成为重要角色。

1.3.2 我国遥感技术发展概况

我国虽然于20世纪30年代在部分城市开展过航空摄影，但系统的航空摄影开始于20世纪50年代，主要用于地形图的制作、更新，并在铁路、地质、林业等领域的调查研究、勘测、制图等方面的应用起到了重要的作用。

20世纪70年代以来，我国的遥感事业有了长足的进步。航空摄影测量已进入业务化运行阶段，全国范围内的地形图更新普遍采用航空摄影测量，并在此基础上开展了不同目标的航空专题遥感试验与应用研究，卓见成效。我国成功研制了机载地物光谱仪、多光谱扫描仪、红外扫描仪、成像光谱仪、真实孔径和合成孔径侧视雷达、微波辐射计、激光高度计等传感器，为赶超世界先进水平、推动传感器的国产化做出了重要贡献。

我国自1970年4月24日成功发射东方红一号人造卫星以来，相继发射了数十颗不同类型的人造地球卫星。太阳同步卫星——风云一号(FY-1A 1B)和地球同步卫星——风云二号(FY-2)的成功发射以及返回式遥感卫星的成功发射与回收，使我国在宇宙探测、卫星通信、科学实验、气象观测等方面有了自己的信息源。1999年10月14日，中国—巴西地球资源卫星一号(CBERS-1)的成功发射，标志着我国开始拥有自己的资源卫星。2003年10月21日，CBERS-2发射成功。随着我国遥感事业的进一步发展，地球观测卫星及不同用途的多卫星也将形成对地观测系列，进入世界先进水平的行列。2010年10月7日，"一箭双星"成功地将"海洋一号"和"风云一号D"同时送入太空，其中"海洋一号"是我国第一颗用于海洋水色探测的试验型业务卫星，而"风云一号D"使我国成为世界上第三个拥有两种气象卫星同时运行的国家。

我国于1986年建成遥感卫星地面站，逐步形成具有接收美国陆地资源卫星(Landsat系列)、法国斯波特卫星(SPOT)、加拿大雷达卫星(RADARSAT)和中国—巴西地球资源卫星(CBERS)等7颗遥感卫星数据的能力。

在遥感图像处理方面，采用的处理软件已从国际化向国产化转移。同时也对图像处理的新方法进行了广泛的探索。

在遥感应用方面，我国开始于20世纪70年代中后期，并取得了重大成就，主要表现在以下几个方面。

第一，在各领域进行了广泛探索和试验性研究。如云南腾冲遥感综合试验研究、长春净月潭试验研究、山西太原盆地农业遥感试验研究、东海渔业遥感试验研究、长江下游地物光谱试验研究等，为大规模的多领域应用打下了基础并起到示范作用。

第二，广泛渗透到各地区和部门。其中有农业生产条件遥感、作物估产、国土资源调查、土地利用与土地覆盖、水土保持、森林资源、矿产资源、草场资源、渔业资源、环境评价和监测、城市动态变化监测、水灾监测、火灾监测、森林和农作物病虫害监测、气象监测、港口铁路水库电站工程勘测与建设等遥感研究，大大推动了我国遥感应用的全面发展。

第三，完成了一批全国及省(自治区、直辖市)范围的大型应用项目。如全国国土面积量算和土地资源调查、"三北"防护林遥感综合调查研究、山西省农业遥感、内蒙古自治区草场资源遥感、黄土高原水土流失与土壤侵蚀遥感、长江三峡工程遥感、洞庭湖鄱阳湖综合遥感研究等全国性和省(自治区)范围的大型综合遥感项目。国家正逐步形成资源环境动态服务、自然灾害监测与评估、海洋环境立体监测等应用系统，直接为国家相关部门的大型决策服务。

第四，取得了良好的经济效益和社会效益。据有关地区的土地利用遥感调查数据表明，航空遥感与常规地面调查相比，大大节省了人力、物力、资金与时间。在长江流域水灾监测、大兴安岭森林火灾监测和灾情评估及天气预报(尤其是灾害性天气预报)等应用中，遥感发挥了重要作用，对国民经济和人民生活产生了巨大影响。

在研究机构方面，国务院许多部门都设立了遥感机构，如科学技术部国家遥感中心、中国科学院所属遥感相关部门、军事遥感部门、中国科协遥感分会、省(自治区、直辖市)遥感研究中心、各行业和地方遥感应用机构已形成层次，形成了庞大的遥感科研队伍。

中国遥感研究的许多成果形成专著和图集出版发行，设立大量专门的遥感刊物，如《遥感学报》《遥感信息》《遥感技术与应用》《国土资源遥感》等。我国的遥感教育和人才培养进入了正规化阶段，已形成本、硕、博的专业培养梯队。

总之，中国遥感事业的发展，经历了20世纪70年代至80年代中期的起步阶段、80年代后期至90年代前期的试验应用阶段，以及90年代后期的实用产业化阶段，在遥感理论、遥感平台、传感器研制、系统集成、应用研究、学术交流、人才培养等方面都取得了瞩目的成就，为全球遥感事业的发展和国家的经济建设、国防建设做出了应有的贡献。

1.4 林业遥感的发展概况、特点和任务

在林业工作中，遥感技术最早应用于森林资源调查工作。自航空摄影为军事采用后，很快被引入林业勘测工作中来。从国际上看，遥感技术用于林业，特别是林业勘测工作的历史大致可概括如下。

20世纪20年代开始试用于航空目视调查和空中摄影；30年代采用常规的航空摄影技术编制森林分布图；40年代开始采用航空相片编制蓄积量表；50年代开始发展航空相片结合地面的抽样调查技术；60年代中期，红外彩色片的应用推动了林业判读技术的发展，特别是树种判读和森林虫害探测方面；70年代初，林业航空摄影比例尺向超小和特大两极分化，提高了工作效率，与此同时，陆地卫星图像开始应用于林业，并在一定程度上代替了航空摄影；70年代后期，陆地卫星数据自动分类技术引入林业，多种传感器开始用于林业遥感试验；80年代，随着卫星数据空间分辨率的不断提高，图像处理技术的日趋完善，地理信息，森林资源和遥感图像数据库也逐步建立。21世纪以来，高空间分辨率遥感影像的出现以及高光谱遥感技术、合成孔径雷达和激光雷达技术的兴起进一步推动了遥感技术在林业的应用。随着遥感分辨率

的大幅提高，多分辨率的森林资源监测体系已形成：NOAA AVHRR 和 MODIS 等中低分辨率数据用于监测全球森林资源宏观变化，MSS、TM、SPOT 等中高分辨率数据用于监测区域森林资源变化，IKONOS 等更高分辨率及高光谱数据实现对林班、小班乃至单木的监测，地面近景摄影测量则用于单株树木精准监测。此外，激光雷达在林业应用上的大量尝试，已成功反演了林分高度、冠层垂直结构、郁闭度、胸高断面积和蓄积量(生物量)和单木参数等。目前，遥感技术在林业中的应用正同时向宏观和微观两方面不断推进：宏观方面，森林生态系统遥感研究已上升到陆面过程模拟、全球变化研究阶段，同时各国数字林业系统建设已成为"数字地球"的关键组成部分；而微观方面，遥感技术已不再局限于森林资源调查与监测研究，而是将目标指向精确反演森林生态系统生理生化参数和深刻揭示森林冠层辐射传输与森林物质能量循环过程等深层次的理论与应用研究方面。

1.4.1 林业遥感的特点

林业遥感的特点是由林业工作和遥感本身的特性共同决定的，目前遥感技术在林业中的应用主要体现在资源清查与监测、火灾监测预报、病虫害监测、火灾评估等方面。

- 林业资源的辽阔性，决定了林业资源调查工作的艰巨性和复杂性。抽样技术的建立和进步，要求林业遥感具有不同高度的监测平台，以获取多层次遥感资料，配合多阶抽样技术，提高森林资源调查的速度和精度。
- 林业资源的再生性和周期性，决定了遥感技术提供林业资源信息的连续性，包括年内季相变化——多时相遥感和一定的年间资源变化——动态遥感。
- 林业资源包括林业用地面积、森林蓄积量及其动态变化，这些都需要一定精度的定量数据。所以林业资源遥感强调定量分析，以适应林业资源的调查和管理。
- 林业环境取决于地理环境，同时又反作用于周围的地理环境。这就要求林业遥感具有不同类型的传感器和胶片，以接收和记录地物的各种属性，为合理规划、发展林业生产提供科学依据。

1.4.2 林业遥感的任务

目前，我国林业遥感面临的任务十分艰巨，主要体现在以下几方面。

- 现阶段林业遥感技术在生产上的应用主要以中分辨率卫星影像为主(Landsat 系列，CBERS)，侧重于目视判读、常规仪器以及技术生产等方面。
- 随着遥感数据分辨率的迅速提高，林业遥感必须从定性走向定量，从静态估算走向动态监测，逐步从试验向实际生产应用发展。
- 采用新的遥感数据，如快鸟卫星(Quickbird)、艾克洛斯卫星(IKONOS)、法国斯波特卫星(SPOT)、国土资源卫星、雷达和多光谱航空相片等，同时要进行多源信息复合，建立多源遥感影像数据库。
- 侧重应用研究的同时也要加强理论研究。
- 最大限度地利用多源遥感数据和多技术处理方法，解决林业遥感的实际生产问题。
- 扩大林业遥感的研究内容：除森林资源调查、生态状况调查外，还包括森林资源立地评价、区划、灾害监测、环境污染监测、经营活动分析、建筑、绿化、人口监测等。
- 提高与普及相结合，加大林业基层单位人员的培训，使研究成果尽快转化为生产力。
- 加强沟通与合作，力促林业遥感更快发展。

1.5 遥感技术的发展趋势

遥感科学与技术是在空间科学、电子科学、地球科学、计算机科学及其他边缘学科交叉渗透、相互融合的基础上发展起来的一门新型地球空间信息科学。随着相关科学技术的不断进步，遥感技术的发展呈现出以下趋势：

(1) 多分辨率多遥感平台

地球空间信息的获取具有多平台、多传感器、多比例尺和高光谱、高空间、高时间分辨率的明显特征。随着航天技术、通信技术和信息技术的飞速发展，人们可以通过航天、近空间、航空和地面平台等利用紫外、可见光、红外、微波、合成孔径雷达、激光雷达等多传感器获取多比例尺的目标影像，大大提高遥感影像的空间、时间和光谱分辨率，使得获取的遥感数据越来越丰富。

针对这一趋势，我国正努力构建高分辨率对地观测体系。《国家中长期科技发展规划纲要》指出：2005—2020年，发展基于卫星、飞机和平流层飞艇的高分辨率(dm级)先进对地观测系统，发射一系列的高分辨率遥感对地观测卫星，建成覆盖可见光、红外、多光谱、超光谱、微波、激光等观测谱段的高中低轨道结合的、具有全天时、全天候、全球观测能力的大气、陆地、海洋先进观测体系。与其他中、低分辨率地面覆盖观测手段相结合，形成时空协调、全天候、全天时的对地观测系统，并根据需要对特定地区进行高精度观测；整合并完善现有的遥感卫星地面接收站，建立对地观测中心等地面支撑系统。到2020年，建成稳定的运行系统，提高我国空间数据的自给率，形成空间信息产业链。

(2) 空间信息处理分析技术的定量化、自动化和实时化

随着遥感成像机理、地物波谱反射特征、大气模型、气溶胶等理论研究的逐渐深入，以及多角度、多传感器、高光谱和雷达卫星遥感技术的日趋成熟，21世纪，遥感信息处理将逐步向实用、自动化方向发展。随着新一代全球卫星导航定位系统(GNSS)的发展，其将以更高精度自动测定传感器的空间位置和姿态，从而实现无地面控制的高精度、实时摄影测量与遥感。

因此，遥感技术的重点发展领域包括：
- 遥感成像机理与定量化反演技术。地物反射特性和辐射特性；遥感信息形成的几何机理、特性、模型和方法，以及新型对地定位理论和方法；遥感信息波谱特性和空间特性随时间变化的规律等。全定量反演技术的研究涉及：遥感数据几何纠正、大

气校正、数据预处理、遥感应用模型和方法、观测目标物理量的反演和推算等。

● 利用空间数据挖掘和知识发现技术实现影像目标的识别与自动分类。状态空间理论、证据理论、云理论、粗糙集理论；基于空间数据库挖掘的不确定性理论、推理理论、归纳理论；基于空间数据挖掘的遥感影像识别、自动分类及实用算法模型等。

● 多时相多传感器卫星影像处理技术。遥感信息快速、自动化、智能化处理理论与方法；影像自动匹配算法及其优化理论；地球环境及特种目标时空变化自动监测理论等。

(3) "3S" 技术的集成

"3S" 技术是遥感、地理信息系统(geographic information system, GIS)和全球定位系统(global positioning system, GPS)的简称。随着科学技术的发展，"3S" 技术的集成日趋紧密，广泛应用于资源环境动态监测与趋势预报、重大灾害监测与预警、灾情评估与减灾对策制定以及城市规划与开发管理等方面。

RS 与 GIS 的结合主要体现在提取制图特征和地形测绘/DEM 数据、提高空间分辨率、城市区域规划及变化监测等方面。目前较典型的 RS 与 GIS 一体化软件有美国的地理资源分析系统(GRASS)、MGE 系统以及我国的微机地学和遥感应用管理系统(GRAMS)等；而 RS 与 GPS 的结合主要应用于地形复杂的地区制图、地质勘探、考古、导航、环境动态监测以及军事侦察和指挥等方面。

"3S" 技术的集成是一项充分利用自身特点，快速准确而又经济地为人们提供所需信息的新技术。其基本思想是利用 RS 提供的最新图像信息，GPS 提供的图像"骨架"位置信息，GIS 提供的图像处理、分析应用技术，三者紧密结合可为用户提供精确的基础图件和数据。

(4) 专业传感器和全球遥感

目前国际上已形成十几种不同用途的地球观测卫星系统和航天对地观测体系，具备多层次遥感数据获取、数据分析与处理、遥感数据综合应用的能力。因此，专业传感器和全球遥感成为遥感的必然发展方向。

现有卫星传感器已具备陆地、海洋、气象等不同系列，人们对其今后的期待将沿着更加精密、针对性更强的方向发展，如农业传感器、林业传感器等。产业界，特别是私营企业直接参与或独立进行遥感卫星的研制、发射和运行，甚至提供端对端的服务，更加推动了专业传感器的发展。专业传感器的重点发展领域包括：重大自然灾害的监测、预警和应急反应；高农作物种植面积的估算、长势监测和产量评估；全球农作物长势监测和估产系统的建立；国家、区域尺度生态环境监测与评价技术体系的建立，实现重点区域土地利用/土地覆盖变化、森林资源动态、湿地资源动态、草地资源动态、重点区域生物多样性动态、重点城市生态景观动态、海岸带和近海生态、冰川资源动态等生态环境指标的实时监测；基础测绘的技术改造和水平提升，实现其数字化、地形图和数字高程模型等产品的快速生产。

此外，遥感适应了目前高度重视的全球变化研究的需要，使理论研究更加现实和深化。遥感技术的应用前景主要体现在：①地表的过程定量分析，如水系变化、海岸变迁、湖泊水体动态、土地利用变化、沙漠进退和荒漠化、森林破坏和草场退化等宏观尺度的时空变化；②植被时空动态分析，通过气象卫星以及高分解率扫描辐射计（AVHRR）数据计算出的植被指数（NDVI）和叶面积指数（LAI）来表征植被状况，是目前国际上研究全球环境变化最常用、最有效的方法；③大气圈和水圈观测，如大气成分、大气温湿度、气溶胶状况、海洋叶绿素和浮游生物等成分的监测。

全球环境变化研究是一种需要充分利用多种遥感技术系统的不同空间分辨率、光谱分辨率、时间分辨率以及温度分辨率的综合能力，基于多变量、多尺度、多频谱的测量分析过程。美国"地球观测系统"（EOS）计划就是以全球变化为主要研究目标而制定的一项多卫星、多探测系统、多研究目标、多探测参数综合以及多国合作的空间计划。在 EOS 平台上有大量光学和红外遥感系统，其中主动光学激光遥感器对于研究臭氧空间、温室效应等均具有重要的意义。未来遥感发展的主要趋势之一是大规模利用空间技术，将遥感、地学、物理学、化学结合起来全面测量、监测和研究地球环境。

思考题

1. 阐述遥感的概念及特性。
2. 简述我国林业遥感发展的概况及主要任务。
3. 试述遥感技术的发展趋势。

第2章 遥感技术系统

通常把不同高度的平台使用传感器收集地物的电磁波信息,再将这些信息传输到地面并加以处理,从而达到对地物的识别与监测的全过程(图2-1),称为遥感技术。遥感技术系统是实现遥感目的的方法论、设备和技术的总称,现已发展成为一个从地面到高空的多维、多层次的立体化观测系统。系统主要由遥感平台、传感器以及遥感信息的接收和处理装置3部分组成。

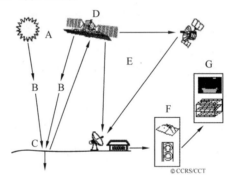

图 2-1 遥感过程

A. 能量来源:电磁能量(energy source or illumination)　B. 辐射与大气(radiation and the atmosphere)　C. 与目标的作用(interaction with the target)　D. 记录电磁辐射(传感器)(recording of energy by the sensor)　E. 传输、接收与处理(transmission, reception and processing)　F. 解译与分析(interpretation and analysis)　G. 应用(application)

2.1 遥感平台

遥感平台是指装载传感器的运载工具。按高度,大体可分为地面平台、航空平台和航天平台三大类,如图2-2和表2-1所示。

- 地面平台。包括三角架、遥感塔、遥感车(船)、建筑物的顶部等,主要用于近距离测量地物波谱和摄取供试验研究用的地物细节影像。
- 航空平台。包括在大气层内飞行的各类飞机、飞艇、气球等,其中飞机是最有用,而且是最常用的航空遥感平台。
- 航天平台。包括大气层外的飞行器,如各种人造卫星和探测火箭。在环境与资源遥感应用中,所用的航天遥感资料主要来自于人造卫星。

在不同高度的遥感平台上,可以获得不同面积、不同分辨率的遥感图像数据,在

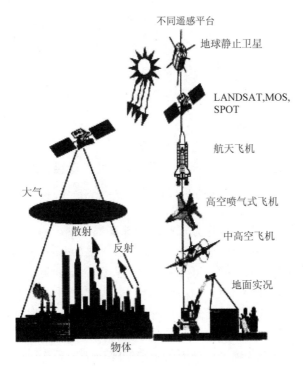

图 2-2　不同高度的遥感平台

（来自 http://rst.gsfc.nasa.gov）

表 2-1　常见的遥感平台

遥感平台	平台载体	高　　度	目的与用途
地面平台	遥感塔/三脚架	10~40m	近距离摄影测量、地物波谱测定与地面实况调查
	吊车	5~50m	
	地面遥感测量车	0~30m	
航空平台	气球	从几十米到几十千米	大气物探及遥感
	飞艇、飞机	高空：无人机 20 000~300 000m	军事侦察及环境遥感
		中空：2 000~20 000m	测绘及资源环境遥感
		低空：航空摄影测量 <2 000m	
航天平台	航天飞机	240~350km	不定期地球观测空间实验
	人造卫星	低轨：150~300km	军事侦察
		中轨：700~1 000km，绝大多数资源卫星都集中在这个轨道上	资源与环境遥感
		高轨：36 000km，地球静止卫星	通信、气象

遥感应用中，这三类平台可以互为补充、相互配合使用。

遥感平台的运行高度影响着遥感影像的空间分辨率。首先，平台的高度影响着电磁波在大气中的传播路径，即影响着大气对电磁波的削弱程度。第二，在固定的瞬间视场角前提下，平台的高度决定着瞬间视场的大小，即决定着遥感影像的空间分辨率。平台运行稳定状况决定着所获取遥感影像的质量，特殊的遥感任务对遥感平台有特殊的要求。例如，执行紫外波段的遥感任务，必须避开臭氧层的干扰，需要采用低于2 000m的遥感平台。

2.2 遥感分类

依据分类标准的不同，有以下几种遥感分类方法：
- 按遥感平台的高度：大体上可分为航天遥感、航空遥感和地面遥感。
- 按电磁波波段分：可分为可见光(visible)遥感、红外(infrared)遥感、微波(microwave)遥感等。
- 按传感器的工作形式：把成像方式又分为被动式(passive)和主动式(active)两类，其中被动式传感器又可分为光学(optical)摄影和扫描(scanning)成像两类。
- 按遥感资料获取方式的不同：可分为成像方式(imaging)和非成像方式(non-imaging)两大类。成像遥感指的是传感器探测来自目标地物的信息之后可以转换成遥感影像，如卫星影像和航空相片；非成像方式指的是传感器将所接收的信息输出成数据或记录在磁带上而不产生影像。
- 根据波段的宽度和连续性：可分为高光谱遥感和常规遥感。
- 根据应用领域的不同：可分为军事遥感、环境遥感、林业遥感、农业遥感、海洋遥感、气象遥感等。
- 按空间应用尺度：可分为全球遥感、区域遥感和城市遥感。

全球遥感：全面系统地研究全球性资源与环境问题的遥感的统称。

区域遥感：以区域资源开发和环境保护为目的的遥感信息工程，它通常按行政(国家、省区等)和自然(如流域)或经济进行区划。

城市遥感：以城市环境、生态作为主要调查研究对象的遥感工程。

2.3 传感器

传感器是收集地物反射或发射电磁波能量的装置，是遥感技术系统的核心部分。常见的传感器基本是由收集系统、探测系统、信息转化系统和记录系统4部分组成，如图2-3所示。

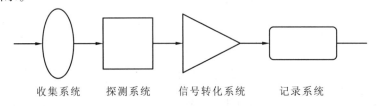

图 2-3 传感器的一般结构

(1)收集系统

遥感应用技术是建立在地物的电磁波谱特性基础之上的，要收集地物的电磁波必须要有一种收集系统，该系统的功能在于把接收到的电磁波进行聚集，然后送往探测系统。不同遥感器使用的收集元件不同，最基本的收集元件是透镜、反射镜或天线。

（2）探测系统

遥感器中最重要的部分就是探测元件，它是真正接收地物电磁辐射的器件，常用的探测元件有感光胶片、光电敏感元件、固体敏感元件和波导等。

（3）信号转化系统

除了摄影照相机中的感光胶片，电光从光辐射输入到光信号记录，无需信号转化外，其他遥感器都有信号转化问题，光电敏感元件、固体敏感元件和波导等输出的都是电信号，从电信号转换到光信号必须有一个信号转换系统，这个转换系统可以直接进行电光转换，也可进行间接转换，先记录在磁带上，再经磁带加放，仍需经电光转换，输出光信号。

（4）记录系统

遥感器的最终目的是要把接收到的各种电磁波信息，用适当的方式输出，输出必须有一定的记录系统，遥感影像可以直接记录在摄影胶片等上，也可记录在磁带上。

2.3.1 传感器类型

由于地物辐射地磁波辐射的差异，接收电磁波的传感器种类繁多，大致可分为以下几种类型：按照数据记录的方式可分为成像传感器和非成像传感器；按照传感器的工作波段来分可分为可见光传感器、红外传感器和微波传感器，从可见光到红外光区的光学波段传感器统称为光学传感器；按照工作方式分可分为主动传感器和被动传感器。

实际应用过程中使用最多的是成像传感器，其分类如图 2-4 所示。

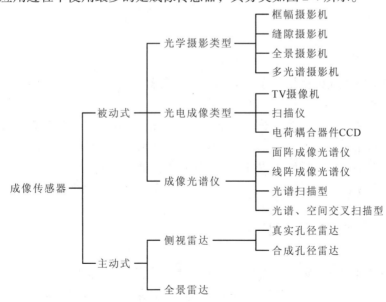

图 2-4　成像传感器类型（引自彭望禄，2002）

被动式传感器是光学遥感的常用传感器，可分为光学摄影型、光电成像型和成像光谱仪 3 种。

光学摄影型传感器有框幅摄影机、全景摄影机、多光谱摄影机 3 种类型，其中多光谱摄影机又分 3 种类型：多相机组合型、多镜头组合型和光束分离型。

光电成像型传感器包括 TV 摄像机、扫描仪和电荷耦合器件 CCD 3 种，其中 CCD 传感器应用最为广泛，为遥感影像的定量研究提供了保证。常见的光电成像类型传感器有多光谱扫描仪（multi spectral scanner，MSS）、专题制图仪（thematic mapper，TM）、反束光导摄像管（RBV）、高分辨率可见光（high resolution visible range instruments，HRV）扫描仪。

成像光谱仪是遥感领域中的新型遥感器，它把可见光、红外波谱分割成几十个到几百个波段，每个波段都可以取得目标图像，同时对多个目标图像进行同名地物点取样，取样点的波谱特征值随着波段数越多越接近于连续波谱曲线。这种既能成像又能获取目标光谱曲线的"谱像合一"技术称为成像光谱技术，按该原理制成的传感器称为成像光谱仪。

成像光谱仪包括 4 种类型，面阵成像光谱仪、线阵成像光谱仪、光谱扫描型和光谱、空间交叉扫描型。线阵探测器光机扫描型成像光谱仪的典型系统是由美国 JPL 实验室完成的 AVIRIS 系统，另外，如美国 GER 公司 Deadalus 公司和我国上海技术物理研究所研制的实用型机载成像光谱仪 OMIS（operate modular imaging spectrometer）均属此类。具有代表性的面阵推扫型机载成像光谱仪是加拿大的 CASI 系统和上海技术物理研究所研制的成像光谱仪 PHI（pushbroom hyperspectral imager）。由美国国防部和几所大学合作发展的傅立叶变换可见光光谱成像仪（FTVHIS）系统则属于光谱扫描型，美国 Hughes Santa Barbara 研究中心研制的劈式滤光片成像光谱仪（WIS）属于光谱、空间交叉扫描型。

2.3.2 传感器性能

衡量传感器性能的指标很多，其中最有实际意义的是分辨率。它包括空间分辨率、时间分辨率、光谱分辨率和辐射分辨率。

空间分辨率：又称地面分辨率，遥感图像上能够详细区分的最小单位尺寸。

时间分辨率：对同一目标进行重复探测时，相邻两次探测的时间间隔。

光谱分辨率：传感器所用波段数、波段波长及波段宽度。

辐射分辨率：传感器能分辨的目标反射或辐射的电磁辐射强度的最小变化量。

2.4 遥感卫星地面站

遥感卫星地面站是跟踪、接收、记录、处理遥感卫星数据的地面系统。地面站的主要任务是接收、处理、存档、分发各类地球对地观测卫星数据，同时开展卫星遥感影像数据接收与处理以及相关技术的研究。

一般由地面接收站和地面处理站两部分组成。地面接收站由大型抛物面的主、副反射面天线和磁带机组成，主要任务是搜索、跟踪卫星，接收并记录卫星遥感数据、遥测数据及卫星姿态数据。地面处理站由计算机图像处理系统和光学图像处理系统组成。计算机图像处理系统的主要功能是对地面接收站接收记录的数据进行回放输入，影像分幅并进行辐射校正和几何校正处理，最后获得卫星数据的计算机兼容磁带（CCT）和图像产品。

2.4.1 遥感数据传输与接收

空间数据传输与接收是空间信息获取和空间数据应用中必不可少的中间环节。

空间信息的传输有直接回收和无线电传输2种。飞机、气球、探测火箭和宇宙飞船多采用直接回收方法，将记载观测目标信息的感光胶片或磁带等由人或回收舱送至地面回收，这种方法易保密，但不能实时回收。遥感技术和数字通讯传输等技术的发展，使这种状况发生了变化，卫星拍摄的图像能实时传回地面，随时掌握不断变化的情况，这就是实时空间数据传输。

实时空间数据传输是将遥感器获取到的信息通过无线电载频传输给地面接收站。这种方法可以非实时传输，也可以实时传输，但不易保密，并受到无线电频带宽的限制而影响到信息容量。为了实现海量数据的传输，卫星上的数据传输多采用从数 GHz 到数十 GHz 的 S 波段、X 波段等高频波段。

从遥感卫星向地面接收站传输的空间数据中，除了卫星获取的图像数据外，还包括卫星轨道参数、遥感器等辅助数据。这些数据通常用数字信号传送。遥感图像的模拟信号变换为数字信号时，经常采用二进制脉冲编码的 PCM 式（pulse code modulation：脉冲编码调制）。由于传送的数据量非常庞大，需要采用数据压缩技术。数据压缩的方式非常多，不同的数据可以采用不同的数据压缩方式。海量遥感数据的压缩存储技术，可显著提高图像数据的传输率。图 2-5 为陆地资源卫星工作系统及数据传输示意图。

2.4.2 中国遥感卫星地面站

中国科学院遥感卫星地面站是根据邓小平同志1979年访美期间签订的中美《科学技术合作协定》精神组建起来的，于1986年12月建成并正式运行。它的建立填补了我国在卫星遥感技术这一领域的空白，开创了我国遥感技术和遥感应用的新时代。

地面站主要任务是：接收、处理、存档、分发各类地球对地观测卫星数据，为全国服务，同时开展卫星遥感影像数据接收与处理以及相关技术的研究。

经过多年发展，地面站已形成了以北京本部数据处理与运行管理为核心，北京接收站（位于密云）为数据接收点的运行格局。接收站内配备大型接收天线2部、中小型接收天线2部及相关的各种卫星数据接收、记录设施多套，具备接收国内外15颗遥感卫星数据的能力，目前全天候运行，接收9颗卫星数据，初步实现了一站多星、多分辨率和全天候、全天时、准实时。同时，北京总部针对不同卫星，形成了较为完善的运行管理系统、数据处理系统、数据管理系统、数据检索与技术服务系统等，具备日处理各类卫星影像数据100多景的能力。

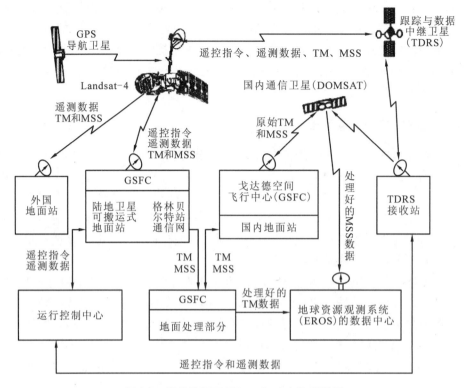

图 2-5　陆地资源卫星(Landsat)工作系统图

中国遥感卫星地面站目前可以接收、处理多颗光学类和微波类遥感卫星数据,包括美国的 LANDSAT TM、法国的 SPOT、欧洲太空局的 ERS 和日本的 JERS 等。其数字产品可以根据用户要求,按不同数据格式、不同记录方式、不同记录介质提供给用户。光学类遥感数据(TM,SPOT)数字产品格式分为 EOSAT FAST FORMAT 和 LG-SOWG FORMAT 两大类。记录方式为 BSQ 或 BIL;记录介质可选磁带(8mm、CCT)或 CD-ROM。

中国遥感卫星地面站建成以来,参与服务了许多国家重大项目,如大兴安岭森林火灾的实时监测与灾情分析及灾后植被恢复监测;胜利油田黄河入海口改造规划;三江平原几千公顷土地利用状况调查;葛洲坝工程环境监测;为地质矿藏勘探进行的地质地貌研究;为围海造田进行的珠江口海水泥沙量分析等;1991 年以来每年的洪涝灾害监测,特别是 1998 年长江流域与松花江、嫩江流域的特大洪涝灾害监测(首次应用了 5 颗卫星重复监测的技术);我国每年大中城市扩展变化监测业务;全国荒漠化监测;京津唐地区沙尘暴调查;全国农情速报;天然林保护工程、国家各级资源环境大型数据库建设等,为国家生态、经济和文化建设做出了重大贡献,为遥感数据推广应用提供了重要保证。

思考题

1. 阐述遥感平台的概念。
2. 简述遥感分类及遥感分类的依据。
3. 阐述传感器的概念及类型。
4. 简述遥感地面站的主要功能与任务。

第 3 章 遥感物理基础与彩色原理

遥感技术是建立在物体电磁波辐射原理上的。由于物体具有电磁波辐射特性，才有可能应用遥感技术研究远距离物体。遥感的物理基础涉及面广，本章只介绍有关遥感资料应用中所涉及的物理基础，如电磁波与电磁波谱、黑体辐射和实际物体辐射、太阳辐射与大气影响、地物的光谱特性及其测定、颜色性质及彩色合成原理等。

3.1 电磁波与电磁波谱

3.1.1 电磁波

波是振动在空间的传播。如在空气中传播的声波、在海洋中传播的水波及在地壳中传播的地震波等，都是由振源发出的振动在媒介中的传播，这些波称作机械波。在机械波里，振动着的是弹性媒介中的质点位移矢量。而光波、热辐射波、无线电波都是由振源发出的电磁振动在空间的传播，这些波称作电磁波。在电磁波里，振动的是空间电场矢量和磁场矢量。电场矢量和磁场矢量互相垂直于电磁波传播方向。

电磁波是通过电场和磁场之间的相互转化传播的，即空间任何一处只要存在着场，也就存在着能量。变化的电场能够在它的周围空间激起磁场，即交变的电场与磁场是相互激发的，闭合的电力线和磁力线就像链条一样，一个一个地套下去，在空间传播开来(图 3-1)，就形成了电磁波，实际上电磁波振动是沿着各个不同方向传播的。电磁波是物质存在的一种形式，它是以场的形式表现出来的，因此，电磁波的传播不需要媒介作用，即使在真空中也能传播。这一点与机械波有着本质的区别。但是两者在运动形式上都是波动，波动的共性就是用特征量，如：波长 λ、频率 ν、周期 T、波速 v、振幅 A、位相 Φ 等来描述它们的特性。

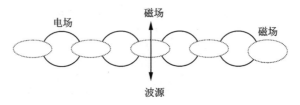

图 3-1 电磁振荡在某一方向传播示意图

由于振动的形式不同，所产生的波也不同。最基本的波动形式有两种：横波和纵波。横波是质点在振动方向和传播方向相垂直的波，电磁波就是典型的横波。纵波是质点的振动方向与传播方向相同的波，声波就是典型的纵波。波动的基本特点是时空周期性。时空周期性可以由波动方程的波函数来表示，如图 3-2 所示。

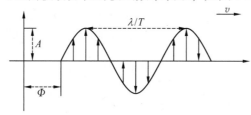

图 3-2 波函数图解

单一波长电磁波的一般函数表达式为：

$$\Psi = A\sin[(wt-kx) + \Phi]$$

式中　Ψ——电场强度；

　　　A——振幅；

　　　Φ——初位相；

　　　$w = 2\pi/T$——圆频率；

　　　$k = 2\pi/\lambda$——圆波数；

　　　t、x——时、空变量（t 表示时间，x 表示距离）。

波函数由振幅和位相组成。一般传感器仅仅记录电磁波的振幅信息，而丢失位相信息。在全息摄影中，除了记录电磁波的振幅信息，同时也记录了位相信息。

3.1.2 电磁波谱

实验证明，无线电波(wireless wave)、红外线(infrared light)、可见光(visible light)、紫外线(ultraviolet light)、X 射线(X-ray)、γ 射线(γ-ray)等都是电磁波，只是波源不同，因而波长（或频率）也各不相同，按电磁波波长的长短（或频率的大小），依次排列而成的图表称作电磁波谱（图 3-3）。

在电磁波中，波长最长是无线电波，无线电波又因波长不同，分为长波、中波、短波、超短波和微波。其次是红外线、可见光、紫外线，再次是 X 线，波长最短的是 γ 射线。各电磁波波长（或频率）之所以不同，是由于产生电磁波的波源不同。例如，无线电波是由电磁波振荡发射的；而红外线、可见光、紫外线、X 射线、γ 射线是由分子、原子、核子等电粒子在改变运动状态或能级跃迁时发射出来的。

电磁波中，各种类型的电磁波，由于波长（或频率）范围不同，它们的性质有很大的差别，如传播方向性、穿透性、可见性和颜色等方面差别极大，可见光直接对眼睛起作用，红外线能克服夜障，微波可以穿透云、雾、烟、雨等。然而它们也具有以下共同点。

①各种类型电磁波在真空中的传播速度相同，都等于光速(light velocity)。

$$C = 3 \times 10^{10} \text{cm/s}$$

②都遵守同一反射(reflection)、折射(refraction)、透射(transmission)、吸收(ab-

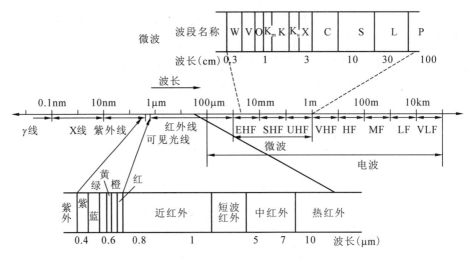

图 3-3 电磁波谱

sorption)和散射(scatterance)等规律。

目前,遥感技术所使用的电磁波是从紫外线、可见光、红外线到微波的光谱段。各光谱段划分界线是相对的,不同资料采用的光谱段范围有些差异。

各光谱段的特性如下。

紫外线(ultraviolet light) 介于可见光和 X 射线之间,波长范围为 $0.01 \sim 0.4 \mu m$。太阳辐射含紫外线,通过大气层时,波长短于 $0.3 \mu m$ 的能量几乎全被吸收,只有 $0.3 \sim 0.4 \mu m$ 的波段到达地面,而且能量很小。它能使溴化银底片感光。紫外波段在遥感方面的应用比其他波段要晚。目前,用于测定碳酸盐岩分布。碳酸盐岩处于 $0.4 \mu m$ 以下的短波区域,它对紫外线的反射比其他类型的岩石要强。另外,紫外线对水面漂浮的油膜比周围水的反射强烈,因此可以用于油污染的监测。但是这种波长从空中可探测的高度大致在 2 000m 以下,对高空遥感不适用。

可见光(visible light) 在电磁波谱中,它只占一个狭窄的区间,波长范围为 $0.4 \sim 0.76 \mu m$,由红、橙、黄、绿、青、蓝、紫光组成。人眼对可见光有敏锐的感觉,不仅对可见的全色光,而且对不同波段的单色光,也都具有敏锐的分辨能力。所以可见光作为鉴别物质特征的主要波段。在遥感技术中是以摄影和扫描方式接收并记录地物对可见光的反射特征。

红外线(infrared light) 位于可见光与微波之间,波长范围为 $0.76 \sim 1\,000 \mu m$。为了实际应用方便,又将其划分为:近红外($0.76 \sim 3.0 \mu m$)、中红外($3.0 \sim 6.0 \mu m$)、远红外($6.0 \sim 15.0 \mu m$)和超远红外($15.0 \sim 1\,000 \mu m$)。近红外在性质上与可见光相似,所以又称为光红外。在遥感技术中采用摄影方式和扫描方式,接收和记录地物对太阳辐射的光红外反射。中红外、远红外和超远红外是产生热感的原因,所以又称为热红外。自然界中任何物体,当温度高于绝对零度(-273.16℃)时就能向外辐射红外线。物体在常温范围内发射红外线的波长多在 $3 \sim 40 \mu m$ 之间,而 $15 \mu m$ 以上的超远红外被大气和水分子吸收,所以在遥感技术中主要利用 $3 \sim 15 \mu m$ 波段,更多的是利用 $3 \sim 5 \mu m$ 和 $8 \sim 14 \mu m$ 波段。红外遥感采用热感受方式探测地物本身的热辐射,它的工作不仅白天可以进行，夜晚也可以进行。由于红外线不易被天空微粒散射，所以红外遥感不受日照条件的限制，比可见光遥感更优越。

微波(microwave)　微波的波长范围一般规定为 1mm～1m(即频率在 300MHz 至 3 000GHz)微波辐射和红外辐射两者的特征相似，都属于热辐射性质。微波遥感是借助于微波散射现象来探测地物的性质，它的优点主要有：

①波易于聚成较窄的发射波束，波束角可达 1°左右；

②波近似直线传播，不受高空(100～400km)电离层反射的影响；

③地物目标对微波散射性能好；

④自然界中的电磁波对微波干扰小。

在电磁波谱中不同的波段，习惯使用的波长单位也不同：无线电波波长的单位取千米或米；微波的单位取厘米或毫米；红外线常取的单位是微米(μm)；可见光和紫外线常取的单位是纳米(nm)或埃(Å)或微米；波长很短的 X 射线和 γ 射线常取的单位是埃。波长单位的换算如下：

$$1\text{Å} = 10^{-4}\text{nm} = 10^{-8}\text{cm} = 10^{-10}\text{m}$$

$$1\text{nm} = 10^{-3}\mu\text{m} = 10^{-7}\text{cm} = 10^{-9}\text{m}$$

$$1\mu\text{m} = 10^{-3}\text{mm} = 10^{-4}\text{cm} = 10^{-6}\text{m}$$

除了用波长来表示电磁波外，还可以用频率来表示，如无线电波常用的单位为千兆赫兹($\times 10^3$ GHz)。描述电磁波可以用波长或频率，两者相同。但是习惯上用波长表示短波(如 γ 射线、X 射线、紫外线、可见光、红外线等)，用频率表示长波(如无线电波、微波等)。

3.2　黑体辐射和实际物体辐射

遥感探测离不开辐射源，主动遥感是自带辐射装置，可以自主辐射能量进行遥感探测，被动式遥感系统则利用自然辐射源。这里的自然辐射源主要指太阳，大多数传感器都是通过接收太阳辐射的能量进行遥感探测，特别是利用可见光、红外波段。其次就是利用地球辐射的能量，探测地球辐射主要使用热红外波段。对于太阳、地球这些自然物体的研究，由于它们自身的复杂性，一般是先研究其极端状态即理想状态，然后再根据实际情况作一些修正或近似。对辐射源的辐射规律研究是从绝对黑体这一理想模块开始的。

3.2.1　黑体辐射

如果一个物体对于任何波长的电磁辐射，都全部吸收，即吸收率 $\alpha(\lambda, T)$ 为 1，反射率 $\rho(\lambda, T)$ 为 0，与物体的温度和电磁波波长无关，则这个物体是绝对黑体。对于绝对黑体而言，在物体上只出现对电磁波的反射现象和吸收现象。在自然界中不存在绝对的黑体，黑色的烟煤，因其吸收系数接近 99%，被认为是最接近绝对黑体的自然物质，恒星和太阳也被看作是接近黑体辐射的辐射源。因为绝对黑体可以达到最大的吸收，也可以达到最大的发射。

黑体辐射如何测定呢？实验表明，黑体在某一单位波长间隔（$\lambda \sim \lambda + \Delta\lambda$）的辐射出射度 M_λ 与波长 λ 存在一定的关系（图3-4），不同温度的黑体辐射可以用斯忒藩—玻尔兹曼定律和维恩位移定律来解释。

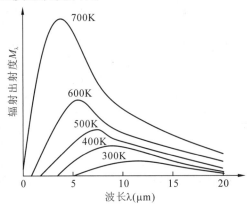

图 3-4　不同温度的黑体辐射

（引自 James B. Campbell，2006）

（1）斯忒藩—玻尔兹曼定律

整个电磁波波谱的总辐射出射度 M，可以用某一单位波长间隔的辐射出射度 M_λ 对波长 λ 由 0 到无穷大的整个电磁波段积分，也就是计算对应某一温度的曲线下的面积。从图 3-4 可知，某个温度时绝对黑体的总辐射出射度 M，随物体温度的升高以 4 次方的比例增大，也就是绝对黑体的总辐射出射度与黑体温度的四次方成正比，这就是斯忒藩—玻尔兹曼定律，即：

$$M = \sigma T^4 \tag{3-1}$$

式中　M——射度；

　　　σ——斯忒藩—玻尔兹曼常数，$\sigma = 5.67 \times 10^{-8}[\mathrm{W}/(\mathrm{m}^2 \cdot \mathrm{K}^4)]$；

　　　T——物体温度（K）。

（2）维恩位移定律

从图 3-4 也可以发现，黑体温度越高，其曲线的峰顶就越往左移，即往波长短的方向移动，由此可以导出另一个重要规律，即维恩位移定律。它的内容是：黑体辐射光谱中最强辐射的波长 $\lambda_{\max}$ 与黑体绝对温度 T 成反比，满足公式：

$$\lambda_{\max} \cdot T = b \tag{3-2}$$

式中　$\lambda_{\max}$——波长；

　　　T——黑体绝对温度（K）；

　　　b——常数，$b = 2.898 \times 10^{-3} \mathrm{m} \cdot \mathrm{K}$。

如果一个物体，它的辐射最大值落在可见光波段，物体的颜色会被看到。随着温度的升高，最大辐射对应的波长逐渐变短，颜色由红外到红色再逐渐变蓝变紫。蓝火焰比红火焰温度高就是这个道理。只要测量出物体的最大辐射对应的波长，由维恩位移定律可以很容易计算出物体的温度值。

表 3-1 列出了绝对黑体温度与最大辐射对应波长的关系，把太阳、地球和其他恒

星都可以近似看作球形的绝对黑体,则与这些星球辐射出射度对应的黑体温度可作为星球的有效温度。太阳的 λ_{max} 是 $0.47\mu m$,用公式可算出有效温度 T 是 $6\,150K$,$0.47\mu m$ 正是在可见光段,所以太阳光是可见的。而地球在温暖季节的白天 λ_{max} 约为 $9.66\,\mu m$,可以算出温度 T 为 $300K$,$9.66\,\mu m$ 在红外波段,所以地球主要发射不可见的热辐射。

表 3-1 绝对黑体温度与最大辐射对应波长的关系

温度 $T(K)$	300	500	1 000	2 000	3 000	4 000	5 000	6 000	7 000
波长 $\lambda_{max}(\mu m)$	9.66	5.80	2.90	1.45	0.97	0.72	0.58	0.48	0.41

3.2.2 实际物体的辐射

通常情况下,地球上的物体对太阳辐射都有一定程度的吸收功能(即存在一定的吸收系数 $\varepsilon(0<\varepsilon\leqslant1)$),在吸收太阳的辐射能量的同时也向外辐射能量,实际物体的辐射相对于黑体而言是灰体辐射。实际物体的辐射一般是把实际物体与绝对黑体比较,通过吸收系数 ε 找到实际物体的辐射出射度与同一温度和同一波长区的绝对黑体辐射出射度的关系,推算实际物体的辐射出射度。具体计算参考基尔霍夫定律:

$$M = \varepsilon M_0 \tag{3-3}$$

式中 M——实际物体的辐射出射度;

M_0——与实际物体同一温度和同一波长区间的绝对黑体辐射出射度;

ε——该条件下的吸收系数,有时又称为比辐射率或发射率。

3.3 太阳辐射

太阳辐射是地球上的生物、地球大气运动的能量来源,也是被动式遥感系统中的主要辐射源。太阳辐射光谱的波长范围很广,如图 3-5 所示。其辐射能量在波长很长和很短的部分里都很少,绝大部分能量集中在波长为 $0.17\sim4.0\,\mu m$ 之间,占太阳总辐射能量的 99%。其中,可见光波段占 43.5%;红外波段占 48.8%;紫外波段以上占 7%。辐射最大能量的波段在 $0.5\mu m$(蓝绿光)附近。

但是当太阳辐射以电磁波的形式通过星际空间到达地面时,由于大气中某些气体对电磁辐射有选择性地吸收,以及大气中所含的各种粗粒物质(如尘埃、水滴)的散射等影响,不仅减弱了太阳辐射到地球上的能量(太阳送到地球上的能量约为 $1.73\times10^{26}J/s$),而且使传感器接收到的地物反射和发射电磁波的能量也有所减弱。

3.4 大气对电磁波辐射的影响

3.4.1 大气的成分和结构

大气中含有气体、液体及固体成分,其中包含最多的气体是 $N_2(78\%)$、O_2

(20.9%)、水蒸气(H_2O)、CO_2、CO、N_2O、CH_4、O_3；固体和液体微粒是悬浮的尘埃、冰晶、盐晶、烟灰、水滴等。这些弥散在气体中的悬浮混合物通常称为气溶胶，它们形成霾、雾和云。

3.4.2 大气对电磁波辐射的吸收

大气中的水汽、臭氧(O_3)、氧和二氧化碳等成分，对太阳电磁辐射在不同波长范围有不同程度的选择性吸收（图3-5）。

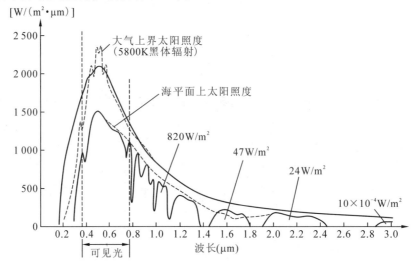

图3-5 太阳辐射度分布曲线

(1) 水汽吸收带

水汽对太阳辐射的吸收最为显著。水汽吸收带，大部分集中在太阳辐射的红外波区的 0.624～2.132μm 波段内。实验证明，液态水比气态水对电磁辐射具有更强的吸收作用。它形成的吸收带与水汽吸收带相比，向长波方向有所移动。但是，大气中的水，绝大多数为气态而不是液态，所以液态水对太阳辐射的总吸收作用是很小的。

(2) 二氧化碳吸收带

它主要集中在波长大于 1.35μm 的红外区内。在 1.35～2.85μm 波段有 3 个吸收带为弱吸收带。在 2.7μm、4.3μm 与 14.5μm 波段为强吸收带。

(3) 臭氧吸收带

太阳辐射光谱在 0.3μm 波长处有一个中断现象，这是被高空的臭氧吸收了。0.2～0.3μm 为一个较强的宽吸收带。在 0.6μm 附近又有一个宽吸收带，虽然吸收度不大，但该带正处于太阳辐射的最强区域，吸收的太阳辐射能相当多，影响也较大。

据估计，太阳能辐射能量被大气吸收了约 14%。

3.4.3 大气对电磁波辐射的散射

电磁辐射通过不均匀物质时，辐射方向发生改变并向各个方向散开的现象称为散射。太阳辐射通过大气时会受到大气分子及大气中所含的各种微粒的散射作用，造成辐射能的衰减。散射辐射能与入射辐射能之比称为散射系数。散射系数 γ 与波长 λ 有下列关系：

$$\gamma \propto \lambda^{-\phi} \tag{3-4}$$

式中，ϕ 值取决于散射微粒的大小。

大气的散射现象发生时的物理规律与大气中的分子或其他微粒的直径及辐射波长的长短密切相关。通常有以下 3 种情况。

(1) 瑞利散射

当微粒直径比光的波长小很多时($d < \lambda/10$)，这种散射称瑞利散射，其散射系数与波长的 4 次方成反比，即

$$\gamma \propto \lambda^{-4} \tag{3-5}$$

且波长越长，散射越弱。瑞丽散射在可见光波段影响最明显，蓝光波长短，散射越强。在红外和微波波段，因为波长长，散射很少，几乎可以忽略。

瑞利散射可以解释晴朗的天空为什么是蓝色？因为蓝光的散射系数约为红光的 5 倍，波长较短的蓝光向四面八方散射，因此天空呈蓝色，这也是进行高空或空间彩色摄影时会出现蓝白灰雾的原因。

(2) 米氏散射

大气中的微粒如烟、尘埃、小水滴及气溶胶等引起的散射是米氏散射。这些粒子直径较大，与辐射的波长相当，这种散射的特点是散射强度受气候影响大。一般而言，米氏散射的散射强度与波长的二次方(λ^2)成反比，即

$$\gamma \propto \lambda^{-2} \tag{3-6}$$

并且散射光的向前方向比向后方向的散射强度更强，方向性比较明显。例如，云、雾的粒子大小(α)与红外线($0.76 \sim 15\mu m$)的波长接近，所以云雾对红外线的散射主要是米氏散射。

(3) 无选择性散射

当微粒的直径远大于电磁波波长时，则散射与波长无关，此时任何波长的电磁波散射强度都相同，此时的反射称为无选择性散射。大气中的水滴、雾、烟、尘埃等粗粒悬浮物，对太阳电磁辐射的散射，造成天空呈灰白色。

在大气窗口内，散射是造成太阳电磁波能量损失的主要原因。

以上讨论说明，并非任何波长的太阳电磁辐射都能穿过大气层到达地球表面，而且各种波长的电磁波透过大气层的能力是不相同的。

3.4.4　大气对电磁波辐射的透射

(1) 大气折射

电磁波穿过大气层时，除发生吸收和散射外，还会出现传播方向的改变，即发生折射。大气的折射率与大气密度相关，密度越大折射率越大。离地面越高，空气越稀薄折射也越小。正因为电磁波传播过程中折射率的变化，使电磁波在大气中传播的轨迹是一条曲线，到达地面后，地面接收的电磁波方向与实际太阳辐射的方向相比偏离了一个角度，这是由于大气折射造成的。

(2) 大气反射

电磁波传播过程中，若通过两种介质的交界面，还会出现反射现象。气体、尘埃的反射作用很小，反射现象主要发生在云层顶部，取决于云量，而且各波段均受到不同程度的影响，削弱了电磁波到达地面的强度。因此，应尽量选择无云的天气接收遥感信号。

3.4.5 大气窗口和遥感

如上所述，大气层的反射、吸收和散射作用，削弱了大气层对太阳辐射的透明度，不同波长的电磁波通过大气时受到的影响是不同的。有些波长的电磁波显著衰减，而某些波长的电磁波却有较高的透过率。在遥感技术中，通常把电磁波通过大气时，较少被反射、吸收或散射，透过率较高的波段称为大气窗口（atmospheric window）。显然，它们是能够被利用的部分。

目前已经知道的大气窗口有以下几个（图3-6）。

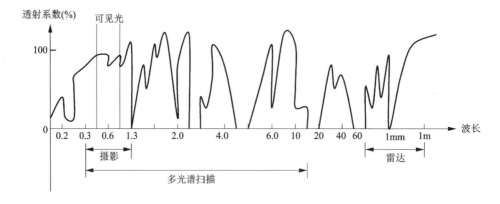

图 3-6　大气窗口

$0.32 \sim 1.3 \mu m$ 大气窗口：包括全部可见光及部分紫外、近红外波段，为地物的反射光谱区。这一波段是摄影成像的最佳波段，也是许多卫星传感器扫描成像的常用波段。比如，Landsat4-5 的 TM 传感器 1~4 波段，SPOT 卫星的 HRV 波段。

$1.3 \sim 2.5 \mu m$ 大气窗口：属于近红外波段反射光谱的范围，只能用光谱仪、射线测定仪来记录。是白天日照条件好时扫描成像的常用波段。如 Landsat4-5 的 TM 传感器 5、7 波段等，用以探测植物含水量以及云、雪，或用于地质制图等。

$3.5 \sim 4.3 \mu m$ 大气窗口：属于中红外波段，为地物热辐射的范围。它包括地物的反射光谱和发射光谱，如 NOAA 卫星的 AVHRR 传感器用 $3.55 \sim 3.93 \mu m$ 探测海面温度，获得昼夜云图。

$8 \sim 14 \mu m$ 大气窗口：属于远红外波段，是地物热辐射的范围，可以采用红外辐射计、红外光电探测仪、光谱计记录。Landsat3 的多光谱扫描仪，就增加了 $10.4 \sim 12.6 \mu m$ 的一个热红外波段。

$0.8 \sim 2.5 cm$ 微波大气窗口：由于微波穿云透雾能力强，这一区间可以全天候观测，而且主动遥感方式，如侧视雷达。Radarsat 的卫星雷达影像也在该区间，常用的波段为0.8cm、3cm、5cm和8.0cm，甚至可将该窗口扩展至0.05~300cm。机载雷达多采用3cm。

3.5 地物波谱特征及其测定

3.5.1 地物波谱特征

地物波谱特征是地物波谱的基础理论研究。我们必须根据地物波谱特征来选择传感器的波段，校正大气传输过程中遥感信息的失真，并进行目视解译，引导数字图像识别。地物波谱主要分4个波段：反射光谱段（0.3~2.5 μm）、反射—发射波谱段（3~5 μm）、发射波谱段（8~14 μm）和微波波谱段（离散点）。

(1) 地物的反射光谱

太阳辐射入射地面，各种地物对太阳辐射中不同波段的光线有强弱不同的反射。定义反射能量与入射能量的比例为反射率 P，反射率随波长（λ）变化。用光谱辐射仪和标准板（白板 $P_0 \to 1$ 或灰板 $0 < P_0 < 1$）可测定不同地物的反射光谱，标准板的反射率不随波长变化。于是可根据下式算出地物反射率 P：

$$P = IP_0/I_0 \tag{3-7}$$

式中 I——地物光谱仪测得地物反射辐射通量的读数；

I_0——测得标准板的反射辐射通量的读数；

P_0——已知标准板的反射率。

带自动记录仪的光谱辐射仪，可直接绘出地物反射光谱曲线。

植被的反射光谱：植物的绿色叶子一般由上表皮细胞、叶绿素颗粒和多孔薄壁细胞组成。入射到叶子上的太阳辐射可粗略地分为蓝光波段（0.4~0.5 μm）、绿光波段（0.5~0.6 μm）、红光波段（0.6~0.7 μm）、近红外波段（0.7~2.5 μm）。蓝、红光波段的光辐射被叶绿素全部吸收进行光合作用，而绿光被反射，所以肉眼看见的叶子呈绿色。近红外是肉眼看不到的，但近红外光可穿透叶绿素，被多孔薄壁细胞反射，因此在 0.8~1.1 μm 波段形成强烈反射峰。自然界的植被千差万别，情况复杂。反射光谱随着植被种类、季节和所处地理环境而变化，有时还受病虫害的影响。

岩石和土壤的反射光谱：一般在黄、红光波段有一峰值，在我国以昆仑山-秦岭-淮河为界，北部大地呈黄色，南部大地呈红色。岩石和土的光谱主要受岩性、风化环境、含水量的影响。如中国南方在湿热环境下由于三价氧化铁染色普遍呈红色。干燥土反射率高，潮湿土反射率低。

水的反射光谱：纯净水在蓝、绿光波段对水有较大的穿透力，最大可穿透20m。水对其余大部分太阳辐射都吸收。自然界的水质不同，水中含有悬浮泥沙和浮游生物，以及受石油污染等，这些都会影响到水的反射光谱。悬浮泥沙的粒径一般等于或大于光波波长，因此，在水中产生米氏（Mie）散射，使水的反射率在各波段皆有所提高，尤其在黄红波段。反射率随含沙量增加而增高，但在高含沙量条件下趋于极限值。水中含有叶绿素，会使近红外波段的反射率增高；水面受石油污染，在紫外波段有较高的反射率。

(2) 地物的发射波谱

凡温度高于绝对零度(-273.16℃)的物体自身都有向外发射电磁波的特性。一般常温下物体发射的电磁波主要集中在 8~14 μm 的热红外波段。通常用 8~14 μm 的辐射计来量测地物温度 T_B，定义灰体的辐射通量密度为 W'，而黑体的辐射通量密度为 W，则发射率 ε 为：

$$\varepsilon = W'/W \tag{3-8}$$

实测的地物温度是发射率与实际温度(T)的函数，考虑最简单的情况下，一般可写成：

$$T_B = \varepsilon T \tag{3-9}$$

实际上地物亮度也有波长函数。在 8~14μm 波段，白天岩石和土壤的辐射能量大于植被的辐射能量，植被的辐射能量又大于水的辐射能量，而夜间则相反。

(3) 地物的反射—发射波谱

在中红外波段(3~5μm)既有太阳辐射又有大地辐射。该波段处在两个辐射能量分布的波谷处，目前我国还没有专门的测试仪器来量测。据国外资料显示，白天岩石和土壤的辐射应大于植被的响应，植被的响应又略大于水的响应。

(4) 地物的微波波谱

微波波谱段可进行被动遥感和主动遥感。从被动遥感来看，地物自身以微波波长发射微弱的电磁辐射，可以靠灵敏的微波传感器去接收这种弱信号，但在其中每一点上波段是离散的，因为传感器中的接收元件——波导不可能做成连续的。另一种是主动遥感，靠人工发射微波信号，再接收由地物后向散射回来的微波信号。这样信号是增加了，而且可采用合成孔径和压缩技术提高分辨率，但同样的传感器只能测某点波长的微波辐射，不可能获得连续波谱。无论被动或主动微波遥感，只能得到 3cm 或 21cm 波长的地物特性，还无法给出连续的地物波谱曲线。

3.5.2 主要地物波谱曲线及应用

现在按照地物的反射光谱、发射波谱和反射-发射波谱给出植被、土壤和水的波谱曲线。这些波谱曲线可帮助理解遥感传感器波段的选择，在目视解译时运用这些地物波谱曲线识别不同波段上的地物，如图 3-7 所示。

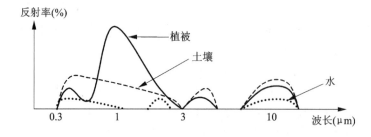

图 3-7 主要地物的波谱辐射

LANDSAT，NOAA，SPOT分别为美国的陆地卫星、气象卫星和法国的地球观测卫星。MSS，TM，AVHRR和HRV分别为多光谱扫描仪、专题成像仪、改进型甚高分辨率辐射仪和高分辨率可见光波段成像仪。MSS 4，5，6，7波段分为0.5～0.6μm、0.6～0.7μm、0.7～0.8μm、0.8～1.1μm，地面分辨率为80m；MSS 8波段为10.4～12.5μm，地面分辨率为240m；TM 1，2，3，4，5，7分别为0.45～0.52μm、0.52～0.60μm、0.63～0.69μm、0.76～0.9μm、1.55～1.75μm、2.08～2.35μm，地面分辨率为30m；TM 6波段为10.4～12.5μm，地面分辨率为120m；AVHRR 1，2，3，4，5波段分别为0.58～0.68μm、0.725～1.1μm、3.55～3.93μm、10.5～11.3μm、11.5～12.5μm，地面分辨率为1 100m；HRV 1，2，3波段分别为0.5～0.59μm、0.61～0.68μm、0.79～0.89μm，地面分辨率为20m。此外，HRV还有一个可见光波段0.51～0.73μm，地面分辨率为10m。

根据上述主要地物波谱曲线和各传感器的波段及其地面分辨率，可分析每种波段遥感图像上主要地物的灰度对比度。例如，在MSS 4、TM 1、TM 2和HRV 1波段图像上水的色调最暗，植被次之，土壤最亮；又如，MSS 7、TM 4、AVHRR 2、HRV 3图像上水的色调最黑，土壤次之，植被最亮；再如，在白天MSS 8、TM 6、AVHRR 4、AVHRR 5的图像上，水的色调暗，植被次之，土壤最亮；等等。

如果蓝、绿、红3色光以其中任意三波段的影像进行假彩色合成，可预测每种地物在假彩色合成片上的色彩，例如，用MSS 4，5，7；TM 2，3，4和HRV 1，2，3波段分别给予蓝、绿、红光进行假彩色合成，则水为蓝黑色，植被为红色，土壤为灰绿色。假彩色合成的方案千变万化，掌握了基本地物波谱，就可预测各种合成方案取得的图像上各类地物的色调。

3.5.3 从多波段影像上获取地物波谱曲线

当没有测定地物波谱的仪器和设备时，可从多波段影像黑白片上读取已知地物的灰阶，粗略地获取地物波谱曲线。例如，在TM图像上可读出每种地物的灰阶，以灰阶为纵坐标，以波段为横坐标，做出各类地物的灰阶曲线，如用多波段磁带则可更准确地做出各类地物统计的平均灰阶曲线。这类地物灰阶曲线，实际上是从高空获得的地物波谱曲线。它与地面实测波谱曲线的差异，是由大气传输损失产生的。图3-7中水、植被和土壤三大地类的波谱曲线，是从各种传感器获得的信息中综合出来的标准曲线，实际情况要复杂得多，随地物所处地理环境和季节变化，地物波谱曲线也有差异，需在实践中认真研究。

3.5.4 乔木树种光谱反射能力的几点规律

第一，所有树木和覆盖地表绿色植物的亮度曲线，在光谱绿色区域（波长520～570nm），表现出最大的亮度，在红色光线区域中最小，在叶绿素吸收带（波长650～680nm）显著地提高，在红外区域内表现了较高的亮度，并且针、阔叶树种显著不同，非生物的自然物体没有这种规律。

第二，乔木树种的反射能力随着季节发生很大变化，这种变化取决于物候状况。

在春天初发的叶子幼嫩，嫩绿的叶子光谱反射力较强，老针叶较弱；随着季节推移，针阔叶亮度也降低，阔叶树种变得快一些，针叶树老叶和新叶的光谱亮度判别，一直可以保持到冬天。

第三，夏季可见光谱区域内各种树种是很相似的，亮度几乎一样，在秋季树叶变黄，阔叶树种的光谱亮度，在可见光谱范围内显著升高，曲线最高处转到橙黄至红色光谱区域内。

第四，地理条件也对各树种的光谱反射力有影响，例如，地理纬度和垂直地带海拔增高，气候的寒冷提高了，会引起辐射能量减少，但是在红外光谱区域内针叶和阔叶树种的亮度，还是保持一定的差距。

第五，林分生长条件不同，环境条件不同，森林类型不同，林种不同，其光谱反射能力也有所不同，立地条件差的光谱反射能力强。

第六，松树、白桦、山杨纯林的亮度一致，而且这种树种的树冠很均匀，因此亮度很相似，云杉和冷杉林分的整个树冠的亮度要低于单独树冠的亮度，这是因为这些树的树木高度有很大差别，增大了被遮部分，使单株树冠下部和树冠北部的叶子在同样光照条件下光谱反射较强。

3.5.5 地物波谱特征的测量

地物波谱联系地面和空间信息之间的关系，是遥感研究的基础。地物光谱的测试可以建立地面物体和航空航天遥感数据的关系；建立地面物体的相关和应用模式。地物波谱值的测定实际上是非常复杂的，如对植被的波谱测定，不仅受植物的组分、结构和观测条件的影响，还受时空差异的影响，是一项耗时耗力的工作，对地物波谱进行实测或者监测的工作进行得并不太多，主要集中在农业、地质和水资源等领域。林业对主要树种进行详细的波谱测定工作开展得较少，现行地物波谱的测定都是通过光谱辐射仪来测定的。

(1) 光谱辐射仪工作原理

光谱仪通过光纤探头摄取目标光线，经 A/D 转换后变成数字信号，进入计算机，整个测量过程由计算机控制。计算机控制光谱仪并实时将光谱测量结果显示在计算机屏幕上，并能进行一些简单处理。所测数据可储存在计算机内，也可拷贝到软盘上。通常为了测定目标光谱，需要测定三类光谱辐射值：暗光谱，即没有光线进入光谱仪时由仪器记录的光谱；参考光谱或白光，即从较完美的漫辐射体——标准板上测得的光谱；样本光谱或目标光谱，即对目标物上测得的光谱。目标物的反射光谱值是在相同的光照条件下通过参考光辐射值除目标光辐射值得到的。

(2) ASD 便携式野外光谱仪介绍

目前常见的野外光谱仪主要有美国 LI-COR 公司生产的 LI-1800，美国地球物理及环境公司生产的 GER 系列野外光谱仪，美国分析光谱仪器公司(ASD 公司)生产的 ASD 野外光谱辐射仪和美国海洋光学公司生产的 S2000 小型光学纤维光谱仪系列。其中 ASD 公司生产的野外光谱辐射仪分为背包式和手持式两种，手持式外形见图 3-8 中的(a)和(b)。

3.5 地物波谱特征及其测定

图 3-8 (a)和(b)为美国 ASD 公司生产的手持式野外光谱辐射仪

ASD 手持式野外光谱仪(FieldSpec HandHeld)主要具有以下特点：在野外光谱仪中最小最轻，体积为 22cm×15cm×18cm，重量 1.2kg，视场角为 25°；不需测量暗光谱；采用 1m 长光导纤维直接输入光谱仪，便于逐点测量而不必搬动仪器；能以 0.1s 的速度记录一条光谱，记录速度快，既减少了误差，又提高了仪器的信噪比。除以上特点外，相关参数如下。

① 仪器规格
- 波长范围：300~1 075nm 或 300~2 500nm
- 积分时间：可选 $2n×17$ ms，$n = 0, 1, \cdots, 15$
- 扫描平均：最多可选 31 800 次光谱平均
- 光谱采样间隔：1.6nm
- 光谱分辨率：3.5nm
- 饱和辐射度：最大辐射值可以超过 2 倍于 0°日光天顶角和朗伯表面 100% 反射
- 高次吸收滤色片，内置光闸和漂移锁定自动校准功能均设置为标准配置
- 适于手持或安装在三角架上
- 通过标准串口与计算机连接

② 技术特性
- 使用 512 阵元阵列 PDA 探测器
- 扫描时间短至 17 ms
- 实时测量并观察反射、透射、辐射度或者辐照率
- 多次光谱平均：最多可选 31 800 次光谱平均
- 波长精度值：±1nm
- 灵敏度线性：±1%
- 波长重复性：±0.3nm
- 标准软件功能：全自动优化，原始数据显示采集。反射，透射，$\lg(1/R)$，$\lg(1/\tau)$ 显示，导数光谱等
- 内置光闸：漂移锁定暗电流补和分段二级光谱滤光片等为用户提供无差错的数据
- 重量轻：可电池操作
- 计算机串口连接：方便数据传递

- 响应速度快：近红外段采用高响应速度的 InGaAs 探测器
- 信噪比高：探测器用 TE 制冷

（3）外业数据采集

外业采集选择在晴朗无云风天气，采集时间一般在 11:00~13:00 左右，每次数据采集前都进行标准白板校正。测量方法有 2 种，一种是垂直测量，测量时仪器探头垂直向下，另外一种是非垂直测量，即仪器探头与被测物体有个夹角。为了使测量数据具有代表性，每次选择不同的、均匀的、有代表性的测量点对被测对象（比如树木等）测量 25~30 次，对所测数据进行比较，剔除不合理数据，取平均值代表该天光谱测量值。

3.6 彩色原理

电磁波谱中可见光能被肉眼所感觉而产生视觉，不同波长的光显示不同的颜色，自然界中的物体对于入射光有不同的选择性吸收和反射能力，而显示出不同的色彩。这样，不同波长和强度的光谱进入肉眼，使人感觉到周围的景象五光十色。对于肉眼的视觉来说，单一波长的光对应于单一的色调。例如，$0.62~0.76\mu m$ 的光感觉为红色，对 $0.50~0.56\mu m$ 的光感觉为黄色等。然而肉眼在判别颜色方面也有其局限性，即分不出哪一种是"单色"，哪一种是"混合色"。例如，把波长 $0.7\mu m$ 的红光与 $0.54\mu m$ 的绿光按一定比例混合叠加进入肉眼时，同样感觉为黄色。因此，对于肉眼来说，光对于色，虽然有单一的对应关系，而色对于光，就不是单一的对应关系了，因为色彩可以是不同色光按一定比例叠加而合成。

3.6.1 颜色性质和颜色立体

（1）三基色

色光中存在 3 种最基本的色光，它们的颜色分别为红色、绿色和蓝色。这 3 种色光既是白光分解后得到的主要色光，又是混合色光的主要成分，并且能与肉眼视网膜细胞的光谱回应区间相匹配，符合肉眼的视觉生理效应。这三种色光以不同比例混合，几乎可以得到自然界中的一切色光，混合色域最大；而且这 3 种色光具有独立性，其中一种原色不能由另外的原色光混合而成。因此，我们称红、绿、蓝为色光三基色。

（2）颜色性质

彩色的描述对于遥感图像非常重要，彩色变换也是遥感图像处理的重要方法。在物理中，颜色的性质由明度、色调、饱和度来描述。

①亮度（brightness） 彩色光的亮度越高，人眼就越感觉明亮，或者说有较高的明度。如黄色物体亮度高，所以人感觉黄色物体特别明亮夺目。

②色调（hue） 色调是彩色彼此相互区分的特性。可见光谱不同波长的辐射在视觉上表现为各种色调，如红、橙、黄、绿、蓝等。

③饱和度（saturation） 饱和度是指彩色的纯洁性。可见光谱的各种单色光是最饱

和的彩色。当光谱中掺入白光成分越多时，就越不饱和。

非颜色体只有明度的差别，而没有色调和饱和度这两种特性。

(3) 颜色立体

颜色立体是为了更形象地描述颜色特性之间的关系，表现一种理想化的示意关系。中间垂直轴代表明度，从底端到顶端，由黑到灰再到白，明度逐渐递增。中间水平面的圆周代表色调，顺时针方向由红、黄、绿、蓝到紫逐步过渡。圆周上的半径大小代表饱和度，半径最大时饱和度最大，沿半径向圆心移动时饱和度逐渐降低，到了中心便成了中灰色(图3-9)。如果离开水平圆周向上下白或黑的方向移动也说明饱和度降低。这种理想化的模型可以直观表现颜色3个特性的关系，但与实际情况仍有不小差别。例如，黄色明度偏白，蓝色明度偏黑，它们的最大饱和度并不在中间圆面上。

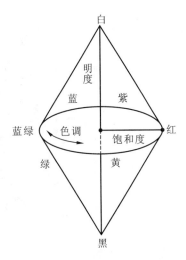

图 3-9 理想颜色立体

3.6.2 色彩空间

"色彩空间"一词源于英语"color space"，也称作"色域"，是表示颜色的一种数学方法，人们用它来指定和产生颜色，使颜色形象化。实际就是各种色彩的集合，色彩的种类越多，色彩空间越大，能够表现的色彩范围(即色域)越广。对于具体的图像设备而言，其色彩空间就是它所能表现的色彩的总和。颜色空间中的颜色通常使用代表3个参数的三维坐标来指定，这些参数描述的是颜色在颜色空间中的位置。不同的应用中需要不同的颜色空间，用来反映不同的色彩范围。色彩空间之间可以进行相互转换，在遥感研究领域比较常见的色彩空间有RGB颜色空间和HSI颜色空间。

(1) RGB 色彩空间

RGB(red, green, blue)色彩空间通常使用于彩色阴极射线管、彩色光栅图形的显示器等设备中，彩色光栅图形的显示器都使用R(红)、G(绿)、B(蓝)数值来驱动R、G、B电子枪发射电子，并分别激发荧光屏上的R、G、B 3种颜色的荧光粉发出不同亮度的光线，并通过相加混合产生各种颜色；扫描仪也是通过吸收原稿经反射或透射而发送来的光线中的R、G、B成分，并用它来表示原稿的颜色。RGB色彩空间称为与设备相关的颜色模型，RGB色彩空间所覆盖的颜色域取决于显示设备荧光点的颜色特性，是与硬件相关的。它是我们使用最多、最熟悉的色彩空间。它采用三维直角坐标系。红、绿、蓝原色是三原色，各个原色混合在一起可以产生复合色。RGB色彩空间通常采用如图3-10所示的单位立方体来表示。在正方体的主对角线上，各原色的强度相等，产生由暗到明的白色，也就是不同的灰度值。(0,0,0)为黑色，(1,1,1)为白色。正方体的其他6个角点分别为红、黄、绿、青、蓝和品红。

(2) HSI 色彩空间

HSI色彩空间是从人的视觉系统出发，用色调(hue, H)、饱和度(saturation 或

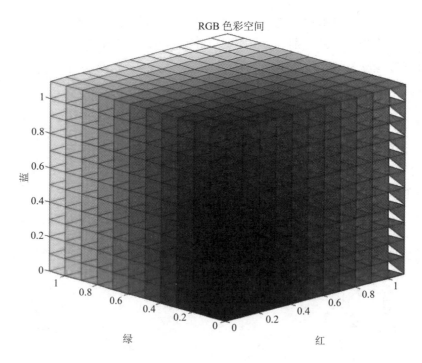

图 3-10　**RGB 色彩空间**(来自 http://wiki.keyin.cn)

chroma，S)和亮度 (intensity 或 brightness，I)来描述色彩。HSI 色彩空间可以用一个圆锥空间模型来描述。用这种描述 HSI 色彩空间的圆锥模型相当复杂，但却能把色调、亮度和饱和度的变化情形表现得很清楚。通常把色调和饱和度称为色度，用来表示颜色的类别与深浅程度。由于人的视觉对亮度的敏感程度远强于对颜色浓淡的敏感程度，为了便于色彩处理和识别，人的视觉系统经常采用 HSI 色彩空间，它比 RGB 色彩空间更符合人的视觉特性，图 3-11。在图像处理和计算机视觉中大量算法都可在 HSI 色彩空间中方便地使用，它们可以分开处理而且是相互独立的。因此，在 HSI 色彩空间可以大大简化图像分析和处理的工作量。HSI 色彩空间和 RGB 色彩空间只是同一物理量的不同表示法，因而它们之间存在着转换关系。

3.6.3　加色法

彩色合成通常是用 3 种基本色调(简称基色)按一定比例混合而成各种色彩，称为三基色(three base colors)合成。这 3 种基色中的任何一色都不能由 3 种基色中的另外 2 种基色混合而成。

用三基色合成其他色彩有 2 种方法。即红、绿、蓝三基色中的 2 种以上色光按一定比例混合，产生其他色彩的方法称为加色法；从白光中减去其中 1 种或 2 种基色而产生新色彩的方法为减色法(图 3-12)。

两种基色按等量叠加得到一种补色，即

红 + 绿 = 黄

红 + 蓝 = 品红

3.6 彩色原理

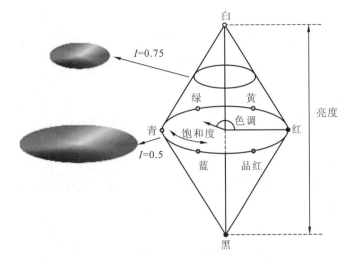

图 3-11 HSI 色彩空间(来自 http://www.blackice.com)

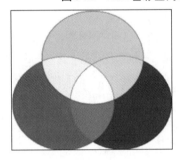

(a)加色法

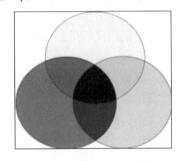

(b)减色法

图 3-12 三基色图

蓝 + 绿 = 青

黄、品红、青称为补色。

三基色按等量叠加得到白光,即

红 + 绿 + 蓝 = 白

当两种色光相叠加成为消色(白色或黑色)时,称这两种色光为互补色。因此,不难看出(红+绿)与蓝、品红(红+蓝)与绿、青(蓝+绿)与红为互补色。非互补色不等量相叠加可得到两者的中间色。如

红(多) + 绿(少) = 橙

红(少) + 绿(多) = 黄绿

3.6.4 减色法

减色法一般用于颜料配色。如彩色印刷、染印彩色相片等。颜料本身的色彩是由于染料选择性地吸收入射白光中一定波长的光,反射出白光中未被吸收的色光而产生。减色法正是白光中减去三基色中的一种或两种而产生色彩的,即

黄 = 白 − 蓝

品红 = 白 − 绿

青 = 白 – 红

黄色颜料是由于吸收了白光中的蓝光，反射红光和绿光的结果；品红颜料是由于吸收了白光中的绿光，反射红光和蓝光的结果；青色颜料是由于吸收白光中的红光，反射蓝光和绿光的结果。

当品红与黄色颜料混合叠印时，品红 + 黄 = 白 –（绿 + 蓝）= 红，在白光中绿光和蓝光分别被品红和黄色颜料吸收，只有红光被反射而呈现出红色。此外还有：

青 + 品 = 白 –（红 + 绿）= 蓝

黄 + 青 = 白 –（蓝 + 红）= 绿

当品红、青、黄三种颜料叠印时，即白光中绿、红、蓝都被吸收而呈现黑色，即

品红 + 青 + 黄 = 黑

以上介绍的仅是彩色合成和配制的基本原理。实际上，一种色彩是由色调（表示颜色的种类）、亮度（表示色彩的明亮程度）和饱和度（表示色彩的深浅程度）3 个指标来衡量的，因此，要准确地重现天然色彩，不但色调要保持一致，而且亮度和饱和度也应与天然色彩一致。

加色法与减色法相比较的区别是：加色法必须有 3 个投影器，使红、绿、蓝分光正片分别通过红、绿、蓝滤光系统，并有规律地叠合成不同的色彩。而减色法只要一个投影器，首先将红、绿、蓝 3 张分光正片染成互补颜色，即红染青、绿染品红、蓝染黄，然后准确相叠投光就可获得彩色体。

在彩色合成中，如果没有按照严格的对应关系进行，所得到的只能是假彩色，而不是地物本来的色彩。

思考题

1. 简述电磁波谱区间的划分。
2. 简述黑体辐射和实际物体的辐射。
3. 试述何为大气窗口及其对遥感观测的作用。
4. 简述地物波谱的主要测定方法及如何进行地物波谱的测定。
5. 试述三原色的概念及如何进行颜色的加减产生新的颜色。

第4章 航空遥感

现代意义上的航空遥感是以1856年法国人用载人气球从空中拍摄到巴黎的街区图为开端。1909年，意大利莱特兄弟从飞机上拍到第一张航空相片，此后一段时间内利用飞机开展航空摄影获取航空相片对地表进行监测一直是遥感研究的主要方式。20世纪70年代随着航天遥感的兴起和推广应用，特别是随着卫星影像分辨率的提高，航空遥感的地位受到航天遥感的冲击和挤压，应用领域受到一定的限制，但航空遥感仍然有其优点。近年来，随着无人机的开发与应用，航空遥感的应用又开始日益凸显出来，特别是在重大自然灾害监测和应急反应中应用广泛。作为对地观测系统的重要组成部分，航空遥感在综合应用实验、对太空飞行器上装载的传感进行模拟实验方面有非常重要的作用。

4.1 航空摄影

航空摄影(aerial photography)可称为常规遥感技术。它除利用$0.4\sim0.7\mu m$的可见光波长区外，还扩充到一部分紫外光和红外光的光谱范围。因此从$0.3\sim0.9\mu m$的波长范围都称为摄影遥感区。尽管许多研究者在卫星遥感和新形式的航空遥感(如热红外、微波遥感、特大和超小比例尺航空遥感等)进行了广泛的研究，但是，常规的航空摄影技术仍在发挥积极的作用。航空摄影技术在林业生产上已付诸实践，并获得了很好的经济效益和社会效益。

航空摄影就是利用安装在飞机上的航摄仪器，按照预定计划从空中向地面摄影取得航空相片的全部作业过程，这些过程主要包括飞行摄影、暗室冲洗、质量评定等。从空中向地面拍摄的相片称作航空相片。

4.1.1 航空摄影飞机和摄影机

(1) 航空摄影飞机

为了保证摄影质量，用于航空摄影的飞机必须稳定性良好。同时，要求起落、滑行距离比较短，视野良好，机舱内便于安置仪器并适于工作。此外，由于摄区地形条件和航摄比例尺的不同，所要求的飞机性能也有差异。例如，在山区条件下，不宜用轻型飞机；拍摄小比例尺航摄时，需要升限较大和稳定性能良好的大型飞机。

(2) 航空摄影机

航空摄影机的种类很多，主要有普通航摄机和多光谱航摄机。

①普通航摄机　普通航摄机主要结构如下。

镜箱：包括镜头和镜身，它是航摄机的主要部分。

暗匣：包括承片轴和供片轴，它是安放航摄胶卷的装置。

时间间隔器：它是控制航摄机按一定间隔时间自动工作的中心枢纽。

座架：航摄机与飞机机舱连接的部分。座架上附有减震装置和旋转盘。

普通航空摄影机的主要技术指标：

航空摄影机的焦距(f)：航摄机的焦距是固定的，因此，要拍摄一定比例尺的航摄相片，就要根据航摄机的焦距来决定航高。焦距长的航摄机能够拍摄大比例尺的航摄相片，焦距短的航摄机只能够拍摄小比例尺的航摄相片。如果用短焦距航摄机进行大比例尺航空摄影，就必须要求比较低的航高，由于低空摄影，曝光时，地物相对移动的速度很大，从而影响影像的清晰度。相反，假如采用长焦距航摄机时，进行小比例尺摄影，航高要求很高，浪费了爬高时间，同时也影响影像的清晰程度。因此，焦距直接影响航摄相片的质量和航摄的成本。透镜成像公式如下：

$$1/D + 1/d = 1/f \tag{4-1}$$

式中　f——焦距；

　　　D——物距；

　　　d——像距。

航空摄影时 $1/D$ 值极小，可忽略不计，则近似有 $1/d = 1/f$，即像距等于焦距。

透镜成像时，物距与焦距之比等于 D 与 d 之比，一般航空摄影时地物与相片相应影像之比为相片比例尺，可用下式表达：

$$1/m = d/D = f/H$$

普通航摄机的相角(2β)：普通航摄机的镜头中心和相片对角线的夹角，称为普通航摄机的相角。在航摄高度相同时，相角越大，所包含的摄影面积越大。在相幅固定时，相角和相距成反比，焦距越短，相角越大。

镜头分辨力(resolution of len)：镜头分辨力是镜头构像的细致程度。以单位长度内出现最小影纹的数量来表示，通常以 1mm 内出现最细的线条数来说明镜头的分辨力。分辨力高，镜头能够得到细致清晰的影像，相片上反映的地物就比较丰富。分辨力较低的镜头，所得到的影像质量较差。一般边缘部分的分辨力低于中央部分的。因此，相片中央部分清晰。镜头边缘部分的分辨力也称为实验室最低分辨力，一般镜头分辨力就是以实验室最低分辨力来进行的。

航空摄影机尽量要求高分辨力、大相幅、大孔径、高速度、小畸变差、高精度和自动化。

②多光谱航摄机　它是为了摄取不同波段同一目标物的多光谱相片而设计的航空摄影机。它的构造与一般普通航摄机相似，但具有多镜头、多通道的特点。常见的多光谱航摄机可分为3种类型，即多相机型、多镜头型、单镜头分光谱型。

多镜头型：在一架航空摄影机上，安置几个光学特性一致的镜头，以摄取不同波段同一地区的相片。中国科学院长春光学研制所研制的4个镜头的多光谱相机就是这种类型。

多相机型：将几架航空摄影机安装在同一飞机上，就组合成了多机型的航摄机，各架相机之间，光轴互相平行，按动一个快门按钮，即可使几个快门同时工作，从而对地物进行多光谱摄影。

③单镜头分光谱相机 这种相机的特点，是采用棱镜将光束分离成几个波段，再进行摄影。

4.1.2 航空摄影过程

在具备了遥感平台(飞机)及传感仪器的基础上，就可以对观察地区进行航空摄影。航空摄影主要过程包括：航摄准备工作、空中摄影、航摄处理及质量评定。

航空摄影要选择适合的摄影季节。森林航空摄影一般选择林区各种树种颜色差异比较大的季节。我国南方林区以选择早春和深秋为宜，东北林区以9月份左右比较适宜。

此外，在森林航空摄影时，为了判读分析和测图工作的需要，在航空摄影之前，需要在地面上设置控制点标志。标志的大小、形状、颜色都要和自然地物背景有着明显的差异。例如，在绿色林地中，设置白布或白色涂料以便识别分辨。对于彩色片和多光谱片的感色等，则需要铺设各种已知波段范围的标布，以及分辨力测定板。

航空摄影还有一系列的技术准备，作业设计工作。面状航空摄影的作业设计包括以下主要内容。

航空摄影比例尺：航空摄影比例尺的确定原则是既要满足工作需要，又要尽量降低成本。目前航空摄影的比例尺，可以分为大比例尺、中比例尺、小比例尺。凡大于1/10 000，为大比例尺航空摄影；小于1/30 000为小比例尺的航空摄影；介于其间的为中比例尺航空摄影。高空飞机所摄制的1/10万~1/25万的相片为超小比例尺航空摄影。此外，有时进行抽样调查也拍摄1/1 000~1/5 000左右的特大比例尺的小相幅相片。目前对航摄比例尺尚无统一的规范分类。

当我们确定了航空摄影的比例尺之后，就可根据航空摄影机的焦距计算航空摄影的相对航高。根据航摄相片的重叠和航摄相片的比例尺就可以计算航线之间的距离和航线内相邻摄影站之间的距离。

根据航线间距和航摄区的宽度就可以标出航线的数目，根据航线内相片张数和航线的数目，就可以得到整个航摄区的相片总数。拟订作业设计时，要特别注意留有余地增加补充数。

当航空摄影作业计划拟定之后，就可进行飞行摄影的空中作业。飞行摄影要选择晴朗无云的天气，每天摄影时间不宜过早或过晚，否则太阳高度角太低，阴影过浓，影响地物细部的判读。

飞行前，要掌握天气预报，特别是风速、风向资料，以便修正偏流角和调整航速，飞机导入航线后，领航员要随时注意风向变化，并用领航图检查地标，使航线始终保持正确的航向。摄影员注意根据偏流角纠正航空摄影机的位置，调整时间间隔器。航空摄影机要保持水平，使航空摄影机按照要求进行曝光摄影。当航空摄影摄完一条航线之后，飞机要进行标准转弯，以相反的方向进入下一条航线，各条航线之间保持平行。

飞机摄影完毕返航之后,将胶片带入暗室进行显影、定影、水洗、晾干和晒印相片。通过暗室工作所取得的航空摄影相片需要进行检查并做质量评定。

4.1.3 航空摄影的基本参数

航摄相片是航测最基本、最原始的资料。航空摄影质量的好坏直接影响以后的各项工作。因此,必须符合各项质量要求。航空摄影质量包括2个部分:一是航空摄影的飞行质量;二是航空摄影的质量。

(1) 相片倾斜角(tilt angle)

飞机在进行航空摄影时,航摄仪的主轴 oO 在曝光的一瞬间与铅垂线 nN 所夹的角,称作航摄倾角,或相片倾斜角,通常用 α 表示(图4-1)。

当相片倾斜角 α 等于零时,航摄仪主光轴处于铅垂线位置,这种摄影称垂直摄影,所摄相片称水平相片。目前由于技术条件的限制,还不能直接拍摄到水平相片。用于森林航测的航空摄影相片倾角一般应不大于2°,个别地区则不大于3°,满足以上要求的航空摄影,称为近似垂直摄影,所摄取的相片称近似垂直摄影相片。现代航摄仪装有自动回转稳定装置,可以满足航空摄影对相片倾斜角的要求。有些相片的角隅上,有圆水准器的影像,可根据其气泡的位置大致判定该相片的倾斜角。圆气泡的分划值为1°或0.5°。

(2) 航高(flight)

在航空摄影之前,航摄仪类型及测区航摄比例尺均由设计部门确定。据此可计算出相应的航高。如图4-2所示,当垂直摄影时,航摄比例尺等于航摄仪主距(f)与航高(H)之比:

$$1/m = f/H \tag{4-2}$$

根据上式,则航高 H 的计算公式为:

$$H = m \cdot f \tag{4-3}$$

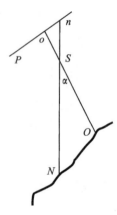

图4-1 相片倾斜角

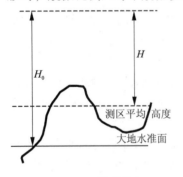

图4-2 摄影航高

通常所说的航高 H,也称相对航高,是指航摄仪物镜中心到测区平面平均高度的垂直距离。而绝对航高 H,是指航摄仪物镜中心到大地水准面的垂直距离。

为了确保摄取规定的航摄比例尺相片,航摄飞机必须按预定的航高飞行。但实际上由于受各种因素的影响,飞机摄影时很难保持固定的高度,但同航线上各摄影站之间的最大航高差不应超过50m,实际航高不超过设计航高的5%。

(3) 相片重叠度(overlap)

航摄作业要求,相邻两相片之间要有一定程度的重叠。相片重叠多少用相片重叠宽度与相幅边长之比来表示,称相片的重叠度,通常以百分数表示。根据计算方式不同有航向重叠和旁向重叠。

如图4-3所示，沿航线方向相邻两相片之间的重叠，称航向重叠(longititude overlap)，航向重叠度如式(4-4)表示。

$$q_x\% = X/L_x \tag{4-4}$$

图4-4是相邻两航线间的重叠，称旁向重叠(lateral overlap)，旁向重叠度如式(4-5)表示。

$$q_y\% = Y/L_y \tag{4-5}$$

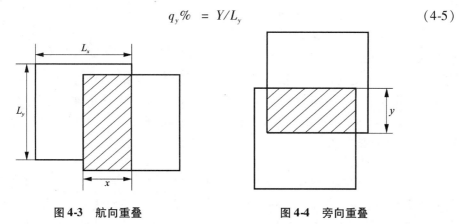

图4-3　航向重叠　　　　　图4-4　旁向重叠

一般航向重叠度为60%~65%，最小不得小于53%；旁向重叠度一般为30%~35%，最小不得小于15%。小于上述要求的部分，称航摄漏洞。出现航摄漏洞的地区，应及时补摄。

为避免出现航摄漏洞，在起伏较大的地区进行航空摄影时，应适当增加重叠度，其计算公式如下：

$$\begin{aligned} q_x\% &= q_x'\% + (1 - q_x\%)\Delta h/H \\ q_y\% &= q_y'\% + (1 - q_y\%)\Delta h/H \end{aligned} \tag{4-6}$$

式中　$q_x\%$，$q_y\%$——平均高程面上相片的航向、旁向重叠度；

$q_x'\%$，$q_y'\%$——相片的航向、旁向标准重叠度；

H——相对于平均高程面的航高；

Δh——测区内最高平均高程面与平均高程面之差。

同一航线上，相邻两摄影站之间的距离，称摄影基线，通常用B来表示。

设相幅边长为l，如图4-3所示，相片比例尺分母为m，$L_x = m \cdot l$，则摄影基线长度B为：

$$B = m \cdot l(1 - q_z\%) \tag{4-7}$$

同理，两航线之间距D用下式计算：

$$D = ml(1 - q_y\%) \tag{4-8}$$

相片重叠度可用特制的重叠度检查尺直接量测出。其方法是：先将相片按同名地物拼接好，把尺子上标记有"100"的分割线与左相片左边缘重合，则右相片左边缘对应的尺上分割线即为重叠度。

(4) 航偏角(angle of yaw)

如图 4-5 所示，AB 是航空摄影时飞机预定的飞行方向。但当飞机航行时，受到来自 CB 方向侧风的影响。为保证飞机仍能按预定的航线飞行，飞机的纵轴必须逆风旋转一个角度 W，此时拍摄的相片如图(a)。若使相片边缘与航线方向平行，应将航摄仪

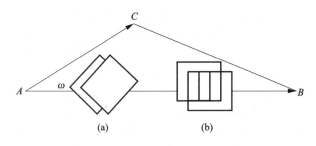

图 4-5　航偏角产生示意

再向相反方向转动同样一个角度 W，这时拍摄的航片如图(b)。这个角度的安置误差产生了航偏角。可见，航偏角用沿航线方向相片边缘与航线方向(相邻相片中心点连线)间的夹角来衡量。规定航偏角应不大于 6°，个别应不大于 10°。相片航偏角可直接在重叠好的相片上用量角器测定。

(5) 航线弯曲度

飞机在进行航空摄影时，由于受到各种因素的影响，航线往往不能沿预定航线飞行，从而产生了航线弯曲，如图 4-6(a)、(b)所示，航线弯曲程度，用航线全长 L 与航线弯曲最大偏离值 δ 之比 δ/L 或 $(\delta_1+\delta_2)/L$ 来表示，该值称航线弯曲度。一般要求航线弯曲度不得大于 3%。

图 4-6　航线弯曲度

航空摄影完后，每条航线均应进行航线弯曲度检查。如图 4-6 将整条航线的相片依次摆好后，量测首尾两片中心点的连线长度 L 及偏离航线最远的相片中心点偏离值 δ。如航线弯曲成为图 4-6(b)状，则航线弯曲度按 $(\delta_1+\delta_2)/L$ 式计算。

航测对航摄影像的质量要求是：底片的压平误差要在限差之内，压平线的弯曲不应超过 0.1mm；底片各处地貌、地物影像清晰，反差及黑度适中；底片上的各种标志，如框标应清晰完整，整个底片应无损伤，等等。

(6) 航摄相片分辨力(resolution of photo)

航摄相片的分辨力是指直接呈现在相片上的最小地物，它是由相片的线条解像力所决定。一般用相片上 1mm 可呈现的黑白相间的线条数目来度量。相片的分辨力是镜头、胶片、相纸、冲洗过程的综合分辨力。影响相片分辨力的因素，除以上器材条件外，还有比例尺、地物反差、大气状况、飞机的平稳状态等。此外，还与观察者眼睛的分辨能力也有直接关系。

研究航摄相片分辨力的目的，在于了解能够观察识别地面地物的实际大小，也就是地面的分辨力。地面分辨力可以用式(4-9)计算

$$Rg = Rs \cdot f / H \tag{4-9}$$

式中　Rg——地面分辨力(线条数/m);

　　　H——飞机距离目标的高度;

　　　Rs——综合分辨力(线条对数/mm);

　　　f——航空摄影机焦距(mm)。

例如:f 为152mm 的航空摄影机,从6 100m 的高空拍摄黑白地物,相片综合分辨力为40 对/mm,则分辨力为:

$$Rg = Rs \cdot f/H$$
$$= 40 \text{ 对/mm} \times 152\text{mm}/6\ 100\text{m} = 1 \text{ 对/m}$$

即每米可分清黑白相间的线条一对,也就是说能分辨0.5m 的地物。

分辨力高的航空相片,影像清晰而且细致,反映的地物也丰富。分辨力低的相片,在相同比例尺条件下,很多细小地物不能分清,降低了相片质量。在同一张相片上,中心部分比边缘部分的分辨力高,因此中心部分的影像比边缘部分清晰。

4.1.4　航空摄影的种类

按摄影仪主光轴与地面的关系,可分为垂直摄影和倾斜摄影。航摄仪主光轴垂直于地面或主光轴偏离铅垂线 3°以内的航空摄影都称为垂直摄影。垂直摄影所得的相片是进行各种量测和编图的主要资料。按航空摄影的方式,可分为:

①面积摄影　通常以国际分幅的图幅为摄区,敷设平行航线,相片航向重叠度要求60%,旁向重叠度要求30%~35%,以保证获得全区的立体重叠。大面积地区进行测图,调查设计工作都是沿用这类摄影。由于大面积航空摄影成本较高,所以除特别珍贵森林和试验区外,绝大部分的面积都是采取中、小比例尺摄影。

②带状航空摄影　为了勘测运输线路或木材运送河道,需要沿着一定的线状地物拍摄具有一定重叠度的航空相片,这种航带往往是弯曲的。

③点状抽样摄影或局部航空摄影　为了取得相片测树的资料和数据,或者为了研究小面积风倒木、火烧迹地、森林更新等,对典型地区拍摄特大比例尺典型相片。这种相片一般是3 张成2 个像对,中间一张就是测定各种数据的作业相片。由于对相片分辨率要求不同,采用不同的摄影比例尺。

4.2　航空相片的几何特性

4.2.1　航空相片的基本标志

航空摄影的最后成果是航空相片,目前我国常用的航空相片,相幅有18cm×18cm、23cm×23cm 和30cm×30cm 等。

在航空相片的四边,通常印有一些摄影状态的记录,如图4-7 所示。

①框标(fiducial marks)　相片四边中部的黑色

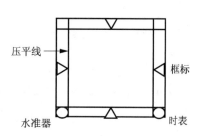

图 4-7　航空相片上的标志

箭头(或在相片四角隅的"×"标志)。对应的 2 个框标连线的交点为相片中心点。

②时表(timer)　记录相片的拍摄时刻。

③水准器：水准气泡位置说明相片摄影时光轴的倾斜情况。水准气泡居中时为水平。水准器上的同心圆，每圈为 1°(或 0.5°)读数从中心算起。

④压平线(frame of image)　相片四边井字形直线称压平线，其弯曲度说明摄影时感光胶片未压平而产生的影像变形情况。

⑤相片编号(photo number)　表示航摄区的位置、摄影时间、相片在整个图幅及本条航线内的顺序。相片编号是在航空摄影完毕整理资料时，以反体字写在负片上，印成正相片后成为正体字。

4.2.2 中心投影

投影一般分两类：垂直投影(vertical projection)和中心投影(centering projection)。地形图为垂直投影，航空相片为中心投影。

所谓中心投影，就是有一固定点 S(图 4-8)和任意点 A 的连线被一平面 P 所截，直线在平面上的截点 a 为 A 点的中心投影。S 为投影中心，SA 为投影光线，P 为投影平面。航空摄影时，地物的反射光线通过摄影机物镜中心(投影中心)在底片(投影平面)上构成负像。经过接触晒印获得的航空相片，其上的影像和实际一致，称为正像(图 4-9)。从投影上说，航空相片(正像)的位置，等于以投影中心(S)为圆心，以焦距(f)为半径，将 P_1 旋转至 P_2，P_2 即为正像的位置。

航空相片是地面的中心投影，地形图是地面的垂直投影，两者的差别，从投影方面来说，则是中心投影和垂直投影的差别。航空摄影测量是将航空相片转化为地形图，也就是将中心投影转化为垂直投影。

中心投影和垂直投影的差别，可以从 3 个方面加以讨论。

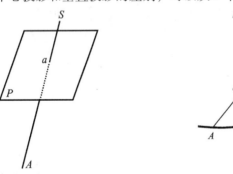

图 4-8　中心投影

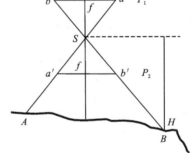

图 4-9　正像和负像

(1)投影距离的影响

垂直投影构像的比例尺和投影距离无关，但中心投影像距与物距存在着几何关系(图 4-10)。航空相片的比例尺取决于航高和焦距，即

$$1/M = f/H \tag{4-10}$$

式中　M——航空相片比例尺分母；

f ——焦距；

H ——航高。

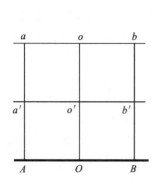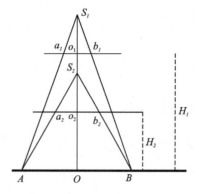

图 4-10 投影距离的影响

摄影机选定后，焦距一般不变，由于航高变化，比例尺随之发生变化，航高越高，比例尺越小。因此，航空相片的比例尺与投影距离有关，垂直投影则与投影距离无关。

（2）投影面倾斜的影响

在垂直投影中，投影面是水平的，图上各部分的比例尺是统一的。

在中心投影中，若投影面倾斜时，像平面上产生比例尺的变化，地物的相互位置也发生了变化。如图 4-11 所示，地面上 $AO = OB$，而相片上 $ao > ob$。

（3）地形起伏的影响

地形起伏对于垂直投影没有影响，如图 4-12 所示，高出 P 平面的点 A，与 P 平面的点 A_0，在垂直投影上的点均为 a。但中心投影则不同，高出 P 平面的点 A，与在 P 平面的点 A_0，在中心投影上的点分别为 a 和 a_0，aa_0 称为投影误差，它是由于中心投影引起的。

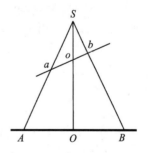

图 4-11 投影面倾斜对中心投影的影响

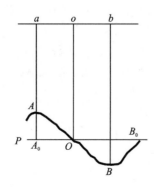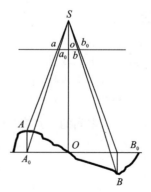

图 4-12 地形起伏的影响

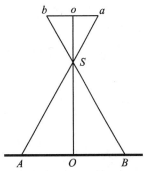

图 4-13 水平相片的比例尺

根据上述可知,将中心投影变为垂直投影必须解决 3 个问题:统一比例尺,消除因投影面倾斜引起的倾斜误差和投影误差。

中心投影与垂直投影虽然存在着性质上的差别,但当相片水平,地形平坦时,中心投影和垂直投影的成果是相同的,这时相片与平面图相同(图 4-13)。

4.2.3 航摄相片上的主要点和线

航摄相片上有一些处于特殊位置的点和线,它们对研究相片性质以及进一步确定相片空间位置都具有重要作用,这些点和线通常称为主要点和主要线。在图 4-14 中,设 E 为地平面(基准水平面),P 为相片平面,S 为投影中心,H 为摄影航高。

①像主点(principal point) 过 S 点做像平面 P 的垂线 So,(即航摄仪的主光轴)与像平面 P 的交点,称像主点,以 o 表示。So 等于航摄仪焦距 f,像主点 o 在地面上相应点是 O。

②像底点(photograph nadir) 过 S 点所作的铅垂线称作主垂线,主垂线与像平面 P 的交点,称像底点,以 n 表示,像底点 n 在地面上相应点用 N 表示。

③等角点(isocenter) 主光轴与

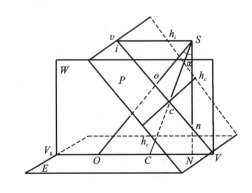

图 4-14 相片上的主要点和线

主垂线的夹角就是相片倾斜角 α,也就是像平面 p 与地平面 E 间的夹角。主光轴与主垂线所决定的平面称主垂面,用 W 表示。在主垂面 W 内将 α 角平分,其角平分线与像面 P 的交点,称等角点,用 c 表示。它在地面上的相应点是 C。

④主纵线 主垂面 W 与像平面 P 的交线 Vv 称主纵线。主垂面 W 与地平面 E 的交线 VV_0,称摄影方向线。过 S 点做一直线与摄影方向 VV_0 平行,与像平面 P 的交点 i,称主合点。显然,n、c、o、i 各点均处于主纵线 Vv 上;N、C 和 O 各点都在摄影方向线 VV_0 上。

⑤等比线 垂直于主纵线 Vv 的直线,都称像水平线,通过等角点 c 的像水平线,称等比线,用 $h_c h_c$ 表示。像水平线还有:通过像主点 o 的,称主横线,用 $h_o h_o$ 表示;通过主合点 t 的称合线,用 $h_i h_i$ 表示。

相片上主要点、线之间的关系有:

$$on = f \tan\alpha$$
$$oc = f \tan\alpha/2$$
$$oi = f \cot\alpha$$

在 $\triangle iSc$ 中,$\angle iSc = \angle Sci = 90° - \alpha/2$,则 $\triangle iSc$ 是等腰三角形,故有:

$$Si = ci = f / \sin\alpha$$

同样，可求出地面相应点间的关系：

$$ON = H \tan\alpha$$
$$CN = H \tan\alpha / 2$$

当相片倾斜角 $\alpha = 0$ 时，相片处于水平位置，此时像主点 o、等角点 c 及像底点 n 重合为一点。在一般情况下，$\alpha \leqslant 2°$，所以 o、c 及 n 点相距很近。

4.2.4 像点位移

(1) 投影差 (projection difference)

水平相片比例尺因地形起伏的影响而变化，这是因为航空相片是地面的中心投影所造成的。在垂直摄影的航空相片上，高出或低于基准面的点在相片上的像点和平面图上的位置比较，产生了移动，这就是因地形起伏引起的像点位移。

在图 4-15 中，T_0 为选定的起始面；A 点高出起始面，其高差为 h_a，B 点低于起始面，其高差为 h_b；A、B 在起始面上的垂直投影点为 A_0、B_0；A、B 在相片上的影像为 a、b，而 A_0、B_0 在相片上的影像为 a_0、b_0；相片上的线段 aa_0 与 bb_0 就是因为地形起伏引起的像点位移。

∵ $\triangle Saa_0 \sim \triangle SA_0'A_0$
∴ $aa_0 = (f/H)A_0'A_0$
∵ $\triangle Sao \sim \triangle AA_0'A_0$
∴ $A_0'A_0 = (h_a/f) ao$
故 $aa_0 = (h_a/H) ao$
同理：$bb_0 = (h_b bo)/H$

其中，aa_0、bb_0 为像点位移，以 δh 表示，ao、bo 为像点距像主点的距离，以 r 表示，h_a、h_b 为高差，以 h 表示，则可写出投影差的一般公式：

$$\delta h = (h/H) r$$

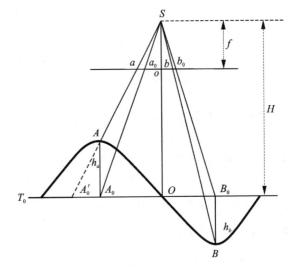

图 4-15 因地形起伏引起的像点位移

根据上式可总结出投影差的几点规律。

● 投影差大小与像点距离像主点的距离成正比，即距像主点越远，投影差越大。相片中心部分投影差小，像底点是唯一不因高差而引起投影差的点。

● 投影差大小与高差成正比，高差越大，投影差也越大。高差为正时，投影差为正，即影像离开中心点向外移动；高差为负时，投影差为负，即影像向中心点移动。

● 投影差与航高、焦距、相片比例尺分母成反比，即航高越高，投影差越小。

根据地形起伏的投影规律，林木具有如下的投影规律。由图 4-16 可知：

● 位于像主点附近的林木，以最大的冠幅影像出现。

● 林木影像的投影差，与树高和辐射距离成正比，林木影像呈同心圆辐射投影。

● 林木影像辐射状向外倾斜，其延长线交于像主点。

（2）倾斜误差（tilt difference）

航空摄影时，相面未能保持水平，则将因投影面倾斜，而使相片上影像的位置发生变化，这种因相片倾斜引起的像点位移，又称倾斜误差。当倾斜角很小时，这种误差是不易观察出来的。

4.2.5 航空相片上使用面积的区划

在近似垂直的航空相片上倾斜误差和投影差都是以中心点为圆心对称分布，与离中心点的距离 r 成正比。但在实际工作中，如果每张相片的使用面积都用圆形，则相片之间无法拼接，重复和遗漏也无法检查。

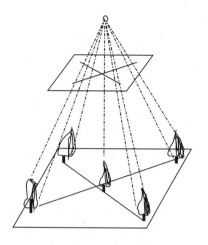

图 4-16　林木影像规律

由于相片有 60% 以上的纵向重叠和 30% 以上的横向重叠，就可用相邻相片的旁向重叠和横向重叠的等分线所划定的面积作为使用面积，也就是作为判读和勾绘的作业面积。使用面积的区划一般呈矩形。东面和南面用直线，西面和北面用转绘识别地物的方法连成折线。一般是同时打开两条相邻的航线，从左至右，从上到下的区划。特别要注意的是使用面积的 4 个角必须精确识别，以保证使用面积

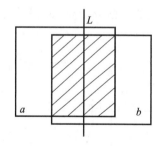

图 4-17　航空相片使用面积的区划

的衔接。使用面积区划好后，还要在图幅边缘的相片上注明相邻图幅接边相片的号码，使用面积的大小与相片的重叠度有关，当相片重叠过大时，也可采取隔片区划的办法，以免增加使用面积区划的工作量。如图 4-17 所示，相邻相片 a 和 b 按同名地物拼好后，沿重叠部分的中央线 L 区划。

4.2.6 航空相片比例尺

航空相片的比例尺和地形图的比例尺含义是一样的，即相片上的影像长度 ab 与该影像在地面上的实际长度 AB 之比，称作相片比例尺。图 4-18 中，△SAB 和 △Sab 相似可知，航空相片的比例尺大小是由航高和焦距决定的。因此，可以认为航高 H 和与焦距 f 之比即为航空相片的比例尺。

比例尺 $1/m = f/H = ab/AB$

例如，$f = 70$ mm，$H = 3\ 500$ m，则相片比例尺为 1:50 000。一般同一航摄仪焦距是固定的，如航高变化，各张相片比例尺也就不一致。在航高不变时，地形有起

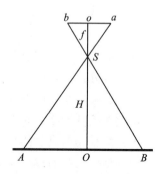

图 4-18　航空相片的比例尺

伏，会非常严重地影响中心投影，使之产生相当大的投影差（即像点位移），使同一张相片内各处比例尺发生变化。

(1) 地形起伏对比例尺的影响

地形起伏会使相片航高改变，会影响相片比例尺。如图4-19所示，山顶A、B和山脚C、D以及山坡上E、F各点，在相片上的影像分别为a、b、c、d、e、h，它们的比例尺是不一样的。A、B在水平面T_1上，C、D在水平面T_3上，E、F在水平面T_2上，以T_2为起始面，T_1、T_2间的高差为h_1，T_2、T_3间的高差为h_2，S为投影中心，SO为航高H，So'为焦距f，AB、CD、EF的相片比例尺分别为：$1/M_1$、$1/M_2$、$1/M_3$。

$$\frac{1}{M_1} = \frac{ab}{AB} = \frac{f}{H - h_1} \tag{4-11}$$

$$\frac{1}{M_2} = \frac{ef}{EF} = \frac{f}{H} \tag{4-12}$$

$$\frac{1}{M_3} = \frac{cd}{CD} = \frac{f}{H + h_2} \tag{4-13}$$

由式(4-11)、式(4-12)、式(4-13)可知，在水平相片上由于高差影响，各处比例尺是不相同的，只有位于同一水平面上各点的比例尺是一致的。因此，中心摄影的相片，在地面平坦时，可以认为相片上比例尺是统一的。

目前，在消除因地形起伏产生位移方面已取得显著进展，研制的各种正射投影仪，可将中心投影的航空相片转换成正射相片。通过计算机图像处理，也可将中心投影纠正为正射投影，纠正后的正射相片有地形图的意义，称影像图。

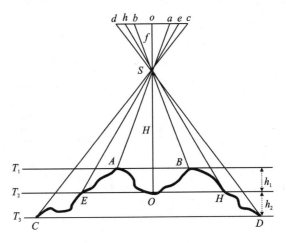

图4-19 地形起伏对比例尺的影响

(2) 相片比例尺的测算

①根据焦距(focus)和航高(flight altitude)计算 一般f可在相片角隅上找到，航高可向航测单位索取，根据$1/m = f/H$求出相片比例尺。地面平坦时可按此法计算。向航测单位要的航高记录，是航片高差仪记录的像主点的航高，因此用其计算的比例尺称为"主比例尺"，只概略代表该片的比例尺。

②用航测地区地形图或实测进行计算 在相片上找到明显地物点，测量其长度，根据地形图比例尺，求出两点间的实际长度L。再在地形图上找到相应的两点，量其长度l。则相片比例尺：$1/m = l/L$。

这种方法也很粗略，为了提高精度，可选择有代表性的4~6个点，按上述方法量测。

③"平均比例尺"的计算 在相片中心点的对角线附近，选择一对有代表性的最

高点和最低点，量测其相片上长度 l_1、l_2，利用地形图，求出其实际长度 L_1、L_2，则相片的平均比例尺为：

$$1/m_{平} = 1/2(l_1/L_1 + l_2/L_2)$$

在山区，相片的比例尺常常按此法计算。

④局部比例尺（local scale） 林业工作中应用航片测定的对象常常是细小的地物，如标定样地面积，测定树冠直径，换算样地林木株数等，量测精度要高，而林区绝大多数是山区，地形起伏大，所以实际工作中使用局部比例尺的情况比较多。局部比例尺必须每一点计算，因为同一张相片上由于测点海拔不同，局部比例尺也不同。

局部比例尺一般不用线段长度之比来测算，而用真航高计算。RC-5、RC-10 等摄影机拍摄的胶卷上都有真航高记录，如果没有每张相片的航高记录，在有比较详细精确地形图的条件下，可以用计算改正法求算真航高和局部比例尺。如图 4-20 所示，在相片上参照地形图选出两个明显地物点 a、b，两点连线通过中心点，两点在相片上距离为 L，在地面上的实际距离为 G，高程分别为 h_B、h_A。如求出 H_a（A 点的航高），再加上该点的海拔高程 h_A，即可求得相片的绝对航高（absolute height）$H_{绝}$。

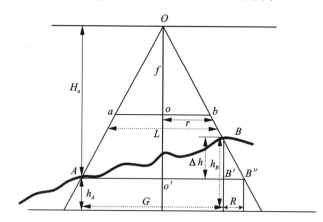

图 4-20　改正法求真航高

$\because \triangle Oob \sim \triangle B B'B''$

$\therefore r/f = R/\triangle h \quad R = r\triangle h/f$

又 $\because \triangle Oab \sim \triangle OAB''$

$\therefore H_a/(G+R) = f/L \quad H_a = f(G+R)/L$

$\therefore H_a = (f \cdot G + r \cdot \triangle h)/L$

$\therefore H_{绝} = H_a + h_A$

则任一点真航高 $H_i = H_{绝} - h_i$　任一点比例尺 $1/m_i = f/H_i$

4.3　航空相片的立体观察

4.3.1　立体观察原理

用光学仪器或肉眼对有一定重叠率的像对进行观察，获得地物和地形的光学立体模型，称为相片的立体观察。立体观察的原理与人眼对物体的天然观察能力有关。

(1) 人眼的构造

人眼好像是一台完善的，能自动调节焦距、光圈的摄影机。从光学观点来看，人眼可分两大部分：水晶体和网膜。水晶体的作用等于摄影机的物镜，水晶体四周韧带起伸缩作用，以改变水晶体的表面曲率，也能自动改变焦距以获得清晰的影像。瞳孔好似光圈，能自动调节光量，网膜相当于底片，能够感光。网膜中部对着水晶体光心的黄斑，黄斑中有直径 0.4mm 的网膜窝，它是网膜中感光最强的部分。通过网膜窝中心和水晶体光心的连线称为视轴。当人眼注视某点时，视轴能自动转向某点。

一般观察物体时，能看清物体的细节，而眼又不感觉紧张疲劳，水晶体的焦距为 22.79mm，相应的物距为 250mm。250mm 称为正常视力的明视距离。

所谓眼的视力，又称眼的分辨率，是眼睛能够辨认最小物体的能力，通常用所能判别的最小物体对眼睛张开的角度来表示。人眼的分辨率一般是 $1'$，假如有 2 个点，它们之间的距离在人眼中所形成的夹角若小于 $1'$，就会把它们看成是一个点，因而称 $1'$ 是人眼的分辨率。

眼的视力与许多条件有关，主要是照度的变更。在精密量测工作中，往往用加大照度来增强视力。人眼辨认线状物体的视力要强，如有一个圆球的直径与一根电线断面的直径相等，人眼能看见的电线的最远距离，比看见圆球的最远距离要大好多倍。

(2) 单眼观察

单眼观察时，只有一个眼睛的视轴指向所观察的物体，不能分辨物体的远近，也就是不能辨别出物体的景深。如图 4-21 所示，当物体由 A_1 移到 A_2 时，物体在视网膜上的影像由 a_1 移到 a_2，表现为平面上的移动。如果 A_2 沿 SA_2 的方向移到 A_3 时，仅引起眼睛的调节现象，而点在视网膜上的位置不变。因此用单眼观察物体，就不能分辨物体的远近，而只能凭经验判断。

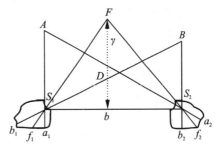

图 4-21 单眼观察

(3) 双眼观察

用双眼观察空间物体时，可以判定物体的远近，这种现象称作天然立体观察。如图 4-22 所示，双眼观察时，两视轴交会于地物点上，其交角称为交会角（又称视差角）。地物点越远，交会角越小；地物点越近，交会角越大。交会角 γ 可按下式计算：

$$\tan\gamma/2 = b/2D \tag{4-14}$$

式中　b——眼基线(eye base)；

　　　D——地物点至眼睛的距离。

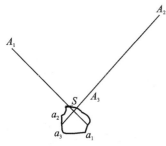

图 4-22 双眼观察

若取 $b = 65\text{mm}$，$D = 250\text{mm}$，则

$$\tan\gamma/2 = 65/(2\times250) = 0.13$$

$$\gamma = 15°$$

即明视距离的交会角为15°。

若取 $D = 120$mm，$b = 58$mm 或 72mm，可得到最大交会角 $27° \sim 33°$。

由图 4-22 还可以看出，双眼观察的另一特点是，地物点的空间位置不同，它们在两眼视网膜上的像点分布情况就不相同，这种差别称为生理视差。它是因地物点对每只眼睛的相对位置不同所引起的。所以生理视差是产生立体感觉(stereoscopic perception)的原因。

当视轴向旁偏时，被观察的物体到两眼的距离不等，因而在两网膜上产生的影像比例尺就有差别，如

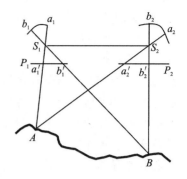

图 4-23 视轴向旁倾斜时

图 4-23 所示。当视轴偏斜 45°，而且所观察的物体在明视距离处，网膜上影像比例尺之差约为 13.5%，此时立体感仍然存在，如果网膜上影像比例尺之差达到 16% 时，立体感就开始破坏了。

如果所观察的物体，在两眼的影像不位于一个视平面上，就会产生双影。正常人眼在天然立体观察中不会发生双影现象，但在相片立体观察中如果没有满足一定的条件，则会产生双影。

像对立体观察，是用双眼把相邻两摄影站对同一地区摄取的 2 张相片，看成空间的光学立体模型。

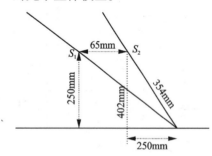

图 4-24 像对立体观察

假设安置 2 个焦距相等的摄影机，使两镜头中心的距离约等于眼基线，两摄影机光轴互相平行，摄取 2 张相片，如图 4-24 所示。S_1 和 S_2 表示两摄影机的镜头中心，P_1 和 P_2 为 2 张相片，物体 AB 在 2 张相片上的像点分别为 $a_1'b_1'$ 和 $a_2'b_2'$。现用两眼来看相片，观察时两眼处于 S_1S_2 的位置，并使左右两眼分别看左右 2 张相片。各像点在视网膜上成像，两眼网膜上成像比例尺不一致，分别为 a_1、b_1 和 a_2、b_2，其相应视线为 S_1a_1' 和 S_2a_2'，S_1b_1' 和 S_2b_2' 必在空间相交，其交点为物点 A、B 的原有位置，A 点浮于 B 点之上，同样其他各相应视线的交点也表示相应的物体，这样构成了立体模型。

4.3.2 像对立体观察条件

根据天然立体观察的性质，必须满足下列条件，像对才能构成光学立体模型：
- 必须是由不同的摄影站向同一地区所摄取的 2 张相片。
- 两张相片的比例尺相差不得超过 16%。
- 两眼必须分别各看两张相片上的相应影像，即左眼看左像，右眼看右像。
- 相片所安放的位置，必须能使相应视线成对相交，相应点的连线与眼基线平行。

4.3.3 用立体镜进行立体观察

上述立体观察的4个条件，有3个条件是摄影和安置相片时比较容易做到的，而其中左眼看左像，右眼看右像这个条件，若用肉眼直接观察还是比较困难的。因为相片位于明视距离处，要控制视轴平行是很不容易的，如用立体镜观察，则很容易做到。

(1) 立体镜的构造

立体镜有桥式立体镜和反光立体镜2种，下面分别加以介绍。

①桥式立体镜(bridge-type stereoscopy) 它是在镜架上装两个凸透镜构成，两透镜中心的距离等于眼基线。这种透镜具有放大作用，使影像更加清晰。仪器的支架使相片正好在焦平面上，影像的光线经过透镜后，平行进入眼中，而观察的物体好像位于无穷远处一样，仪器的镜框可以左右调节，使眼基线与透镜基线相等，这样眼睛感觉较为舒适而不易疲劳。这种立体镜能观察相片重叠部分的一半，便于在野外使用。

②反光立体镜(mirror stereoscopy) 它除了有放大镜外，还有4片两两互相平行的反光镜，在适合眼基线长度范围内装2块倾斜45°的反光镜，再在适当的位置，装2块与其平行的大块反光镜，凸透镜竖直装在2块反光镜之间，或水平装在小块反光镜之上。它的焦距等于凸透镜沿光路至像平面的距离。这样可以观察20~30cm边长的大相幅立体像对。反光立体镜常配有视差杆，可用来测定像点的高差。

(2) 观察相片的方法

用立体镜进行像对立体观察时，首先将相片定向。相片定向是用针刺出每张相片的像主点o_1、o_2，并将其转刺于相邻相片上，记为o_1'、o_2'，在相片上画出相片基线o_1o_2'和$o_1'o_2$，再在图纸上画一条直线使2张相片上的基线o_1o_2'和$o_1'o_2$与直线重合，如图4-25所示，并使基线上的任意一对相应像点间的距离略小于立体镜的观察基线。然后将立体镜放在像对上，使立体镜观察基线与相片基线平行。同时左眼看左像，右眼看右像。

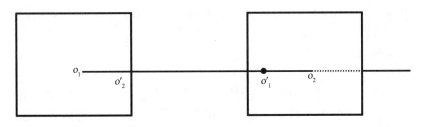

图4-25 相片定向

开始观察时，可能会有3个相同的影像(左、中、右)出现，这时要凝视中间清晰的目标，如道路、田地，如该目标在中间的影像出现双影，可适当转动相片，使影像重合，即可看出立体。

(3) 应该注意的事项

用立体镜观察像对时，必须尽可能地适合天然立体观察的情况，如果能达到这一点，则所得到的立体就会清晰，观察时也不容易感到疲劳。在天然立体观察时，两眼视轴经常与眼基线在一个平面上。各相应视线也同样与眼基线在一个平面上,当用立体镜观察时,就可能会破坏这种情况,例如,2张相片基线不在一条直线上,就会增加眼睛的疲劳,而且超过一定的限度以后,就会完全破坏立体效应,即所观察的影像在垂直于眼基线的方向出现双影。反光立体镜内所装置的平面镜,如果不通过眼基线而垂直于像平面的平面时,也会发生这种现象。

4.3.4 立体效应

(1) 正立体效应(orthostereoscopy)

用立体镜对相片进行立体观察时,所感觉到的立体模型(stereoscopic model),又称立体效应,随像对位置安放的不同而变化。如果像对的相对位置与摄影时相同,用左眼看左像,用右眼看右像,这时所获得的立体模型与地形相似,称正立体效应,如图4-26(a)所示。一般航测作业时,都应用正立体效应。

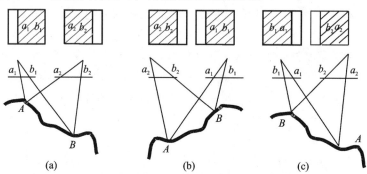

图4-26 3种不同的立体效应

(2) 反立体效应(pseudostereoscopy)

如果把例图(a)的2张相片互相对调或各自旋转180°,则获得的立体模型与实地正好相反,山脊线变成了山谷线,洼地成了山头。这种情况称为反立体效应,如图4-26(b)和(c)所示。在这种情况下,点的左右移动(左右视差较)改变了原来的方向(符号),因此,所感到的高差符号也产生改变。反立体效应常被用来检查正立体的观测精度。

(3) 零立体效应

当将相片各旋转90°,即相片的重叠部分与眼基线平行时,观察者对地面的立体感觉已不复存在,地面变成平面,这种情况称零立体效应。这是因为相片旋转90°之后,左右视差较就变为上下视差,而上下视差是不会引起景深的感觉。在这种情况下,因为在立体像对的水平相片上同名的纵坐标相等,因此没有点的左右位移。

思考题

1. 阐述航空摄影的概念。
2. 阐述中心投影的概念。
3. 试述投影差的定义及进行投影差公式的证明。
4. 阐述航空相片立体观察的原理及立体效应。

第5章 航天遥感

自1972年美国发射第一颗陆地资源卫星以来，航天遥感在各行业应用开始进入快车道，与航空遥感相比，航天遥感的平台高度是一个无可比拟的优势，在获取同样范围内的遥感影像的费用航天遥感要低廉得多，特别是在对地球周期性、重复性的观察及对地表进行资源、环境、灾害实行动态监测方面的优势尤为明显。进入21世纪以来，随着新一代高分辨率传感器的不断涌现，航天遥感数据的地面分辨率已经能和航空遥感的地面分辨率相媲美，航天遥感已成为对地观测的重要组成部分。本章首先介绍有关航天遥感平台的空间轨道参数及其运行特征方面的基础知识，然后详细介绍目前常用的航天遥感系统，包括美国陆地资源卫星系统Landsat系列、法国SPOT系列、中国陆地资源卫星、俄罗斯资源卫星、印度资源卫星及目前应用领域较为广泛的商业高分辨率卫星等，这些遥感信息是资源调查、环境监测、灾害评价诸方面应用的主要数据源。

5.1 卫星的空间轨道参数及其运行特征

传感器获取地表信息的过程不仅受到太阳辐照度、天顶角、方位角和大气状况、地理位置、地形地貌等诸多因素影响，还与其自身的运行方式、轨道参数、卫星运行姿态和信息灵敏度等有关。这里仅简单介绍卫星轨道参数及其运行特征等方面的内容。

5.1.1 卫星轨道

如果把地球看成一个均质的球体，它的引力场即为中心力场，其质心为引力中心。那么，要使人造地球卫星(简称卫星)在这个中心力场中做圆周运动，通俗地说，就是要使卫星飞行的离心加速度所形成的力(离心惯性)，正好抵消(平衡)地心引力。这时，卫星飞行的水平速度称第一宇宙速度，即环绕速度。反过来说，卫星只要获得这一水平方向的速度后，不需要再加动力就可以环绕地球飞行。这时卫星的飞行轨迹称为卫星轨道。

在空间运行的卫星都遵循天体运动的开普勒第三定律(Kepler's third law of planetary motion)，即：

第一，星体绕地球(或太阳)运行的轨道是一个椭圆，地球(太阳)正好位于椭圆的一个焦点上。

第二,从地心或者太阳中心到星体的连线(星体向径),星体在单位时间内扫过的面积相等(面积速度守恒)。

第三,星体绕地球或者太阳一周所需时间的平方比与椭圆半径长轴的立方成正比。

5.1.2 卫星轨道参数

卫星运行轨道对卫星图像具有多种影响,有必要加以了解。根据开普勒定律,人造地球卫星在空间的位置可以用几个特定数据来确定,这些数据称为轨道参数,如图 5-1 所示。对地观测卫星轨道一般为椭圆形,轨道有 6 个参数,其作用与意义分别介绍如下。

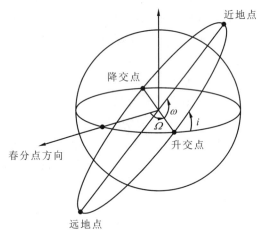

图 5-1 卫星的空间轨道

①轨道长半轴(a)　卫星轨道远点到椭圆轨道中心的距离。

②轨道偏心率(e)　椭圆轨道焦距与长半轴之比,又称扁率,$e = \dfrac{\sqrt{a^2 - b^2}}{a} = \dfrac{c}{a}$;

轨道偏心率决定卫星轨道的形状。$e \to 0$,近圆形,$e \to 1$,长椭圆。

③轨道倾角(i)　轨道面与赤道面的交角,即从升交点一侧的轨道量至赤道面。

当卫星绕地球公转方向与地球自转方向一致(西→东)时,i:0°~90°。

当卫星绕地球公转方向与地球自转方向相反(西→东)时,i:90°~180°。

轨道面倾角的大小决定了卫星可能飞越地面的覆盖范围,例如,Landsat 的轨道面倾角为 99°,地面覆盖范围为 81°S~81°N(南纬 81 到北纬 81°)。

$i = 0$ 时,卫星轨道面与地球赤道面重合,且卫星绕地球公转方向与地球自转方向一致,地球同步静止卫星即如此;$i = 90°$时,为极轨卫星。

一般遥感卫星 $i \cong 90°$,为近极轨卫星。

④升交点赤经(Ω)　轨道上由南向北自春分点到升交点的弧长。春分线是春分时刻(约在 3 月 21 日)地心与太阳质心的连线,春分时太阳正射地球赤道。因地球自转和绕太阳公转,地心与赤道上任意一点的连线在宇宙空间中的方向时刻在发生着变化,为了在宇宙空间中固定一个方向,故引入了春分线的概念。

⑤近地点角(ω)　轨道面内近地点与升交点之间的地心角。
$\omega=0°$，升交点即为近地点的星下点；$\omega=180°$，升交点即为远地点的星下点。
⑥过近地点时刻(t_0)　以近地点为基准表示轨道面内卫星位置的量。

对于卫星的跟踪和预报来说，上述参数中最重要的轨道参数是轨道倾角 i 和升交点赤径 Ω，它们确定了卫星的轨道相对于地球的方位，但还必须知道椭圆轨道半长轴的方向。进一步可以用近地点角距(ω)来确定椭圆轨道在轨道平面内的方向。在此基础上。知道椭圆的半长轴和偏心率 e，卫星轨道的大小、形状和方位就可确定。最后，知道卫星通过近地点的时间参数 T，可以计算出任何时刻卫星的位置和速度。

5.1.3　其他一些常用的遥感卫星参数

①卫星高度　卫星高度就是卫星距离地面的高程，根据开普勒第三定律：

$$\frac{T^2}{(R+H)^3}=C$$

可以计算卫星的平均高度，即：$H=3\sqrt{\frac{T^2}{C}}-R$

②卫星运行的周期　卫星运行的周期是指卫星绕地球一圈所需要的时间，即从升交点开始运行到下一次过升交点的时间间隔，它与卫星的平均高度呈正相关。

③重复周期　卫星重复周期是指卫星从某地上空开始运行，经过若干时间的运行后，回到该地上空所需的时间。

④降交点时刻　降交点时刻是指卫星经过降交点时的地方太阳时的平均值。

⑤扫描带宽度　扫描带宽度是指当卫星沿着一条轨道运行时其传感器所观测的地面带的横向(舷向)宽度。

⑥升交点　人造地球卫星绕地球运行，当它从地球南半球向北半球运行时，穿过地球赤道平面的那一点即为升交点。

5.1.4　遥感卫星的轨道类型

人造地球卫星在太空中的运行轨道对遥感数据的特征有很大影响，不同轨道类型将使卫星获得不同地表范围的信息。遥感卫星的轨道可以分为多种类型。

根据轨道的形状一般可分为圆(近圆形)轨道和椭圆轨道。轨道趋于圆形的目的是使在不同地区获取影像的比例尺接近一致。此外，近圆形轨道可使卫星的速度也近匀速，便于扫描仪用固定扫描频率对地面扫描成像，避免造成扫描行之间不衔接的现象。

按轨道高度分可分为低轨道和高轨道，高低轨道没有明确的划分界限，一般把离地面几百千米的卫星轨道称为低地球轨道。

根据轨道倾角的大小可将卫星轨道分为极轨道、太阳同步轨道和对地静止轨道3种类型。

极轨道(polar orbit)：轨道倾角=90°(每圈都要经过地球两极的上空)。星下点轨迹可以覆盖全球，是观测整个地球的最合适的轨道。

太阳同步轨道(sun-synchronous orbit)：轨道倾角接近90°，是一种近极轨道(near polar orbit)，以相同地方时经过同一地方。每次从同一纬度地面目标上空经过，都保持同一地方时、同一运行方向，具有相同的光照条件。

对地静止轨道(geostationary orbit)：轨道倾角=0°，位于赤道上空约36 000 km处的卫星轨道(对地面观测者来说，在这种轨道上运行的卫星是静止不动的)。轨道高度高，观测地面区域广，一颗卫星大约覆盖地球表面的1/3，但不能观测南北两极地区。

5.2 美国陆地资源卫星系统

美国的地球资源卫星(Landsat 系列)全名为地球资源技术卫星。由于它是以研究全球陆地资源为对象，而且另外有专门研究海洋的卫星，因此后来改名为陆地卫星。美国宇航局于1972年7月23日发射了第1号地球资源卫星，于1975年1月22日发射第2号，1978年3月5日发射第3号，1982年7月16日发射了第4号，1984年3月1日发射了第5号，1993年10月5日第6号卫星发射升空后发生爆炸，卫星发射失败。1999年4月15日发射了第7号，目前在运行的有陆地资源卫星5号和7号。陆地卫星是以探测地球资源为目的而设计的。它既要求对地面有较高的分辨率，又要求有较长的寿命，因此，是属于中高度、长寿命的卫星。

5.2.1 陆地资源卫星的运行特征

(1) 近极地、近圆形的轨道(orbit)

美国发射的陆地卫星第1~3号的轨道长半轴7 285.82km，短半轴7 272.82km，长短半轴只差13km，故其轨道是近圆形的。近圆形的轨道既可以使卫星上获得全球各地的图像比例尺基本一致，保证成像的精度，也可使信息处理方便。轨道的高度分别为：第1~3号陆地卫星轨道高度为920km；第4、5和7号陆地卫星轨道高度为705km。

轨道面与地球赤道面的夹角：第1~3号陆地卫星为99.20°；第4、5和7号陆地卫星为98.20°，是近极地的轨道。这样就能保证全球绝大部分地区，除南、北纬82°以南(或以北)以外的广大地区，都在卫星覆盖之下。

(2) 运行周期(orbital period)

第1~3号陆地卫星沿轨道绕地球运行一圈的时间是103.34min，每天绕地球运行约14圈；第4、5和7号陆地卫星沿轨道绕地球一圈的时间为98.20min，每天绕地球运行约16圈。

陆地卫星对同一地区重复成像间隔的时间，也就是对全球覆盖一遍所需要的时间，第1~3号是18d，第2号卫星发射时，与第1号卫星相差180°相位。这样两颗卫星同时运行，重复覆盖同一地区间隔的时间为9d。第4、5和7号是每隔16d覆盖全球一遍。表5-1中列出陆地卫星的主要轨道参数。

表 5-1　陆地卫星轨道参数(引自 G. Chander, et al., 2009)

卫星	传感器	发射时间	退役时间	轨道高度(km)	轨道倾角(°)	运行周期(min)	重复周期(day)	过境赤道时刻	景幅宽度(km²)
Landsat 1	MSS、RBV	1972.07.23	1978.01.07	920	99.20	103.34	18	9:30	185×185
Landsat 2	MSS、RBV	1975.01.22	1982.02.25	920	99.20	103.34	18	9:30	185×185
Landsat 3	MSS、RBV	1978.03.05	1983.03.31	920	99.20	103.34	18	9:30	185×185
Landsat 4	MSS、TM	1982.07.16	2001.06.30	705	98.20	98.20	16	9:45	185×185
Landsat 5	MSS、TM	1984.03.01	在轨运行	705	98.20	98.20	16	9:45	185×185
Landsat 6	ETM	1993.10.05	发射失败						
Landsat 7	ETM+	1999.04.15	在轨运行	705	98.20	98.20	16	10:00	185×185

(3)轨道与太阳同步(sun synchronous)

陆地卫星的传感器只有在较为理想的光照条件下成像，才能获得质量较高的图像。例如，9:00~10:00 之间，在北半球太阳位于东南方向，高度角适中。如果陆地卫星能在这个同一地方时经过各地上空，那么每个地区的图像都是在大致相同的光照条件下成像，便于不同时期成像的卫星图像上同名地物的对比。因此，卫星轨道既要保证传感器在不变条件下进行探测，又要保证卫星运行的周期，这样就要求卫星的轨道与太阳同步，它是通过卫星轨道面与地球赤道面的夹角来实现的。

5.2.2　传感器特征

Landsat 1~5、7 号卫星所载传感器有主要有 4 种，即反束光导管摄像机(return beam vidicon, RBV)、多光谱扫描仪(multispectral scanner, MSS)、专题制图仪(thematic mapper, TM)、再增强型专题成像仪(enhanced thematic mapper plus, ETM+)，各传感器波段划分、波段范围及空间分辨率介绍如下。

(1)反束光导管摄像机(Return beam vidicon, RBV)

陆地卫星第 1、2 号上装有 3 台反束光导管摄像机，它们能同时拍摄星下 185km×185km 的地面景象，每台摄影机镜头上分别装一块滤光片，每块滤光片分别对应一个光谱段，波段设置见表 5-2。

表 5-2　**Landsat 1-3 号传感器参数**(引自 G. Chander, et al., 2009)

卫星	传感器	波段范围(μm)	空间分辨率(m²)
Landsat 1	RBV	0.475~0.575	80×80
		0.580~0.680	
		0.690~0.830	
	MSS	0.499~0.597	79×79
		0.603~0.701	
		0.694~0.800	
		0.810~0.989	

(续)

卫　　星	传感器	波段范围(μm)	空间分辨率(m²)
Landsat 2	RBV	0.475~0.575 0.580~0.680 0.690~0.830	80×80
	MSS	0.497~0.598 0.607~0.710 0.697~0.802 0.807~0.990	79×79
Landsat 3	RBV	0.475~0.575 0.580~0.680 0.690~0.830	40×40
	MSS	0.497~0.593 0.606~0.705 0.693~0.793 0.812~0.979	79×79

陆地卫星第1、2号发射不久，反束光导管摄像机均因电路发生故障而停止工作。陆地卫星第3号的反束光导管摄像机，是由两台波段相同的摄像机并联组成的。两台摄像机均采用0.505~0.750μm的光谱带，镜头焦距由原来的126mm改为236mm拍摄的图像是两幅并列。

RBV传感器各波段用途如下：

RBV-1(蓝、绿光波段)对水体有透视能力，约可透视10m深的水体。

RBV-2(黄、红光波段)适用于辨认岩性、地形及海水中的泥沙流等。

RBV-3(红、近红外波段)对植物、水体分辨能力较明显。

(2) 多光谱扫描仪(multispectral scanner, MSS)

陆地卫星第1~5号上均装有多光谱扫描仪，除了陆地卫星第3号上的多光谱扫描仪增加一个热红外波段以外(分辨率240m，波段范围10.4~12.6μm，发射后不久就失败了)，其余的均采用4个工作波段，各波段波谱范围和编号略有差别，如表5-2和表5-3所示。

多光谱扫描仪的扫描镜与地面聚光系统的光轴成45°，如图5-2所示。扫描镜摆幅为±2.98°，对地面景物的视场为11.56°，对应的地面宽度为185km。横向扫描与卫星运行方向垂直，纵向扫描与卫星运行同时进行。扫描作业时，扫描镜的摆动频率为13.62次/s，每次扫描形成6条扫描线，同时扫描地面景物，如图5-3所示，在扫描仪内沿运行方向排列有6个探测器，每个探测器视场为79m。总视场474m。由于卫星经过地面的速度为6.47km/s，故地面目标相对遥感仪器也以同样速度运动。而扫描镜摆动频率为13.62次/s，这样每次有效扫描周期为73.42ms，因此，扫描镜每摆动一次，在一个扫描周内卫星下的点在地面恰好移动474m。两者密切配合，即下一次扫描周期时,第一个探测器的扫描线恰好与前一周期的第六个探测器的扫描线相邻,在卫星运行中,扫描是连续的,扫描方向自西向东为有效扫描。当扫描镜回扫时,快门轮关闭了光导管与地面景物的通路,为无效扫描。

表 5-3　**Landsat 4-5 号传感器参数**(引自 G. Chander, *et al.* 2009)

卫　　星	传感器	波段范围(μm)	空间分辨率(m²)
Landsat 4	MSS	0.495~0.605	79×79
		0.603~0.696	
		0.701~0.813	
		0.808~1.023	
	TM	0.452~0.518	30×30
		0.529~0.609	
		0.624~0.693	
		0.776~0.905	
		1.568~1.784	
		10.42~11.66	120×120
		2.097~2.347	30×30
Landsat 5	MSS	0.497~0.607	79×79
		0.603~0.697	
		0.704~0.814	
		0.809~1.036	
	TM	0.452~0.518	30×30
		0.528~0.609	
		0.626~0.693	
		0.776~0.904	
		1.568~1.784	
		10.45~12.42	120×120
		2.097~2.349	30×30

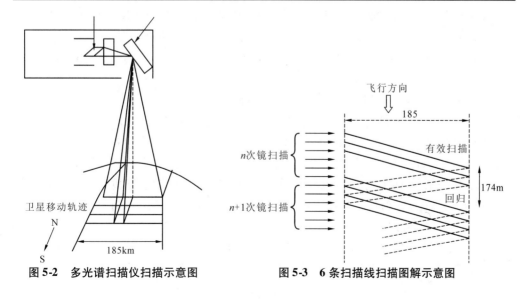

图 5-2　多光谱扫描仪扫描示意图　　图 5-3　6 条扫描线扫描图解示意图

MSS 传感器各波段用途如下：

MSS-1(绿光波段)对水体有一定的透视能力，能判读水下地形，透视深度一般可达 10～20m，还可以用于辨别岩性、松散沉积物，对植物有明显的反映。

MSS-2(红光波段)对水体有一定的透视能力，对海水中的泥沙流、大河中的悬浮物质有明显的反映，对岩性反映也较好，能区别死树和活树(活树色调较深)。

MSS-3(红—近红外波段)对水体及湿地的反映明显，水体为暗色调，浅层地下水丰富地段、土壤湿度大的地段有较深的色调，而干燥地段则色调较浅。也能区别植物的健康状况，健康的植物色调浅，有病虫害的植物色调较深。

MSS-4(近红外波段)与 MSS-3 有相似之处，水体色调更黑，湿地也具有深的色调，也能区别植物的健康状况，有病虫害的植物则色调更深。

(3) 专题制图仪(thematic mapper, TM)

专题制图仪是第二代光学机械扫描仪，与多光谱扫描仪不同的是，多光谱扫描仪只能单向扫描，回扫时扫描无效，而专题制图仪是采用双向扫描，正扫与回扫都是有效扫描。双向扫描可以提高扫描效率，缩短停顿时间，以及提高探测器接收地面辐射的灵敏度。该仪器具有一个摆动式的平面镜，用来扫描垂直于运行方向，卡赛格林型的望远镜把能量反射到焦面上的可见光和红外探测器上。因为平面镜在两个方向上扫描，所以在能量到达探测器之前，要求通过一个光学机械扫描仪的改正器。

陆地卫星第 4、5 号装载的专题制图仪，包括 7 个波段。专题制图仪 2～4 波段与多光谱扫描仪 1～3 波段基本相似，都属于可见光波段，在专题制图仪上对光谱段的区间作了适当调整，见表 5-3。5、7 波段属于短波红外波段，除第 6 波段外，各波段的地面分辨率为 30m，第 6 波段属于热红外波段，分辨率为 120m。

TM 传感器各波段用途如下：

TM-1(蓝绿波段)对水体有穿透力。可区分土壤、植被、森林类型、海岸线、浅水地形。

TM-2(绿波段)研究植物长势与病虫害，绿色反射率、植物分类，水中含沙量。

TM-3(红波段)植物类型，叶绿素吸收率，悬浮泥沙，城市轮廓，水陆界线。

TM-4(近红外波段)水陆界线，水系，道路，居民点，植物类型。

TM-5(短波红外波段)土壤水分，植物含水量，热图像，裸露人工建筑，区分云和雪被。

TM-6(热红外波段)植被、土壤热条件热特性，热制图。

TM-7(短波红外波段)地质矿产，岩石分类，水热条件热图像分析。

(4) 再增强型专题成像仪(enhanced thematic mapper plus, ETM +)

它是 Landsat-6 卫星上的增强专题成像仪(ETM)的改进型号。ETM Plus 是由 Raytheon 公司制造的，它比 Landsat-4 采用的专题成像仪(TM)敏感度更高，是一台 8 波段的多光谱扫描仪辐射计，工作于可见光、近红外、短波长和热红外波段，见表 5-4。

它主要有 3 方面的改进：

- 热红外波段的分辨率提高到 60m(Landsat-6 的热红外分辨率为 120m)；
- 首次采用了分辨率为 15m 的全色波段；

●改进后的太阳定标器使卫星的辐射定标误差小于5%，即其精度比 Landsat-5 约提高1倍。

除了图像质量提高以外，还利用固态寄存器使星上数据存储能力提高到 380Gbit，相当于存储 100 幅图像，其存储能力远大于 Landsat-4、5 上的磁带记录器。此外，Landsat-7 的数据传输速度为 150Mbit/s，比以前卫星的 75Mbit/s 提高了1倍。

由于存储能力强，数据传输速度快，Landsat-7 不必依靠"跟踪与数据中继卫星"系统。它可以把数据存储在星上，然后利用 X 波段万向天线把数据直接发送给进入卫星视线的地面站。Landsat 主要的数据归档地是美国地质勘探局的地球资源观测系统(Eros)数据中心，该中心设在南达科他州的苏福尔斯(Sioux Falls S. D.)。其他的网站设在阿拉斯加、挪威等地。

表 5-4 Landsat7 号传感器参数(引自 G. Chander, *et al.* 2009)

卫星	传感器	波段范围(μm)	空间分辨率(m²)
Landsat 7	ETM +	0.452 ~ 0.514	30 × 30
		0.519 ~ 0.601	
		0.631 ~ 0.692	
		0.772 ~ 0.898	
		1.547 ~ 1.748	
		10.31 ~ 12.36	60 × 60
		2.065 ~ 2.346	30 × 30
		0.515 ~ 0.896 (Pan)	15 × 15

5.2.3 Landsat 数据接收与产品

中国遥感卫星地面站已经与美国签订了在中国独家接收、记录、处理、分发和存档 Landsat 系列数据的协议。2000 年 4 月中旬正式向全国遥感用户提供 Landsat-7 ETM + 产品。目前使用的卫星影像主要是 Landsat5 和 7 号卫星影像，按照美国 EDC(Eros data center)对 Landsat-7 数据产品的处理分级分为 5 级，即：

(1) 原始数据产品(level 0)

原始数据产品是卫星下行数据经过格式化同步、按景分幅、格式重整等处理后得到的产品，产品格式为 HDF 格式，其中包含用于辐射校正和几何校正处理所需的所有参数文件。原始数据产品可以在各个地面站之间进行交换并处理。

(2) 辐射校正产品(level 1)

只经过辐射校正而没有经过几何校正的产品数据，并将卫星下行扫描行数据反转后按标称位置排列。

(3) 系统几何校正产品(level 2)

系统几何校正产品是指经过辐射校正和系统级几何校正处理的产品，其地理定位精度误差为 250m，一般可以达到 150m 以内。如果用确定的星历数据代替卫星下行数据中的星历数据来进行几何校正处理，其地理定位精度将大大提高。几何校正产品的格式可以是 FAST – L7A 格式、HDF 格式或 GeoTIFF 格式。

(4)几何精校正产品(level 3)

几何精校正产品是采用地面控制点对几何校正模型进行修正,从而大大提高产品的几何精度,其地理定位精度可达一个像元以内,即 30m。产品格式可以是 FAST – L7A 格式、HDF 格式或 GeoTIFF 格式。

(5)高程校正产品(level 4)

高程校正产品是采用地面控制点和数字高程模型对几何校正模型进行修正,进一步消除高程的影响。产品格式可以是 FAST – L7A 格式、HDF 格式或 GeoTIFF 格式。要生成高程校正产品,要求用户提供数字高程模型数据。

数据产品还包括定标参数文件(calibration parameter file,CPF)和星历数据(definitive ephemeris data)等文件。

5.3 法国地球观测实验卫星系列

为了合理地管理地球资源和环境,开展空间测图研究,1978 年 2 月法国政府批准了一项"地球观测实验卫星"(SPOT)计划。1986 年 2 月 21 日夜至 22 日,在法属圭亚那空间中心,SPOT-1 由阿利安娜火箭发送到运行轨道。翌日,SPOT-1 发回首次图像,为西欧与北非的图像。SPOT 卫星发射成功和正常运行,标志着卫星遥感技术推进到一个新的阶段。到目前为止,SPOT 系列卫星共发射了 5 颗,除 SPOT-3 于 1996 年 12 月失效外,其余正常运行。2002 年 5 月 4 日凌晨,阿丽亚娜 4 型火箭从法属圭亚那库鲁航天发射中心顺利升空,将法国 SPOT-5 地球观测卫星送上太空。SPOT-5 地球观测卫星的发射重量是 3 030kg,至此,SPOT 系列地球观测系统的最后一颗卫星发射完成,其性能也是最先进的。它有前几颗卫星所不可比拟的优势,全色分辨率提高到 2.5m,多光谱达到 10m。除了前面几颗卫星上的高分辨率几何装置(HRG)和植被探测器(vegetation)外,SPOT5 更有一个高分辨率立体成像(HRS)装置,主要任务是监测海上浮游生物和地球表面森林植被的变化,可提供地球表面高清晰度的立体图像。SPOT 系列卫星运行以来,获取了数百万影像数据,由于其较高的地面分辨率、可侧视观测并生成立体像对和在短时间内可重复获取同一地区数据等有别于其他卫星遥感数据的特点,而受到遥感用户的青睐。在土地利用与管理、森林覆盖监测、土壤侵蚀和土地沙漠化的监测以及城市规划等人与环境的关系研究方面,都发挥了重要的作用。

5.3.1 SPOT 卫星的轨道特征

SPOT 系法文 Systeme Probatoire d'Observation dela Tarre 的缩写,译成中文是地球观测实验卫星。地球观测实验卫星(SPOT)是法国空间中心设计制造,法国国家地理院负责图像处理并与许多单位共同进行应用研究。第一颗地球观测实验卫星由瑞典、比利时参加制订计划,后来欧洲共同体的许多国家均参加不同项目的研究。

SPOT 卫星与 Landsat 同属一类,以观测地球资源为主要目的。因此,它们的运行特征也具有近极地、近圆形轨道；按一定周期运行；轨道与太阳同步，同相位等特点，其参数见表 5-5。轨道的太阳同步可保证在同纬度上的不同地区，卫星过境时太阳入射角近似，以利于图像之间的比较；轨道的同相位，表现为轨道与地球的自转相协调，并且卫星的星下点轨道有规律地、等间距排列；而近极地近圆形轨道在保证轨道的太阳同步和相位特性的同时，使卫星高度在不同地区基本一致，并可覆盖地球表面的绝大部分地区(图 5-4)。

表 5-5 地球观测实验卫星(SPOT)参数

项　目	参　数
轨道高度(km)	832
运行周期(min/圈)	101.4
每天绕地球运行圈数	14.9
重复周期(d)	26(369 圈)
轨道倾角(°)	98.72±0.08(除南、北纬 81.29°以南北地区以外，均可覆盖)
在赤道上轨道间距(km)	108.4
赤道降交点地方时	10：30±15min

卫星在轨道中运行，会受到太阳、地球和月球的引力场及大气阻力等因素的影响，卫星的轨道高度和倾角将会逐渐降低，严重时将影响轨道的太阳同步性和运行周期，并导致卫星地面轨迹偏离标准位置。为此，卫星在地面指令的控制下，定期调整轨道，使卫星高度相对于地面任何点的误差不超过 5km。卫星地面轨迹的偏差在赤道附近小于 3km，在中高纬度地区小于 5km，降交点时间的误差在 10min 以内。

图 5-4 地球观测实验卫星(SPOT)运行示意图

(来自 http：//www.esa.int/esaCP/index.html)

5.3.2 地球观测实验卫星的结构

地球观测实验卫星包括太阳能电池帆板、蓄电池、驱动装置、姿态控制板、有效负荷装配板、数据传输与处理板、推进器组件等。

地球观测实验卫星(SPOT)系列卫星搭载的传感器包括高分辨率可见光扫描仪(high resolution visible sensor, HRV)、高分辨率可见光红外扫描仪(high resolution visible infrared, HRVIR)、高分辨率几何成像装置(high resolution geometric, HRG)、植被探测器 VEG(VEGETATION)和高分辨率立体成像装置(high resolution stereoscopic, HRS)。表 5-6 为 SPOT1-5 发射时间；表 5-7 是 SPOT1-5 所载传感器的相关参数特征。

表 5-6 地球观测实验卫星(SPOT)系列卫星发射时间表

卫 星	发射时间	搭载传感器名称
SPOT-1	1986.02.21	HRV(2)
SPOT-2	1990.01.21	HRV(2)
SPOT-3	1993.09.25	HRV(2)
SPOT-4	1998.03.24	HRVIR(2)
		VEG
SPOT-5	2002.05.04	HRG
		VEG
		HRS

表 5-7 SPOT 系列卫星传感器参数

参数名称	卫星名称	多光谱波段	全色波段	植被成像装置(VGT)	高分辨率立体成像装置
波段设置 (μm)	SPOT1-3	0.50~0.59 0.61~0.68 0.79~0.89	0.51~0.73		
	SPOT4	0.50~0.59 0.61~0.68 0.79~0.89 1.58~1.75	0.61~0.68	0.43~0.47 0.50~0.59 0.61~0.68 0.79~0.89 1.58~1.75	
	SPOT5	0.49~0.61 0.61~0.68 0.78~0.89 1.58~1.78	0.49~0.69	0.43~0.47 0.61~0.68 0.78~0.89 1.58~1.78	0.49~0.69
空间分辨率 (m^2)	SPOT1-4	20×20	10×10	1.15km	
	SPOT5	10×10, 20×20(B4)	5×5 或 2.5×2.5	1km	10×10
图幅尺寸 (km^2)	SPOT1-5	60×60	60×60	2 250×2 250	120×120

资料来源：中国科学院卫星遥感地面站和视宝公司网站。

5.3.3 高分辨率可见光扫描仪(HRV)

它由反光镜、透镜、滤光片和电荷耦合器件(CCD)成像器组成(图5-5)。CCD成像器是美国 Fair Child 公司制造,每块为 1 728 个像元,为了完成 6 000 像元的"推扫",由 4 块 CCD 组成,相邻两块重叠,每块只取 1 500 个像元,接合处精度为 0.5 像元。地物反射和辐射的电磁波,经过可旋转反光镜和第 1 组透镜,传输到另一块反光镜和第 2 组透镜后,分别成像于黄、红、近红外、全波段的 CCD 成像器上。

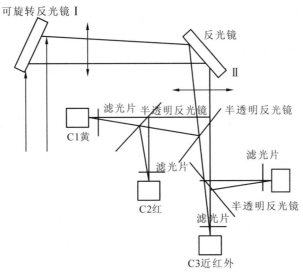

图 5-5 高分辨率可见光扫描仪结构示意图

高分辨率可见光扫描仪波段的选择是对陆地卫星多光谱扫描仪进行研究后确定的,考虑到地质、环境污染及制图的多方面需要,多光谱部分分为 3 个波段。此外,还选用了一个全波段。

多光谱与全波段所取像元大小不同,多光谱为 3 000 个像元,相应于地面 20m×20m,全波段为 6 000 个像元,相应于地面 10m×10m。垂直方向扫描的宽度为 60km,两台同时扫描宽度为 117km,重叠 3km(图5-6)。

高分辨率可见光扫描仪的可旋转反光镜,可以旁向倾斜 ±27°,以 0.6° 间隔分档,这样该反光镜可以在 91 个位置扫描,在相邻轨道对同一地面倾斜扫描,可以获得立体像对。扫描仪垂直扫描与倾斜扫描不能同时进行,它是根据地面控制中心所制订的计划工作。为了使 2 张图像成像时间间隔尽量缩短,在制订计划时应根据用户要求计算,地球观测实验卫星所获得的立体像对间隔时间一般在一天以上。

由于反光镜可以旋转,每台高分辨率可见光扫描仪的视域为 ±440km,2 台的视域为 937km

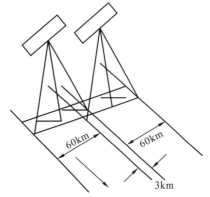

图 5-6 高分辨率可见光扫描仪覆盖地面示意图

(图 5-7)。因此对地面的扫描频率高，缩短了对同一地面目标的观测周期，可在 2~3d 内获取同一颗 SPOT 卫星数据，也可在 1~3d 内分别获取两颗 SPOT 卫星的数据，在赤道同一地区 26d 可以扫描 7 次，每年可以扫描 98 次，平均 3.7d 1 次，在纬度 45°地区 26d 可以扫描 17 次，每年可以扫描 157 次，平均 2.4d 1 次。

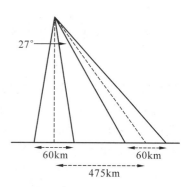

图 5-7 高分辨率可见光扫描仪视野

SPOT 卫星的观测能力为获取立体像对提供了条件。立体像对是卫星在不同的轨道上，以不同的角度对同一地区观测所获得的图像对。

HRV 传感器在波段选择方面，主要考虑有以下几方面：

①在光谱反射和植被特性之间，建立一致的关系；
②能很好地区分有植被的地区和不同的土壤类型；
③使 SPOT 和 Landsat-4 的 TM 传感器取得的光谱信息一致；
④为了对地表水进行研究，必须提高仪器的灵敏度和分辨率，而且至少要保证有一个光谱段对水深有一定穿透性。

各波段的选择如下。

绿波段(0.50~0.59μm)：该谱段位于植被叶绿素光谱反射曲线最大值的波长附近，同时位于水体最小衰减值的长波一边，这样就能探测出水的浑浊度和 10~20m 的水深。

红波段(0.61~0.68μm)：这一波段与陆地卫星的 MSS 的第 5 通道相同(专题制图仪 TM 仍然保留了这一波段)，它可用来提供作物识别、裸露土壤和岩石表面的情况。

近红外波段(0.79~0.89μm)：能够很好地穿透大气层。在该波段，植被表现的特别明亮，水体表现得非常黑。尽管硅的光谱灵敏度可以延伸到 1 100nm，但设计时为了避免大气中水汽的影响，并没有把近红外波段延伸到 990nm。同时，红和近红外波段的综合应用对植被和生物的研究是相当有利的。

SPOT-4 HRVIR 传感器采用与多光谱 XI 模式 B2 波段光谱范围相同的单色模式 M，取代了原来的全色 P 模式；而多光谱 XI 模式增加了一个短波红外波段(SWIR：Short Wave Infrared)，增强了 SPOT 卫星在农业和森林资源调查、地表积雪覆盖的监测及地质矿产资源勘探等方面的应用潜力。

此外，SPOT-4 还搭载了其他一些探测仪器，其中为欧盟国家合作项目开发的 VEGETATION 仪器，提供 2 000km 幅宽、地面分辨率约 1 km 的观测数据，该仪器选用 HRVIR 传感器的 B2、B3 和 SWIR 波段，另外增加了一个 B0 波段(0.43~0.47μm)，用于观察全球环境的变化。

SPOT-5 相比于 SPOT1-4 卫星作了重大改进，除了前面几颗卫星上的高分辨率几何装置(HRG)和植被探测器(Vegetation)外，SPOT5 更有一个高分辨率立体成像(HRS)装置，高分辨率立体成像装置(HRS)能获取 120km×120km 的全色影像。它使用 2 个相机沿轨道方向(一个向前,一个向后)实时获取立体图像,较之旁向立体成像模式(轨道间立体成像)而言,SPOT-5 几乎能在同一时间和同一辐射条件下获取立体像对。

5.3.4 地面接收与数据处理

(1) SPOT 卫星数据的接收

地面控制中心根据用户要求制订扫描计划,包括倾斜角、起始时间等,编制工作程序传输到卫星,卫星按工作程序的要求工作。一般地面控制中心向卫星每天传输一次计划,如果遇到特殊情况也可以每 12h 传输一次计划。

地球观测实验卫星获取的信息,传输到地面接收站的方式与陆地卫星相同,即实时传输与非实时传输。但是高分辨率可见光扫描仪的记录装置只能记录 26min 的信息,按设计只能使用两年,多光谱与全波段不能同时使用,因此,需要有较多的地面接收站。凡是可以接收陆地卫星信息的地面接收站都可以接收地球观测实验卫星的信息。

(2) SPOT 卫星数据产品

根据法国 SPOT IMAGE 公司对 SPOT 数据产品的定义,和中国科学院遥感卫星地面站预处理系统的功能设计,遥感卫星地面站的 SPOT 卫星数据产品可分为 level-0、level-1 和 level-2 级产品。

level-0 级产品:是 SPOT 数据未经任何辐射校正和几何校正处理的原始图像数据产品,它包含了用以进行后续辐射校正及几何校正处理的辅助数据。主要用于地面站与法国 SPOT IMAGE 公司之间的数据交换;

level-1 级产品:又分为 level-1A 级和 level-1B 级产品。

level-1A 级产品:是 SPOT 数据经辐射校正处理后的产品,包含了用以进行后续的几何校正处理的辅助数据。level-1A 产品是针对那些仅要求进行最小数据处理的用户而定义的,特别是进行辐射特征和立体解析研究的用户。

level-1B 级产品:是 SPOT 数据经过了 level-A 级辐射校正和系统几何校正的产品。在处理中,由于卫星轨道、姿态及地球自转等因素造成的数据几何畸变得到了纠正,数据经重采样得到的图像像元尺寸分别为 10m(全色模式)和 20m(多光谱模式)。

level-2 级产品:是在 level-1 级产品的基础上,引入大地测量参数,将图像数据投影在选定的地图坐标系下,进而生成有一定几何精度的图像产品,依照引入参数的类型,level-2 级产品也可分为 level-2A 级和 level-2B 级产品:

level-2A 级产品:将图像数据投影到给定的地图投影坐标系下,地面控制点参数不予引入。

level-2B 级产品:引入地面控制点 GCP,生成高几何精度的图像产品。

5.4 中国陆地资源卫星

5.4.1 中国—巴西地球资源卫星

中国—巴西地球资源卫星是 1988 年中国和巴西两国政府联合议定书批准，由中、巴两国共同投资，联合研制的卫星（代号 CBERS）。1999 年 10 月 14 日，中国—巴西地球资源卫星一号（CBERS-01）成功发射，这标志着我国有了自己的地球资源卫星，在轨运行 3 年 10 个月；二号（CBERS-02）于 2003 年 10 月 21 日发射升空，是我国的第一代数字传输型资源卫星（图 5-8），星上搭载了 CCD 传感器、IRMSS 红外扫描仪、广角成像仪，由于提供了从 20~256m 分辨率的 11 个波段不同幅宽的遥感数据，成为资源卫星系列中有特色的一员，目前仍在轨运行。

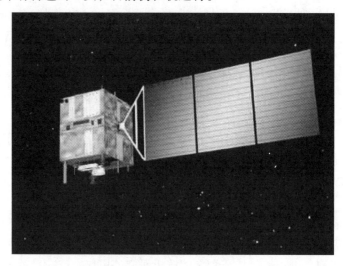

图5-8 中国—巴西地球资源卫星（来自 http://www.cresda.com）

2004 年中国、巴西两国正式签署补充合作协议，启动资源 02B 星研制工作。2007 年 9 月 19 日，卫星在中国太原卫星发射中心发射，并成功入轨，2007 年 9 月 22 日首次获取了对地观测图像。此后 2 个多月时间里，有关单位完成了卫星平台在轨测试、有效载荷的在轨测试和状态调整及数据应用评价等工作，正式交付用户使用。2007 年 10 月 29 日，国防科工委与国土资源部签署协议，国土资源部成为资源 02B 星的主用户。

CBERS 02B 星是具有高、中、低 3 种空间分辨率的对地观测卫星，搭载的 2.36m 分辨率的 HR 相机改变了国外高分辨率卫星数据长期垄断国内市场的局面，在国土资源、城市规划、环境监测、减灾防灾、农业、林业、水利等众多领域发挥重要作用。02B 星的应用在国际上也产生了广泛的影响，2007 年 5 月，我国政府以资源系列卫星加入国际空间及重大灾害宪章机制，承担为全球重大灾害提供监测服务的义务；2007 年 11 月在南非召开的国际对地观测组织会议上，中国政府代表宣布与非洲共享资源卫星数据，反响热烈。

(1) 运行参数与有效载荷

中国—巴西地球资源卫星具体运行参数见表 5-8。

表 5-8　中国—巴西地球资源一号/二号卫星主要运行参数（来自 http://www.cresda.com）

项　目	参　数
轨道类型	太阳同步轨道
轨道倾角(°)	98.5
卫星高度(km)	778
地面相邻轨道间隔时间(d)	3
回归周期(d)	26
卫星设计寿命(a)	2
姿态和轨道控制系统	三轴指向精度 <0.3° 三轴旋偏精度 <0.003°/s 抖动 <0.0004°/s
电源输出率(W)	1 100
数据传输波段	X 波段(三频道)
数据传输速率(Mb/s)	112
星体尺寸(m^3)	2.0×1.8×2.2

(2) 传感器

中巴资源一号/二号卫星上搭载了 3 台成像传感器，即广角成像仪(WFI)、高分辨率 CCD 相机(CCD)、红外多光谱扫描仪(IR-MSS)。中巴资源一号/二号卫星集 4 种功能于一体：高分辨率 CCD 相机具有几个与 Landsat 卫星的 TM 类似波段，且空间分辨率高于 TM；CCD 相机具有侧视立体观测功能，这与 SPOT 的侧视立体功能类似；以不同的空间分辨率覆盖观测区域的能力，WFI 的空间分辨率为 256m，IR-MSS 可达 80m 和 160m，CCD 为 20m。3 种成像传感器组成从可见光、近红外到热红外波谱域，具有覆盖观测地区的组合能力，是一颗具有特色的资源卫星系统，其传感器主要参数见表 5-9。中巴资源一号/二号卫星主要用于地球资源和环境监测。CBERS 02B 星的有效载荷及性能见表 5-10。

表 5-9　中国—巴西地球资源一号/二号卫星传感器的基本参数（来自 http://www.cresda.com）

传感器名称	CCD 相机	宽视场成像仪 (WFI)	红外多光谱扫描仪 (IRMSS)
传感器类型	推扫式	推扫式(分立相机)	振荡扫描式(前向和反向)
可见/近红外波段(μm)	1. 0.45~0.52 2. 0.52~0.59 3. 0.63~0.69 4. 0.77~0.89 5. 0.51~0.73	10. 0.63~0.69 11. 0.77~0.89	6. 0.50~0.90
短波红外波段(μm)	无	无	7. 1.55~1.75 8. 2.08~2.35
热红外波段(μm)	无	无	9. 10.4~12.5

（续）

传感器名称	CCD 相机	宽视场成像仪（WFI）	红外多光谱扫描仪（IRMSS）
辐射量化（bit）	8	8	8
扫描带宽（km）	113	890	119.5
每波段像元数	5 812	3 456	波段6、7、8：1536 波段9：768
空间分辨率（星下点）（m）	19.5	258	波段6、7、8：78 波段9：156
具有侧视功能？	有（-32°～+32°）	无	无
视场角（°）	8.32	59.6	8.80

表 5-10　CBERS 02B 星有效载荷及性能指标（来自 http：//www.cresda.com）

平台	有效载荷	波段号	光谱范围（μm）	空间分辨率（m）	幅宽（km）	侧摆能力（°）	重访时间（d）	数据传输速率（Mb/s）
CBERS-02B	CCD 相机	B01	0.45～0.52	20	113	±22	26	106
		B02	0.52～0.59	20				
		B03	0.63～0.69	20				
		B04	0.77～0.89	20				
		B05	0.51～0.73	20				
	高分辨率相机（HR）	B06	0.5～0.8	2.36	27	无	104	60
	宽视场成像仪（WFI）	B07	0.63～0.69	258	890	无	5	1.1
		B08	0.77～0.89	258				

（3）数据处理系统

CBERS 数据处理实验系统完全采用普通的服务器、工作站和 WINDOWS 操作系统，实现了 CBERS 卫星遥感数据处理系统录入、处理和归档，产品生产，数据产品的网上查询和分发等核心功能。系统接收地面站接收的卫星遥感数据，录入、处理成 0 级数据、浏览图像目录信息数据、然后归档管理。对归档的 0 级数据进行 2 级产品的生产，生成 2 级产品、浏览图像及目录信息数据，然后归档管理。根据用户的需求，将归档的 2 级产品提供给用户。

系统具有以下特点：

● 采用分布式并行处理体系结构，具有大批量生产能力。

● 采用模块化设计，各分系统之间独立性强，通过多模块的组合，可以适应不同规模的需求，易于扩充。

● 采用微机结构，具有较高的性价比和较强的易维护性。

- 采用软件格式同步器技术，易于修改以适应格式变化和其他后续卫星数据的录入处理，有很好的灵活性。
- 用户服务系统采用 B/S 结构，实现了卫星数据产品的网上订购、网上分发，方便用户的查询浏览和订购、下载。用户界面如 5-9 图所示。

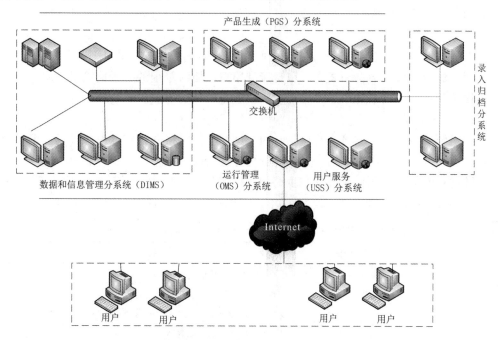

图 5-9　数据处理系统结构图(来自 http://www.cresda.com)

①系统结构

整个系统分为：数据和信息管理(DIMS)分系统、运行管理(OMS)分系统、用户服务(USS)分系统、录入归档(HDAS)分系统和产品生成(PGS)分系统。

DIMS 分系统：存储管理所有需要长期归档保存的数据和信息，是其他分系统的数据和信息平台。

HDAS 分系统：对地面站接收的卫星遥感数据进行录入、处理和归档。

PGS 分系统：根据生产规则，进行指定级别的产品生产，更新产品目录。USS 分系统：检索查询浏览图像，根据用户要求分发数据产品。

OMS 分系统：对系统进行运行管理。

②用户服务流程

用户使用用户服务系统的主要流程为：注册→登录→查询→浏览→订购→下载。

注册：用户注册时必须填写真实的用户信息，否则将不能被审核通过，这样就不能进行后续的查询，下载等操作。

查询：查询分为文本查询和地图查询。文本查询是指根据一些已知的条件，直接选择查询参数(包括采集日期，Path/Row，经纬度，卫星名，传感器名，接收站等)，系统根据选定的这些参数进行查询。地图查询是指用户可以在页面显示的地图上用相应的工具选择一个固定的区域进行查询，目前用户服务系统提供矩形框选择查询和行政区选择查询。在地图查询中，还可以对地图进行放大，缩小，定位等一些辅助查询的操作。当选择好区域后，区域的经纬度和 Path/Row 就会自动被获取，再根据其他一些辅助参数（包括采集日期，卫星名，传感器名，接收站等）进行查询。

订购：用户可以从查询结果中仔细选择需要的图像，然后点击订购按钮即可实现产品的订购。订购完成后，服务器会自动处理订单，用户只需等待订单完成后就可以进行产品下载了。

下载：用户服务系统采用的是 FTP 服务器的形式为用户提供下载的，用户订单被处理完成后，系统会自动发送下载链接到用户注册时登记的电子信箱里，用户也可以直接访问用户服务系统中的产品下载模块进行产品的下载。

(4) 主要产品

中巴资源卫星的数据将由北京站、西北站和华南站接收处理，由中国资源卫星应用中心统一分发。为用户主要产品主要分为标准产品和几何精校正产品等。

陆地观测卫星地面系统处理和生产的标准产品类型分为多光谱数据标准产品（表5-11）、高光谱数据标准产品（表5-12）、SAR 数据标准产品（表5-13）。

表5-11 多光谱数据标准产品（来自 http://www.cresda.com）

产品分级	产品名称	产品说明
0 级	原始数据产品	分景后的卫星下传遥感数据
1 级	辐射校正产品	经辐射校正，没有经过几何校正的产品数据
2 级	系统几何校正产品	经辐射校正和系统几何校正，并将校正后的图像映射到指定的地图投影坐标下的产品数据
3 级	几何精校正产品	经过辐射校正和几何校正，同时采用地面控制点改进产品的几何精度的产品数据
4 级	高程校正产品	经过辐射校正、几何校正和几何精校正，同时采用数字高程模型（DEM）纠正了地势起伏造成的视差的产品数据
5 级	标准镶嵌图像产品	无缝镶嵌图像产品
	广播数据产品	快视图像数据，对用户广播

表5-12 高光谱数据标准产品（来自 http://www.cresda.com）

产品分级	产品名称	产品说明
0 级	原始数据产品	分景后的卫星下传遥感数据
1 级	辐射校正产品	经波谱复原和辐射校正，没有经过几何校正的产品数据
2 级	系统几何校正产品	经波谱复原、辐射校正和系统几何校正，并将校正后的图像映射到指定的地图投影坐标下的产品数据
3 级	几何精校正产品	经波谱复原、辐射校正和几何校正，同时采用地面控制点改进产品的几何精度的产品数据
4 级	高程校正产品	经波谱复原、辐射校正、几何校正和几何精校正，同时采用数字高程模型纠正了地势起伏造成的视差的产品数据
5 级	标准镶嵌图像产品	无缝镶嵌图像产品
	广播数据产品	快视图像数据，对用户广播

表 5-13 SAR 数据标准产品(来自 http://www.cresda.com)

产品分级	产品名称	产品说明
0 级	原始数据产品	未经成像处理的原始信号数据,以复数形式存储。条带和扫描模式均提供
1 级	辐射校正产品	经过成像处理和辐射校正处理,保留幅度和相位信息,以复数形式存储。条带模式提供,斜距和地距可选
2 级	系统几何校正产品	经过成像处理、辐射校正和距离向四视处理,保留平均的幅度和相位信息,以复数形式存储。扫描模式提供,斜距和地距可选
3 级	几何精校正产品	经过成像处理、辐射校正和系统几何校正处理,形成具有地图投影的图像产品。条带和扫描模式均提供
4 级	高程校正产品	经过成像处理、辐射校正和几何校正,同时采用地面控制点改进产品的几何精度的产品数据。条带和扫描模式均提供
5 级	标准镶嵌图像产品	经成像处理、辐射校正、几何校正和几何精校正,同时采用数字高程模型纠正了地势起伏造成的影响的产品数据。条带和扫描模式均提供
	广播数据产品	无缝镶嵌图像产品

几何精校正产品:经过辐射校正和几何校正,同时采用地面控制点改进产品的几何精度的产品数据。由于在几何校正过程中利用地面控制点对系统几何校正模型进行修正,使之更精确地描述卫星与地面位置之间的关系。产品的几何精度在亚像元量级上。

5.4.2 环境与灾害监测预报小卫星

(1) HJ-1A 卫星和 HJ-1B 卫星

环境与灾害监测预报小卫星星座 A、B 星(HJ-1A/1B 星)于 2008 年 9 月 6 日 11:25 成功发射,HJ-1A 星搭载了 CCD 相机和超光谱成像仪(HSI),HJ-1B 星搭载了 CCD 相机和红外相机(IRS)。在 HJ-1A 卫星和 HJ-1B 卫星上均装载的两台 CCD 相机设计原理完全相同,以星下点对称放置,平分视场、并行观测,联合完成对地幅宽度为 700km、地面像元分辨率为 30m、4 个谱段的推扫成像。此外,在 HJ-1A 卫星装载有一台超光谱成像仪,完成对地幅宽为 50km、地面像元分辨率为 100m、110~128 个光谱谱段的推扫成像,具有 ±30° 侧视能力和星上定标功能。在 HJ-1B 卫星上还装载有一台红外相机,完成对地幅宽为 720km、地面像元分辨率为 150m/300m、近短中长 4 个光谱谱段的成像。各载荷的主要参数如表 5-14 所示。

表 5-14　HJ-1A/1B 卫星主要载荷参数（来自 http://www.cresda.com）

平台	有效载荷	波段号	光谱范围（μm）	空间分辨率（m）	幅宽（km）	侧摆能力	重访时间（d）	数据传输速率（Mb/s）
HJ-1A 卫星	CCD 相机	1	0.43~0.52	30	360（单台），700（2 台）	—	4	120
		2	0.52~0.60	30				
		3	0.63~0.69	30				
		4	0.76~0.90	30				
	高光谱成像仪	—	0.45~0.95（110~128 个谱段）	100	50	±30°	4	
HJ-1B 卫星	CCD 相机	1	0.43~0.52	30	360（单台），700（2 台）	—	4	60
		2	0.52~0.60	30				
		3	0.63~0.69	30				
		4	0.76~0.90	30				
	红外多光谱相机	5	0.75~1.10	150（近红外）	720	—	4	
		6	1.55~1.75					
		7	3.50~3.90					
		8	10.5~12.5	300（10.5~12.5μm）				

HJ-1A 卫星和 HJ-1B 卫星的轨道完全相同，相位相差 180°。2 台 CCD 相机组网后重访周期仅为 2d。其轨道参数如表 5-15 所示。

表 5-15　HJ-1A/1B 卫星轨道参数（来自 http://www.cresda.com）

项　目	参　数
轨道类型	准太阳同步圆轨道
轨道高度（km）	649.093
半长轴（km）	7 020.097
轨道倾角（°）	97.948 6
轨道周期（min）	97.560 5
每天运行圈数	14+23/31
重访周期（d）	CCD 相机：2；超光谱成像仪或红外相机：4
回归（重复）周期（d）	31
回归（重复）总圈数	457
降交点地方时	10:30±30min
轨道速度（km/s）	7.535
星下点速度（km/s）	6.838

(2) HJ-1C 卫星（后继卫星）

HJ-1C 卫星为 S 波段合成孔径雷达小卫星，搭载 S 波段的合成孔径雷达（SAR）。SAR 有效载荷具有两种工作模式（条带模式和扫描模式），采用 6m×2.8m 可折叠式网状抛物面天线。卫星入轨正常后，SAR 天线正常展开，经过一定的预备工作后，进入测绘带成像工作模式。SAR 主要参数如表 5-16 所示。

表 5-16　**HJ-1C 卫星 SAR 有效载荷参数**（来自 http：//www.cresda.com）

项目	参数
工作频率（MHz）	3 200
侧视	正侧视
空间分辨率（m）	5（单视）/20（距离向四视）
成像带宽度（km）	40（条带模式）/100（扫描模式）
辐射分辨率（dB）	3
极化方式	VV
视角（°）	25～47

HJ-1C 卫星采用降交点地方时为 6:00 的太阳同步轨道，其标称轨道参数如表 5-17 所示。

表 5-17　**HJ-1C 卫星轨道参数**（来自 http：//www.cresda.com）

项目	参数
轨道高度（km）	499.26
半长轴（km）	6870.230
轨道倾角（°）	97.3671
轨道周期（min）	94.454 0
每天运行圈数	15+7/31
回归周期（d）	31
回归总圈数（圈）	472
降交点地方时	6:00
轨道速度（km/s）	7.617
星下点速度（km/s）	7.063

5.5　俄罗斯资源卫星

俄罗斯地球资源卫星的研究开发很早，在 1968 年就开始利用遥感卫星勘测地球资源。在其发射的 2 000 多颗宇宙系列卫星中有 40% 以上是执行照相和地球资源遥感任务的。但是，20 世纪 90 年代以前，俄罗斯的遥感卫星一直处于绝密之中，卫星混编在 COS-MOS 系列之中，都贴上了"宇宙"的标签，外界很少了解。随着戈尔巴乔夫的公开化政策的执行，俄罗斯（前苏联）的地球资源遥感活动才逐渐让世人认识。根据报道，俄罗斯（前苏联）的地球资源卫星可分为 3 类：资源（RESURS）系列；钻石

图 5-10　大连 CBERS-02B 星 HR 数据(来自 http://www.cresda.com)

(ALMAZ)系列和预报(PROGNOZ)系列。RESURS 系列卫星是俄罗斯发展时间最长、应用范围最广的地球资源卫星，包括 RESURS-F 系列、RESURS-O 系列和正在研制的 RESURS-SPECTR 卫星。主要用于农业、林业、地质、海洋、环境监测等方面。

RESURS-F 系列卫星为胶片返回式遥感卫星，是在"东方号"照相侦察卫星平台的基础上发展的。RESURS-F 系列卫星是前苏联从 20 世纪 60 年代初开始研制的，但直到 1979 年才开始投入使用，编入宇宙系列；从 1989 年 5 月 25 日才开始发射工作型卫星，不再编入宇宙系列，启用 RESURS 称号，至 1999 年底已经发射了 71 颗卫星，其中 2 次失败。1999 年以后由于经费的问题，资源卫星系列的发射受到一定的限制。

2006 年 6 月 15 日 6 月 15 日，俄罗斯三级"联盟"号火箭从拜科努尔发射场发射一颗地球观测卫星，卫星进入轨道，开始了为期 3 年的运行。这是俄罗斯自 1999 年之后首次发射地球观测卫星。ResursDK1 可提供分辨率为 1m 的黑白图像，分辨率达到 2m 的彩色图像。与大多数俄罗斯早期民用遥感卫星不同，ResursDK1 携带了一套先进通信系统，可迅速将最新图像传回地面站。这些图像还可帮助了解自然资源利用、环境污染类型以及人类灾难与自然灾害。其他研究领域包括洋面状态、冰的观测以及极地天气状况监视。卫星数据还可以协助对部分极远地区进行地形制图与专题制图。

ResursDK1 卫星还附带有两个额外的次级载荷。意大利的有效载荷"反物质-物质探测与轻核天体物理学"(PAMELA)仪器被置于卫星上部，试验将研究地球轨道的宇宙射线，目的是进一步了解暗物质，以及物质与反物质的关系。俄罗斯的一台粒子探测器也搭乘 ResursDK1 卫星，用来识别地球磁场内的地震先兆。

随着遥感器技术的不断发展，RESURS 系列卫星的有效载荷种类不断丰富，有全色相机、多光谱扫描仪、合成孔径雷达和微波辐射计有效载荷的性能也不断改进,分辨率不断提高。

俄罗斯作为空间技术大国,特别是其军用卫星数据,涵盖预警卫星、侦察卫星、海洋侦察与电子情报卫星、导航卫星和通信卫星,卫星数据具有较好的分辨率,既满足了军事方面的需要,也可以为民间用户使用。

俄罗斯卫星有军民 2 个系列,民用卫星系列主要参数如表 5-18。

表 5-18 俄罗斯民用遥感卫星主要技术参数

项 目	资源-F1	资源-F2	资源-F3	和平号轨道
轨道高度(km)	240~350	180~355	275~420	400~450
轨道倾角(°)	82.3	82.3	82.3	51.6
相机型号	KFA-1000	KATE-200	MK-4	KFA-3 000	KFA-1 000
相机数量	2	3	1	2	2
焦距(mm)	1 000	200	300	3 000	1 000
相幅(cm²)	30×30	18×18	18×18	30×30	30×30
摄影比例尺	1:240 000~ 1:355 000	1:1 200 000~ 1:1 775 000	1:600 000~ 1:1 180 000	1:90 000~ 1:140 000	1:1 400 000~ 1:450 000
空间分辨率(m)	3.5~7	15~30	6~14	2~3	8~10
覆盖宽度(km)	144~231	216~319	100~200	55~84	240~270
覆盖面积(幅/km²)	5 184~11 342	46 656~102 080	10 160~39 521	756~1 764	14 400~18 225
波段数	2 每相机 1	3 每相机 1	6	2 每相机 1	2 每相机 1
波段范围(nm)	570~800	510~600 600~700 700~840	460~510 510~565 640~690 610~750 810~860 435~680	600~700	570~800
重叠(%)	20,60	60	60	10+5	20,60

表 5-19 ResursDK1 卫星轨道参数

项 目	参 数
发射时间	2006 年 6 月 15 日
轨道特征	椭圆形,轨道倾角约 70°
轨道周期(min)	96
轨道高度(km)	最低 362,最高 604
空间分辨率(m)	全色:1;多光谱:1.5
景幅宽度(km)	28.3~47.2
重访周期(d)	5~7

(续)

项　目		参　数	
动态范围(bit)		10	
波谱范围(μm)	全色	Panchromatic	0.58~0.8
	多光谱	Band1	0.5~0.6
		Band2	0.6~0.7
		Band3	0.7~0.8

从民用资源卫星系列的数据看，它的轨道是一个椭圆形，近地点和远地点差距较大，由此产生摄影比例尺的变化而影响地面分辨率。而俄军用侦察卫星实际地面分辨率大大高于2m，因此，可以保证用户得到的扫描数据达到2m。

俄罗斯资源系列卫星所有原始数据由俄罗斯联邦测绘局国家科研和生产中心(Priroda)保管并对外提供，用户可以从该中心购买拷贝正片、拷贝负片、扫描数据、彩色合成片等多种产品。军用卫星的空间分辨率大大高于民用系列，用于测绘方面甚至可以制作1:2000的影像图，但对国外提供的产品主要是2m分辨率的扫描数据。

5.6　印度资源卫星

为了加强地球资源的勘察、开发与管理，印度于1975年4月19日用苏联火箭发射了第1颗自制的卫星"阿里亚哈塔"(Aryabhata)。在Aryabhata卫星的基础上，印度于1979和1981年先后发射了巴斯卡拉-1、2(Bhaskara-1、2)。为了独立发展空间遥感技术，印度空间研究组织(ISRO)从1978年起开始制订IRS计划，并在1982年得到了印度政府的批准。

1988年3月17日，印度第1颗自制的实用遥感卫星IRS-1A用苏联的"东方号"火箭发射成功。星上载有2种共3台以推扫方式工作的线性成像自扫描相机(LISS)。为了保持工作的连续性，1991年8月，由苏联的"东方号"火箭发射第二颗遥感卫星IRS-1B卫星，2颗卫星完全相同，携带LISS-1和LISS-2传感器，分辨率分别为72.5m和36.25m，包含4个波段，数据重访周期为22d，被称为印度第一代运行性遥感卫星。1994年10月，发射IRS-P2卫星，携带改进型LISS传感器。

1995年12月28日，印度用俄罗斯"闪电号"火箭发射了第1颗第2代遥感卫星IRS-1C，1997年9月29日发射了与它相同的IRS-1D，被称为印度第二代运行性遥感卫星。第2代卫星采用了许多新技术，能提供连续性数据、更高的空间分辨率、更大的光谱覆盖区和立体图像，并有重访能力。运行在距地817km高的太阳同步轨道上，重复观测周期是24d，平台的性能指标高于IRS-1A、1B。星上有效载荷为3台相机，全部采用推扫式扫描方式，并使用CCD作为探测器。其中，全色传感器：分辨率为5.8m，可见光波段，幅宽为70km，±26°左右可调侧视角。LISS-III多光谱传感器：分辨率为23.5m的可见光和近红外波段、70m的短波红外波段，幅宽为141km。WIFS广角传感器：分辨率为188m的可见光和近红外2个波段(分别位于可见光和近红外范围)、幅宽 810km。其镜头在垂直轨迹方向 ±26°可控,因而能缩短重访周期和进行立体观测。

1996 年 4 月,发射 IRS-P3 卫星,携带 3 个传感器,其中 AWIFS 传感器增加一个波段。1999 年 5 月,发射 IRS-P4(OCEANSAT-1),携带 2 个传感器,即 OCM(Ocean Color Monitor)和 MSMR(Multi-frequency Scanning Microwave Radiometer)。

2003 年 10 月 17 日,发射 RESOURCESAT-1(IRS-P6)卫星,全色波段分辨率为 5.8m,多光谱分辨率为 23m。2005 年发射 CARTOSAT-1(IRS-P5)卫星,携带 2 个分辨率为 2.5m 的全色传感器。该遥感卫星数据主要用于高程建模、地形图制图和地籍制图。2010 年 7 月 12 日,印度使用 PSLV 火箭将国产的新型高分辨率遥感卫星 CARTOSAT-2B 送入太空。CARTOSAT-2B 是印度空间研究组织(ISRO)研制的遥感卫星,具有高达 0.8m 的全色分辨率,是一颗军民两用卫星,主要用于地理测绘等用途,配合更早发射的 CARTOSAT-2(2007 年发射)和 CARTOSAT-2A(2008 年发射)卫星,构成了较为完善的对地监视系统。在这里主要介绍在国内应用较为广泛的 IRS-P5 和 IRS-P6 卫星的一些基本参数与运行特征。

5.6.1 IRS-P6

(1)卫星的轨道特征

印度 IRS-P6 的轨道为太阳同步、近极轨道;从其轨道模型看,它具有典型的光学遥感卫星的特点,与 CBERS、LANDSAT 等卫星的轨道特征非常类似(表 5-20)。

表 5-20 IRS-P6 卫星轨道特征(来自 http://www.rsgs.ac.cn)

项目	参数
长半轴(km)	7 195.12
高度(km)	817
倾角(°)	98.731
偏心率	0.001
每天飞行的轨道数	14
轨道周期(min)	101.35
重复周期(LISS-3)(d)	24
重复周期(LISS-4)(d)	5
重复周期(AWIFS)(d)	5
相邻轨道距离(km)	117.5(赤道)
经过赤道时间	10:30 ±5min(降轨)
地面轨道精度(km)	±1
设计寿命(a)	5

(2)传感器参数

IRS-P6 带有 3 种传感器,即 LISS-3 传感器、LISS-4 传感器和 AWIFS 传感器。各传感器特性如下(表 5-21、表 5-22)。

表 5-21　LISS-3 传感器特性(来自 http://www.rsgs.ac.cn)

项目	参数
CCD 数目	每个波段 6000 个 CCD
波段频谱(mm)	波段 2(绿)0.52~0.59 波段 3(红)0.62~0.68 波段 4(近红外)0.77~0.86 波段 5(短波红外)1.55~1.70
幅宽(km)	141
几何分辨率(m)	23.5
重复周期(d)	24
波段配准确精度	小于 0.25 像元

表 5-22　LISS-4 传感器特性(来自 http://www.rsgs.ac.cn)

项目	参数
CCD 数目	每个波段 12 000 个 CCD
波段频谱(mm)	波段 2(绿)0.52~0.59 波段 3(红)0.62~0.68 波段 4(近红外)0.77~0.86
幅宽(MX 模式)多光谱(km)	23,可在 MN 数据 70 范围内可调
幅宽(MN 模式)全色,即 3 波段(km)	70
几何分辨率(m)	5.8
重复周期(d)	5
波段配准确精度	小于 0.25 像元

LISS-4 传感器的工作模式有 2 种:全色(MN)模式和多光谱(MX)模式。在 MN 模式下,传感器可传送波段 2、3、4 中任意一个波段数据,缺少设定为波段 3 数据。在 MX 模式下,数据幅宽为 23.9km(预先设定,在全色模式数据幅宽 70km 的范围内可调)。传感器侧视范围为正负 26°,相当于地面正负 398km 的范围。此分辨率卫星可转动正负 26°,而得到立体像对。

AWIFS 传感器:AWIFS 传感器具有与 LISS-3 传感器完全相同的 4 个波段,两者的不同则在于成像幅宽与几何分辨率,幅宽是 737km,分辨率为 56m,重复周期 5d。

(3)数据产品

IRSP6 卫星数据产品在国内目前由中国科学院遥感卫星地面站独家分发,除了提供存档数据服务以外,还可以针对用户的要求提供数据编程服务。

数据产品包括两种产品级别:level1 与 level2 数据产品。level1 产品是指只经过辐射校正处理的产品,可以是标准景、移动景及立体像对产品。level2 产品是指经过辐射校正和系统几何校正处理的产品。

IRS-P6 卫星数据产品包括产品类型:标准产品,即标准景、移动景、子区、1/4

景的轨道指向产品；地理参考产品，即标准景、移动景、子区、1/4 景的指北产品；地理编码产品，即 1°×1°、15′×15′、7.5′×7.5′的指北子区产品。其中，1/4 景的产品只针对 LISS-3 数据。在每一标准 LISS-3 景中，可按位置不同分别形成 12 个 1/4 景。

5.6.2 IRS-P5

IRS-P5 卫星，又名 Cartosat-1 号卫星，是印度政府于 2005 年 5 月 5 日发射的遥感制图卫星，它搭载有两个分辨率为 2.5m 的全色传感器，连续推扫，形成同轨立体像对，数据主要用于地形图制图、高程建模、地籍制图以及资源调查等。Cartosat-1 设计寿命 5 年，目前卫星运行等各项指标正处于最好的时期，数据质量稳定可靠。

Cartosat-1 搭载 2 个 2.5m 空间分辨率的可见光全色波段摄像仪，沿轨道方向一个前视角 26°、一个后视角 5°，在立体观测模式下，卫星平台通过定量调整，补偿了地球自转因素，使得这 2 个不同视角的相机能够获取到地面同一位置上的图像构成立体像对，2 个相机获取同一景影像的时间差仅为 52s，因此两幅图像的辐射效应基本一致，有利于立体观察和影像匹配。形成像对的有效幅宽为 26km，基线高度比为 0.62。卫星数据具备真正 2.5m 分辨率，应用尺度能够达到 1∶10 000；在制图方面，像对生成 DEM 以及制图精度可达 1∶25 000。

Cartosat-1 另一个显著的特点是 2 个相机具有 2 套独立的成像系统，可以同时在轨工作，这样就能构成一个连续条带的立体像对，在地面情况良好时，该条带长度可达数千千米。除了立体观测模式外，卫星具备提供非立体单片观测模式。

（1）轨道参数

IRS-P5 卫星轨道参数见表 5-23。

表 5-23　IRS-P5 卫星轨道参数（来自 http：//www.bjeo.com.cn）

项　　目	参　　数
轨道	近极地太阳同步
轨道高度(km)	618
总轨道数	1 867
长半轴(km)	6 996.14
偏心率	0.001
倾角(°)	97.87
降交点时间	10∶30
相邻轨迹间时间间隔(d)	11
重访周期(d)	5
重复周期(d)	126
每天轨道数(个)	14
轨道周期(min)	97

(2) 传感器参数

IRS-P5 卫星传感器参数见表 5-24。

表 5-24　IRS P5 传感器参数(来自 http://www.bjeo.com.cn)

项　目		参　数
幅宽(km)	前视	29.42
	后视	26.24
星下点几何分辨率(m)	前视	2.452(垂直轨道方向)
	后视	2.187(垂直轨道方向)
瞬时视场(mm^2) (垂直轨道方向×平行轨道方向)	前视	2.45×2.78
	后视	2.19×2.23
地面采样间距(m)		2.5(沿轨道方向)
光谱分辨率(μm)		0.5~0.85
辐射分辨率	最大辐射率[W/($cm^2 \cdot sr \cdot \mu m$)]	55
	数量级(bit)	10
	信噪比	345 饱和点
量化值(bit)		10(1 024)
CCD 像素数目		12k
CCD 像素尺寸(μm^2)		7×7
积分时间(ms)		0.336
光学参数	反射镜个数	3
	焦距(mm)	1945
	焦距比	F/4.5
每个相机的数据处理速度(Mb/s)		336
数据压缩比		3.22:1(理论值),实际值和地形地貌有关
压缩类型		JPEG
数据传输速率(每个相机)(Mb/s)		105
星上记录仪		120GB 的存储器,可记录 9min 数据

(3) 数据产品

IRS-PS 数据提供者提供两类数据产品:立体产品与预正射产品。立体产品:该产品可供提取数字高程模型,制作高精度产品。预正射产品:预正射产品只对图像做辐射校正,同时,提供 RPC 参数文件。

5.7　高分辨率卫星

5.7.1　IKONOS 卫星

IKONOS 是美国空间成像公司于 1999 年 9 月 24 日在加州瓦登伯格空军基地发射升空,是世界第一颗高分辨率商用卫星。IKONOS 卫星的成功发射不仅实现了提供高清晰度且分辨率达 1m 的卫星影像，而且开拓了一个新的更快捷、更经济获得最新基础地理信息的途径，更是创立了崭新的商业化卫星影像的标准。IKONOS 卫星可采集 1m 分辨率全色和 4m 分辨率多光谱影像的商业卫星，同时全色和多光谱影像可融合成 1m 分辨率的彩色影像。其许多影像被中央和地方政府广泛用于国防、地图更新、国土资源勘查、农作物估产与监测、环境监测与保护、城市规划、防灾减灾、科研教育等领域，IKONOS 卫星数据在"数字地球"建设中作出巨大贡献。

IKONOS 卫星具有太阳同步轨道，倾角为 98.1°，设计高度 681km，轨道周期为 98.3min，下降角在 10:30，卫星在地面上空速度是 6.79km/s，重复周期 1~3d。由于传感器系统可以离底点迹线成像，因此可以灵活地在不同倾角情况下，取得不同的重复周期，例如：倾斜角 10°，可每 11d 得到重复；倾斜 1°，可在 140d 得到重复。这意味着，地面距离大，重复率提高。这可以给用户更多机会获得无云或少云地区的影像，或者提供在单位时间内获得较多的影像，以监控短时间影像内变化内容。

IKONOS 的传感器系统由美国依斯曼柯达公司研制，包括 1 个全色 1m 分辨率传感器和 1 个四波段 4m 分辨率的多光谱传感器。传感器由 3 个 CCD 阵列构成三线阵推扫成像系统，具体参数见表 5-25。

表 5-25 IKONOS 数据产品技术指标

项　目	参　数
星下点分辨率(m)	0.82
产品分辨率(m)	全色：1；多光谱：4
成像幅宽(km^2)	11×11
成像波段(μm)	全色 波段：0.45~0.90 多光谱 波段 1（蓝色）：0.45~0.53 波段 2（绿色）：0.52~0.61 波段 3（红色）：0.64~0.72 波段 4（近红外）：0.77~0.88
制图精度(m)	无地面控制点：水平精度 12，垂直精度 10 有地面控制点：水平精度 2，垂直精度 3

5.7.2　Quickbird 卫星

Quickbird（快鸟）卫星为美国 Digital Globe 公司所拥有的商用高分辨率光学卫星。2001 年 10 月于美国加利福尼亚州范登堡空军基地顺利发射升空，同年 12 月开始接收卫星影像。卫星从 450km 外的太空拍摄地球表面上的地物、地貌等空间信息。为全球提供 1m 以下分辨率的商用卫星光学影像，是目前世界上最先提供亚米级分辨率的商业卫星。

Quickbird 卫星具有太阳同步轨道，倾角为 98°，设计高度 450km，轨道周期为 93.4min，快鸟的重访时间随 AOI 所在地区的纬度和用户选择的侧摆角度的不同而不同。如在纬度 40°的地区，侧摆角度 0°~15°时的重访时间为 7d，侧摆角度 0°~25°时的重访时间为 4d。重访时间直接影响采集目标区域的有效时间，所以当定单的侧摆角度要求为 0°~25°时比 0°~15°采集得更快。QuickBird 的传感器包括 1 个全色 0.61 m 分辨率传感器和 1 个四波段 2.44m 分辨率的多光谱传感器，详细参数见表 5-26。

表 5-26 Quickbird 卫星成像参数（来自 http：//www.bsei.com.cn）

项目	参数	
成像方式	推扫式扫描成像方式	
传感器	全色波段	多光谱
分辨率（m）	0.61（星下点）	2.44（星下点）
波段范围(nm)	450~900	蓝：450~520 绿：520~660 红：630~690 近红外：760~900
量化值(bit)	16 或 8	
星下点成像	沿轨/横轨迹方向（+/-25°）	
立体成像	沿轨/横轨迹方向	
单景幅宽（km²）	16.5×165	

5.7.3 Orbview 卫星

OrbView 遥感地球图像卫星系列是由美国的 Orbimage 公司（现在的 GeoEye 公司）研制的。主要运营者是美国轨道成像公司，合作者有沙特的 EIRAD 公司和韩国的三星公司。研究和发射系列卫星的目的是发展世界上第一个成像卫星的综合全球系统，截至 2008 年共发射了 5 颗卫星。

1995 年在美国加利福尼亚州范登堡空军基地发射第一颗 OrbView-1 卫星（表 5-2），该卫星一直运行到 2000 年 4 月。OrbView-2 在 1997 年发射，由 NASA 的 SeaWiFS 仪器传送海色遥感数据。OrbView3 属于提高分辨率地球图像的第一批商业卫星，OrbView-3 上的成像装置可以提供 1m 分辨率的全色（黑色和白色）图像和幅宽 8km4m 分辨率的多光谱图像。卫星在上午 10：30 穿过地球降交点。再次穿过赤道的周期少于 3 天。2007 年 3 月 4 日，卫星成像系统发生故障，4 月 23 日宣布 OrbView-3 全部损耗。OrbView-4 在 2001 年 9 月 21 日金牛座运载火箭发射失败后就失踪了。OrbView-5，现在重新命名为 GeoEye-1，于 2008 年 9 月 6 日成功发射。

表 5-27 Orbview-3 卫星成像参数

项　目	参　数
空间分辨率(m)	全色1；多光谱4
波谱范围 (nm)	全色：450～900 多光谱　蓝：450～520 　　　　绿：520～600 　　　　红：625～695 　　　　近红外：760～900
幅宽(km)	8
动态范围(bits/像素)	11
使用寿命(a)	>7
回访周期(d)	<3
轨道高度(km)	470
过境时间	10：30

GeoEye-1 卫星是真正的半米卫星，其全色影像分辨率 0.41m，多光谱影像分辨率 1.65m，定位精度达到 3m。具备大规模测图能力，每天采集近 $70×10^4 km^2$ 的全色影像数据或近 $35×10^4 km^2$ 的全色融合影像数据(表 5-28)。另一个特点便是重访周期短，3d(或更短)时间内重访地球任一点进行观测。

表 5-28 GeoEye-1 成像参数

项　目	参　数
相机模式	全色和多光谱同时(全色融合) 单全色 单多光谱
分辨率(m)	星下点全色：0.41；侧视28°全色：0.5；星下点多光谱：1.65
波长 (nm)	全色：450～800 多光谱　蓝：450～510 　　　　绿：510～580 　　　　红：655～690 　　　　近红外：780～920
定位精度(m) (无控制点)	立体 CE90：4；LE90：6 单片 CE90：5
幅宽	星下点 15.2km；单景 15km×15km
成像角度	可任意角度成像
重访周期(d)	2～3
单片影像日获取能力(km^2/d)	全色：近 700 000 (相当于青海省的面积) 全色融合：近 350 000 (相当于湖南、湖北两个省的面积)

5.7.4 WorldView 卫星

WorldView 卫星系统是 Digital globe 公司的下一代商业成像卫星系统。它由两颗（WorldView-1 和 WorldView-2）卫星组成，其中 WorldView-1 已于 2007 年发射，WorldView-2 也在 2009 年 10 月发射升空。WorldView-1 运行高度 450km、倾角 98°、周期 93.4min 的太阳同步轨道上，平均重访周期为 1.7d，拥有 1 个 0.5m 分辨率星载大容量全色成像系统。WorldView-2 运行高度为 770km，轨道与太阳同步，能够提供 0.5m 全色图像和 1.8m 分辨率的多光谱图像（表 5-22）。

WorldView-1 和 WorldView-2 卫星是全球第一批使用了控制力矩陀螺（CMGs）的商业卫星，能够更快速、更准确地从一个目标转向另一个目标，同时也能进行多个目标地点的拍摄，由于运转灵活，卫星系统具有更快的回访能力，Worldview 卫星集群能实现在 1 天之内二次访问同一地点。

WorldView-2 卫星能提供独有的 8 波段高清晰商业卫星影像。除了 4 个常见的波段外（蓝色波段：450～510nm；绿色波段：510～580nm；红色波段：630～690nm；近红外线波段：770～895nm），WorldView-2 卫星还能提供以下新的彩色波段的分析：

①海岸波段（400～450nm）这个波段支持植物鉴定和分析，也支持基于叶绿素和渗水的规格参数表的深海探测研究。由于该波段经常受到大气散射的影响，已经应用于大气层纠正技术。

②黄色波段（585～625nm）过去经常被说成是 yellow-ness 特征指标，是重要的植物应用波段。该波段将被作为辅助纠正真色度的波段，以符合人类视觉的欣赏习惯。

③红色边缘波段（705～745nm）辅助分析有关植物生长情况，可以直接反映出植物健康状况有关信息。

④近红外 2 波段（860～1 040nm）这个波段部分重叠在 NIR 1 波段上，但较少受到大气层的影响。该波段支持植物分析和单位面积内生物数量的研究。

表 5-29 WorldView-2 卫星成像参数（来自 http：//www.bsei.com.cn）

项 目	参 数	
成像方式	推扫式扫描成像方式	
传感器	全色波段	多光谱
分辨率(m)	0.5(星下点)	1.8(星下点)
光谱范围(nm)	450～1 040	蓝：450～510 绿：510～580 红：630～690 近红外：770～895 黄：585～625 海岸：400～450 红边：7055～745 近红外 2：860～1 040

(续)

项 目	参 数
量化值(bit)	16 或 8
星下点成像	沿轨/横轨迹方向(+/-25°)
立体成像	沿轨/横轨迹方向
条带宽度(km)	16.4

5.7.5 EROS 卫星

2000 年 12 月 5 日以色列 ImagSat International 公司发射的第一颗地球资源观测卫星 EROS-A。EROS-A 由以色列飞机工业有限公司(IAI)设计制造的高分辨率卫星,与该公司设计制造 EROS-B(2006 年发射)形成了高分辨率卫星星座。由于两颗卫星影像获取时间不同(EROS-A:10:30±15′;EROS-B:14:00~15:00),可以互相补足,相辅相成。提高了目标影像的获取能力、获取频率。EROS-A/B 卫星非常灵活,能在 500km 左右的高度分别获取 1.9m 和 0.7m 分辨率的地表影像,能根据需要在同一轨道上对不同区域成像,并具有单轨立体成像能力。EROS-A/B 卫星主要应用于测绘、基础设施规划和监测、大比例尺遥感影像图制作、灾害监测与评估、环境监测、农业规划、军事侦察等方面(表 5-30、表 5-31)。

表 5-30 EROS-A 卫星基本参数

项 目	参 数		
发射日期	2000.12		
运营商	以色列 ImageSat International 公司		
轨道类型	准太阳同步回归轨道		
轨道高度(km)	500		
重访周期(d)	5		
降交点地方太阳时	9:45(当地时间)		
运行周期(min)	94.8		
量化等级(bit)	10		
波谱范围(μm)	0.5~0.9(全色)		
成像模式	标准模式	单条带模式	高分辨率模式
地面分辨率	1.9m	1.9~2.3in	1.1in、1.5in
侧视角(°)	±45	±45	±45
覆盖范围(影像尺寸)(km²)	14×14	最大 14×(14~42)	9×9

注:1in=2.54cm。

表 5-31　EROS-B 卫星基本参数

项　目	参　数	
发射日期	2006.04	
运营商	以色列 ImageSat International 公司	
轨道类型	准太阳同步回归轨道	
轨道高度(km)	500	
重访周期(d)	5	
降交点地方时	14:00~15:00	
运行周期(min)	94.8	
量化等级(bit)	10	
波谱范围(μm)	0.5~0.9(全色)	
成像模式	标准模式	条带模式
地面分辨率(m)	0.7	0.7
侧视角(°)	±45	±45
覆盖范围(影像尺寸)(km²)	7×7	7×140

5.7.6　ALOS 卫星

日本地球观测卫星计划主要包括 2 个系列：大气和海洋观测系列以及陆地观测系列。先进对地观测卫星 ALOS 是 JERS-1 与 ADEOS 的后继星，采用了先进的陆地观测技术，能够获取全球高分辨率陆地观测数据，主要应用目标为测绘、区域环境观测、灾害监测、资源调查等领域。ALOS 卫星载有 3 个传感器：全色遥感立体测绘仪(PRISM)，主要用于数字高程测绘；先进可见光与近红外辐射计-2(AVNIR-2)，用于精确陆地观测；相控阵型 L 波段合成孔径雷达(PALSAR)，用于全天时全天候陆地观测。ALOS 卫星采用了高速大容量数据处理技术与卫星精确定位和姿态控制技术，表 5-32 为 ALOS 卫星的基本参数。

表 5-32　ALOS 卫星的基本参数(来自 http://www.godeyes.cn)

项　目	参　数
发射时间	2006.01.24
运载火箭	H-IIA
卫星质量(kg)	约 4 000
产生电量(W)	约 7 000(生命末期)
设计寿命(a)	3~5
轨道	太阳同步轨道 重复周期：46d　重访时间：2d 高度：691.65 km 倾角：98.16°

(续)

项 目	参 数
姿态控制精度(°)	0.0002(配合地面控制点)
数据传输速率(Mb/s)	240(通过数据中继卫星),120(直接下传)
星载数据存储器	固态数据记录仪(90GB)

(1) PRISM 传感器

PRISM 具有独立的 3 个观测相机,分别用于星下点、前视和后视观测,沿轨道方向获取立体影像,星下点空间分辨率为 2.5m。其数据主要用于建立高精度数字高程模型。表 5-33 为 PRISM 传感器的基本参数。

表 5-33　PRISM 基本参数(来自 http://www.godeyes.cn)

项 目	参 数
波段数	1(全色)
波长(μm)	0.52~0.77
观测镜	3(星下点成像、前视成像、后视成像)
基高比	1.0(在前视成像与后视成像之间)
空间分辨率(m)	2.5(星下点成像)
幅宽(km)	70(星下点成像模式) 35(联合成像模式)
信噪比	>70
MTF	>0.2
探测器数量	28 000 / 波段(70km 幅宽) 14 000 / 波段(35km 幅宽)
指向角(°)	-1.2~+1.2
量化长度(bit)	8

(2) AVNIR-2 传感器

新型的 AVNIR-2 传感器比 ADEOS 卫星所携带的 AVNIR 具有更高的空间分辨率,主要用于陆地和沿海地区观测,为区域环境监测提供土地覆盖图和土地利用分类图。为了灾害监测的需要,AVNIR-2 提高了交轨方向指向能力,侧摆指向角度为 ±44°,能够及时观测受灾地区。表 5-34 为 AVNIR-2 传感器的基本参数。

表 5-34　AVNIR-2 基本参数(来自 http://www.godeyes.cn)

项 目	参 数
波段数	4
波长(μm)	波段 1:0.42~0.50 波段 2:0.52~0.60 波段 3:0.61~0.69 波段 4:0.76~0.89

(续)

项　　目	参　　数
空间分辨率(m)	10(星下点)
幅宽(km)	70(星下点)
信噪比	>200
MTF	波段1～3：>0.25 波段4：>0.20
探测器数量	7 000/波段
侧摆指向角(°)	-44～+44
量化长度(bit)	8

注：AVNIR-2 观测区域在北纬 88.4°至南纬 88.5°。

(3) PALSAR 传感器

PALSAR 是一主动式微波传感器，它不受云层、天气和昼夜影响，可全天候对地观测，比 JERS-1 卫星所携带的图 4 SAR 传感器性能更优越。该传感器具有高分辨率、扫描式合成孔径雷达、极化 3 种观测模式，使之能获取比普通 SAR 更宽的地面幅宽。表 5-35 为 PALSAR 传感器的基本参数。

表 5-35　PALSAR 传感器的基本参数（来自 http：//www.godeyes.cn）

模　　式	高分辨率模式		扫描式合成孔径雷达	极化(试验模式)
中心频率(MHz)	1 270(L 波段)			
线性调频宽度(MHz)	28	14	14，28	14
极化方式	HH 或 VV	HH+HV 或 VV+VH	HH 或 VV	HH+HV+VH+VV
入射角(°)	8～60	8～60	18～43	8～30
空间分辨率(m)	7～44	14～88	100（多视）	24～89
幅宽(km)	40～70	40～70	250～350	20～65
量化长度(bit)	5	5	5	3 或 5
数据传输速率(Mb/s)	240	240	120，240	240

5.7.7　KOMPSAT 卫星

KOMPSAT，韩国卫星。全称为 Korea Multi-Purpose Satellite，中文译为阿里郎卫星，是基于韩国国家空间计划(Korea National Space Program)由韩国空间局(Korea Aerospace Research Institute，KARI)研制的卫星。目前 2 颗在轨，分别为 KOMPSAT-1 和 KOMPSAT-2。KOMPSAT-1 卫星发射于 1999 年，预计服役时间为 3 年。卫星重 500kg，轨道高度 685km，过境时间 10：30，太阳同步轨道。并携带有 Electro-Optical Camera (EOC)、Space Physics Sensor (SPS)、Ocean Scanning Multi-spectral Imager (OSMI) 3 种传感器。KOMPSAT-2 卫星发射于 2006 年 7 月 28 日，可同时获取 1m 分辨率黑白(全色)影像以及 4m 分辨率彩色(多光谱)影像，其中多光谱的 4 个波段包括可

表 5-36 KOMPSAT-2 影像特性

项目	参数
成像模式和分辨率（m）	全色：1，彩色（4 波段）：1 多光谱（R, V, B, PIR）：4 捆绑（全色及多光谱）
光谱波段（nm）	全色：500～900 MS1（蓝色）：450～520 MS2（绿色）：520～600 MS3（红色）：630～690 MS4（近红外）：760～900
视场宽度（km^2）	15×15
轨道周期（d）	28
重访周期（d）	3
侧摆角度（°）	30

见光(红、绿、蓝)以及近红外。详细参数见表 5-36。

5.8 地球观测卫星(EOS)

进入 21 世纪以来，科学界对全球变化研究，以及全球变化对人类生存环境的影响研究逐步走向深入。为了加强对地球表层陆地、海洋、大气和它们之间相互关系的综合性的科学研究。从 1991 年起，美国国家宇航局(NASA)正式启动了把地球作为一个整体环境系统进行综合观测的地球观测系统(EOS)计划。这个计划分 3 个阶段：第一阶段为准备工作阶段(1991—1998 年)；第二阶段为全面的对地观测阶段(1999—2003 年)；第三阶段为新一代更为细致的对地观测阶段(2003 年以后 10 年)。NASA 新一代的对地观测系统计划主要包括 3 方面内容：①发射一系列新一代对地观测卫星；②以 NASA 数据中心群(DAAC)为核心管理和散发卫星所获得的数据；③组织科学家队伍开展对地球多要素的综合研究。重点观测和研究领域包括：水与能量循环，海洋，大气化学，陆地表面，水和生态系统过程，冰川和极地冰盖以及固体地球。

此计划的最终目标是根据 EOS 卫星系统长达 15 年的连续观测，获得确切的地球系统变化数据和信息，研究确定全球环境和气候变化的程度、原因，加深对自然过程如何影响人类而人类活动又如何影响自然过程的理解。通过这种深入研究，来回答全球和区域气候/环境变化等目前由于数据不足而难以回答的问题，并且最终增强人类预报天气/气候变化和自然灾害监测的能力。

5.8.1 地球观测卫星(EOS)技术参数

地球观测卫星(earth observing satellites，EOS)是美国新一代地球观测系统计划的组成部分，其第一颗星上午卫星(EOS-TERRA)已于 1999 年 12 月 18 日发射升空，过境时间为当地时间 10:30(以取得最好光照条件并最大限度减少云的影响)和 22:30。

下午卫星(EOS-AQUA)于 2002 年 5 月 2 日成功发射,过境时间为 14:30 和 2:30。采用三轴稳定卫星平台,轨道倾角 98.2°,卫星轨道高度 705km。上午星共有星载遥感观测平台 5 套,依其分辨率的不同,覆盖全球的时间在 1d(14.2 条轨道)~16d(约 233 条轨道)一次。AURA 卫星于 2004 年 7 月 15 日发射升空。目前卫星和星上的各类仪器运行正常,在许多领域的应用取得了较好的效果。

TERRA 卫星是美国(国家航空航天局)、日本(国际贸易与工业厅)和加拿大(空间局、多伦多大学)共同合作发射的卫星。卫星上共载有五个对地观测传感器:云与地球辐射能量系统测量仪(clouds and the earth's radiant energy system, ERES)、中分辨率成像光谱仪(moderate-resolution imaging spectroradiometer, MODIS)、多角度成像光谱仪(multi-angle imaging spectro-radiometer, MISR)、先进星载热辐射与反射测量仪(advanced spaceborne thermal emission and reflection radiometer, ASTER)、对流层污染测量仪(measurement of pollution in the troposphere, MOPITT)。

AQUA 卫星共载有 6 个传感器,它们分别是:云与地球辐射能量系统测量仪(CERES)、中分辨率成像光谱仪 MODIS、大气红外探测器(atmospheric infrared sounder, AIRS)、先进微波探测器(advanced microwave sounding unit, AMSU-A)、巴西湿度探测器(humidity sounder for brazil, HSB)、地球观测系统先进微波扫描辐射计(advanced microwave scanning radiometer for EOS, AMSR-E)。

AURA 卫星有 4 个星载传感器,分别是:

①高分辨动力发声器(high resolution dynamics limb sounder, HIRDLS)大小约 $1m^3$,它由美国科罗拉多大学、美国大气研究中心、英国牛津大学和英国 Rutherford Appleton 实验室设计,由美国洛克西德马丁公司负责制造。

②微波分叉发声器(microwave limb sounder, MLS)它由美国宇航局推进动力试验室研制开发。

③臭氧层观测仪(ozone monitoring instrument, OMI)它是由荷兰航空局和芬兰气象所提供,由 2 家荷兰公司以及 3 家芬兰公司共同制造。

④对流层放射光谱仪(tropospheric emission spectrometer, TES)它由美国宇航局推进动力试验室研制开发。其具体卫星技术指标见表 5-37。

表 5-37 TERRA、AQUA、AURA 卫星技术指标

项目	TERRA	AQUA	AURA
发射时间	1999.12.18	2002.05.04	2004.07.15
运载火箭	ATLAS IIAS	DELTA CLASS	DELTA CLASS
轨道高度(km)	太阳同步,705	太阳同步,705	太阳同步,705
轨道周期(min)	98.8	98.8	98.8
过境时间	10:30	13:30	13:30
地面重复周期(d)	16	16	16
质量(kg)	5 190	2 934	3 000

(续)

项　目	TERRA	AQUA	AURA
展开前体积(m^3)	3.5×3.5×6.8	2.68×2.49×6.49	2.7×2.28×6.91
星载传感器数据量(个)	5	6	4
星载传感器名称	MODIS、MISR、CERES、MOPITT、ASTER	AIRS、AMSU-A、CERES、MODIS、HSB、AMSR-E	HIRDLS、MLS、OMI、TES
遥　测	S 波段	S 波段	S 波段
数据下行	X 波段(8 212.5MHz)	X 波段(8 160MHz)	X 波段(MHz)
总供电功率(W)	3 000	4 860	4 600
卫星设计寿命(a)	5	6	6

5.8.2　EOS 卫星的主要任务

首次提供覆盖全球的拍照，开始为期 15 年的对地球表面和大气参数的全面的基本测量；通过观测试图发现人类活动对气候影响的证据，改进探测人类活动对气候影响的能力，提供全球的数据，并利用先进的计算机系统建立模型，有助于预测气候的变化；通过提供观测资料，提高对灾害天气如干旱、洪涝在时间和地理分布上的预报能力；利用 TERRA 数据，改进季节性和年度天气预报；进一步开发对森林火灾、洪水及干旱等灾害的监测和预报，灾害的特征确定及减灾技术的研究；开始对全球气候及环境变化进行长期的监测和数据的积累。

5.8.3　EOS/MODIS

MODIS(中分辨率成像光谱仪)是 Terra 和 Aqua 卫星上都装载有的重要传感器，是 EOS 计划中用于观测全球生物和物理过程的仪器，也是 EOS 平台上唯一进行直接广播的对地观测仪器。MODIS 是当前世界上新一代"图谱合一"的光学遥感仪器，沿用的是传统的成像辐射计的思想，由横向扫描镜、光收集器件、一组线性探测器阵列和位于 4 个焦平面上的光谱干涉滤色镜组成。这种光学设计可为地学应用提供 0.4～14.5μm 之间的 36 个离散波段的图像，星下点空间分辨率可为 250m、500m 或 1 000m，视场宽度为 2 330km。

MODIS 每 2 天可连续提供地球上任何地方白天反射辐射和白天/昼夜的发射辐射数据，包括对地球陆地、海洋和大气观测的可见光和红外波谱数据。MODIS 是一个真正多学科综合的仪器，可以对高优先级的大气(云及其相关性质)、海洋(洋面温度和叶绿素)及地表特征(土地覆盖变化、地表温度、植被特性)进行全面、一致的同步观测。

MODIS 的多波段数据可以同时提供反映陆地、云边界，云特性，海洋水色、浮游植物、生物地理、化学，大气中水汽，地表、云顶温度，大气温度，臭氧和云顶高度等特征的信息，用于对陆表、生物圈、固态地球、大气和海洋进行长期全球观测。

表 5-38 MODIS 通道参数

用途	通道	带宽 (μm)	光谱辐射率 [W/(cm²·sr·μm)]	要求信噪比 (SNR)
陆地/云/汽溶胶边界	1	0.620~0.670	21.8	128
	2	0.841~0.876	24.7	201
陆地/云/汽溶胶特性	3	0.459~0.479	35.3	243
	4	0.545~0.565	29.0	228
	5	1.230~1.250	5.4	74
	6	1.628~1.652	7.3	275
	7	2.105~2.155	1.0	110
海洋水色/浮游植物/生物地球化学	8	0.405~0.420	44.9	880
	9	0.438~0.448	41.9	838
	10	0.483~0.493	32.1	802
	11	0.526~0.536	27.9	754
	12	0.546~0.556	21.0	750
	13	0.662~0.672	9.5	910
	14	0.673~0.683	8.7	1087
	15	0.743~0.753	10.2	586
	16	0.862~0.877	6.2	516
大气水汽	17	0.890~0.920	10.0	167
	18	0.931~0.941	3.6	57
	19	0.915~0.965	15.0	250
地面/云温度	20	3.660~3.840	0.45(300K)	0.05
	21	3.929~3.989	2.38(335K)	2.00
	22	3.929~3.989	0.67(300K)	0.07
	23	4.020~4.080	0.79(300K)	0.07
大气温度	24	4.433~4.498	0.17(250K)	0.25
	25	4.482~4.549	0.59(275K)	0.25
卷云水汽	26	1.360~1.390	6.00	150(SNR)
	27	6.535~6.895	1.16(240K)	0.25
	28	7.175~7.475	2.18(250K)	0.25
云特性	29	8.400~8.700	9.58(300K)	0.05
臭氧	30	9.580~9.880	3.69(250K)	0.25
地面/云温度	31	10.780~11.280	9.55(300K)	0.05
	32	11.770~12.270	8.94(300K)	0.05
云顶高度	33	13.185~13.485	4.52(260K)	0.25
	34	13.485~13.785	3.76(250K)	0.25
	35	13.785~14.085	3.11(240K)	0.25
	36	14.085~14.385	2.08(220K)	0.35

5.8.4 EOS/MODIS 数据下载与数据服务

国内 MODIS 数据提供服务的网站所提供的数据覆盖区域包括中国及其毗邻地区的数据。

(1) 国内主要网站

①国家 MODIS 数据中心

http://satellite.cma.gov.cn/PortalSite/eos/index.html

②中科院地理资源所全球变化信息研究中心 MODIS 数据网

http://www.nfiieos.cn/

③中国农业科学院农业资源与农业区划研究所 MODIS 数据网

http://www.modis.net.cn/

④新疆生态与地理研究所 MODIS 数据网

http://www.oasis.csdb.cn/modis/modis_index_new.asp

(2) 国外数据下载的主要网址

http://modis.gsfc.nasa.gov/

http://glovis.usgs.gov/

http://terra.nasa.gov/

http://aqua.nasa.gov/

http://aura.gsfc.nasa.gov/

关于 EOS 对地观测计划的详细资料可参考 MODIS 培训教材(刘闯,2004)和国家 MODIS 数据中心网站。

思考题

1. 试述航天遥感与航空遥感及地面遥感之间的差异。
2. 卫星的轨道参数有哪些?
3. 试比较 Landsat 系列、SPOT 系列与 CBERS 系列之间差异。
4. 列举几种高分辨率遥感卫星的特征,分析其在林业行业应用的可行性,并阐述理由。

第 6 章　遥感图像处理

遥感图像处理(remote sensing image processing)的目的是为了提高遥感图像的质量，或从遥感图像中提取某些特征或特殊专题信息。由于遥感系统本身存在系统误差，受传感器的空间、波谱、时间以及辐射分辨率的限制，遥感图像很难精确地记录复杂地表的信息，导致数据获取过程中难免存在误差。这些误差降低了遥感数据的质量，为获得更多有用信息，需要对图像进行处理分析。

遥感图像是传感器获取信息的产物，是遥感探测目标的信息载体。根据数据的连续性，可以分为模拟图像(又称光学图像)与数字图像。前者指空间坐标和明暗程度都连续变化的、计算机无法直接处理的图像；后者指离散后的数值按行(横)和列(纵)排成的二维矩阵，能够利用计算机进行存储、处理的图像。与此对应，常见的遥感图像处理方法有光学处理和数字处理2种。遥感图像的光学处理包括分层叠加曝光、相关掩模处理、假彩色合成和物理光学处理等；数字处理是指利用计算机或其他高速、大规模集成数字硬件，对遥感图像信息转换来的数字电信号进行去除噪声、增强、复原、分割、提取特征等运算或处理。

遥感图像处理的内容很广，涉及数学模型、算法和软件，并且与应用目标密切关联。考虑到现代遥感技术发展趋势，海量遥感数据的产生，以及计算机硬件价格降低和软件水平的提高，遥感数字图像处理(remote sensing digital image processing)因方式灵活、重复性好、处理速度快等特点，已得到广泛应用。并且随着现代电子计算机技术的发展，模拟图像可以转换为数字图像。因此，本章重点介绍最基本的遥感数字图像处理原理和一些常用的处理方法。

6.1　遥感数字图像基本介绍

6.1.1　遥感数字图像的表示方法

数字图像(digital image)是一个二维的、离散的光密度(或亮度)函数。相对光学图像，它在空间坐标(x,y)和密度上都已离散化，空间坐标x，y仅取离散值。

对于遥感数据而言，任何一幅单波段数字图像，均可看作一个二维光强度函数$f(x,y)$。$f(x,y)$的大小称为图像在点(x,y)的亮度值(或灰度值)(digital number, DN)，许多点的有序排列即构成图像[可看作一个$M\times N$阵列，式(6-1)]。点是无穷小的，在遥感图像中可将亮度值理解为某像元(或像素)内各点$f(x,y)$的平均值，因为像元(pixel)是遥感图像中最基本的单元。像元的空间位置用行(line)、列(column)表示(图6-1)。例如,LandSat卫星搭载的多光谱扫描仪(multispecture scanner,MSS)获取的数字图像,每个波段的图像有2 340个扫描行,每行有3 240个扫描采样点,因此单波段的图像由2 340×3 240(7 581 600)个像元组成。

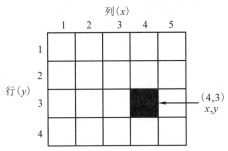

图6-1 像元与图像

$$f(x, y) = \begin{bmatrix} f(0, 0) & f(0, 1) & \cdots & f(0, M-1) \\ f(1, 0) & f(1, 1) & \cdots & f(1, M-1) \\ \cdots & \cdots & \cdots & \cdots \\ f(N-1, 0) & f(N-1, 1) & \cdots & f(N-1, M-1) \end{bmatrix} \quad (6-1)$$

实际的遥感数据通常不是单波段图像,而是多波段图像,并且有时间序列,即是图像序列,用数学函数可表示为$f(x, y, \lambda, t)$。λ是电磁波波长,由于在传感器设计时采用不同的光谱范围,形成不同的波谱分辨率(spectral resolution),因此在遥感数字图像处理中将遇到多波段图像的处理问题(图6-2(b))。t是成像时间,遥感(尤其是卫星遥感)对同一地区可重复获取不同时间的图像(多时相),形成不同的时间分辨率(temporal resolution),因此在遥感数字图像处理中还将遇到多时相的问题。

遥感图像的函数表达式$f(x, y)$具有以下3个基本特点。

- 函数的定义域具有限定性 传感器均具有一定的视域或成像范围,其获得的图像大小是有限的,因此,图像函数只在实际图像范围内有效。
- 函数值具有明确的物理意义 遥感图像的灰度值(或亮度值)是地物电磁波辐射的一种度量,即图像的函数值反映的是地物的光谱特征。
- 函数值的取值大小具有限定性 由于函数值具有物理意义,使得其值只能在一定范围内变化,即$f(x, y) \in [0, R_{max}]$。换言之,地物电磁波辐射的能量最小是零,而不应出现负值;$f(x, y)$的值也不应当超过地物的最大辐射能量。

6.1.2 遥感数字图像的类型

遥感图像可分为灰度图像、二值图像、伪彩色图像、彩色图像。

灰度图像(greyscale image):图像中每个像元的信息由一个量化的灰度级来描述。由于图像数据量大小不同,灰度级的取值也不相同。通常,灰度级G的取值与位(Bit,描述电脑数据量的最小单位)的大小有关,即$G = 2^m$(m表示位数)。以LandSat卫星不同传感器获取的数字图像为例:MSS以7 bit记录数据,其灰度级为128(DN值:0~127)、TM/ETM+以8 bit记录数据,其灰度级位256(DN值:0~255)(图6-2)。

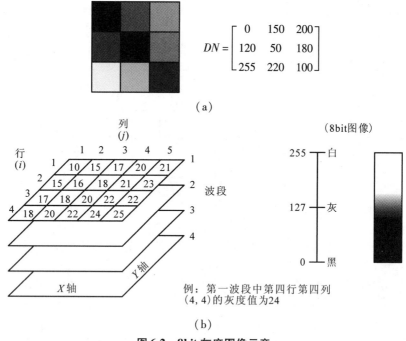

图 6-2 8bit 灰度图像示意

(a)3×3 (b)4 波段 4×5

二值图像(binary image):图像中的每个像元只有黑或白两种灰度级,没有中间的过渡,因此又称为黑白图像。二值图像是灰度图像的特殊表达方式,即像元的值只取 0 或 1(图 6-3),其目的是为了在图像处理的运算过程中减少计算量。

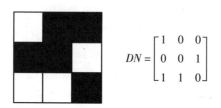

图 6-3 3×3 二值图像示意

伪彩色图像(pseudo-color image):把灰度图像的各灰度值按一定的线性或非线性函数关系映射成相应的彩色。伪彩色图像主要是为了提高信息识别率,因为人眼分辨不同色彩的能力比分别不同的灰度级的能力强。

彩色图像(color image):由红(Red)、绿(Green)、蓝(Blue)三基色按一定比例组成的各种色彩的图像(图 6-4)。彩色图像对人获取信息非常重要,因为人眼对彩色的分辨能力远远高于对灰度的分辨能力,正常人眼只能分辨 20 级左右的灰度级,但可以分辨上千种色彩。彩色图像还可分为真彩色图像(true color image)和假彩色图像(false color image):前者指图像的颜色与人眼看到的现实世界一致;后者指与真实事物颜色不一致的彩色图像(图 6-5)。

$$DN_R = \begin{bmatrix} 255 & 240 & 240 \\ 255 & 0 & 80 \\ 255 & 0 & 0 \end{bmatrix}$$

$$DN_G = \begin{bmatrix} 0 & 160 & 80 \\ 255 & 255 & 160 \\ 0 & 255 & 0 \end{bmatrix}$$

$$DN_B = \begin{bmatrix} 0 & 80 & 160 \\ 0 & 0 & 240 \\ 255 & 255 & 255 \end{bmatrix}$$

图6-4　3×3彩色图像示意

(a)真彩色图像　　　　　　　　　　(b)假彩色图像

图6-5　真彩色图像与假彩色图像

此外，按空间数据结构分，遥感图像属于栅格数据(raster data)，与此对应是矢量数据(vector data)(图6-6)。栅格数据是以规则的栅格阵列来表示空间地物或现象分布，每个栅格只有一个对应的灰度值，表示地物或现象的非几何属性特征。栅格数据利于表示地表的连续特征，如高程变化。矢量数据以空间坐标的方式尽可能精确地表示点、线、面等地理实体，每个矢量数据可通过独特的标识符连接空间属性数据表。矢量数据利于表示地表的离散特征，如行政边界。

6.1.3　遥感数据的记录方式

遥感图像记录的是地表物体的信息，但图像只是遥感数据中的一部分，遥感数据还包括与成像条件有关的其他附加信息，如成像时间、光照条件等。由于在遥感数字图像的处理中需要利用这些附加信息，在此简要介绍几种常见的遥感数据记录方式。

(1) BSQ 格式

BSQ 格式(band sequential format)是按波段顺序记录遥感数据，即每个波段的图像数据单独构成一个影像文件(图6-7)，这种格式有利于单独波段的存取调用。

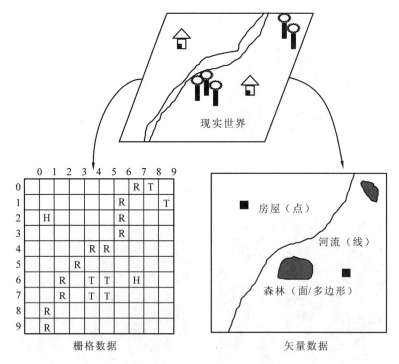

图 6-6　栅格数据与矢量数据（仿邬伦等，2001）

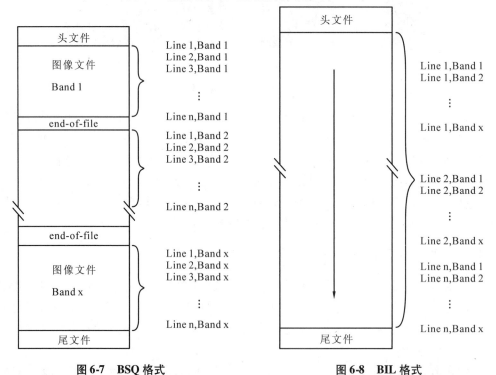

图 6-7　BSQ 格式　　　　　　　　　图 6-8　BIL 格式
（仿 ERDAS Field Guide，1999）　　（仿 ERDAS Field Guide，1999）

注：图 6-7、图 6-8 中 Line 表示扫描线；Band 为波段；尾文件（Trailer File）描述与它相关的图像文件的数据质量和统计信息等内容。

(2) BIL 格式

BIL 格式(band interleaved by line)是按扫描顺序记录遥感数据,即先从波段 1 到波段 N 顺序记录第一扫描线的数据,再按相同方式记录第二扫描线的数据,直到所有扫描线的数据记录为止(图 6-8)。

(3) BIP 格式

BIP 格式(band interleaved by pixel)是按像元顺序记录遥感数据。BIP 与 BIL 记录格式相似,唯一不同的是 BIP 格式中是按像元记录,而不是扫描线(将图 6-8 中的 line 换为 pixel 即是 BIP 格式)。BIP 格式有利于波谱信息的存取调用。

(4) HDF 格式

HDF(hierarchical data format)是一种多对象的文件格式,每个 HDF 文件都包括头文件、一个以上的数据描述块和若干(或零个)数据块。该文件格式的出现解决了存储科学数据的许多问题,如不必转换格式就能在不同平台间传递数据。

6.1.4 遥感数据的记录介质与获取

遥感数据的记录介质包括 CCT(computer compatible tape)磁带、数据光盘等。

要处理遥感数字图像,前提是获取遥感数字图像(或遥感数据)。第 5 章已详细列举了目前常用的航空遥感平台及其相应的遥感数字图像产品,本节简要介绍数据获取的途径。

目前的遥感数据可分为收费数据和免费数据。收费数据可向卫星地面站或数据代理商购买,如中国科学院中国遥感卫星地面站可接收 SPOT、RADARSAT 等数据,北京视宝卫星图像有限公司可代理 SPOT、IKONOS 等卫星数据。免费数据可通过网络直接获取,或通过某些程序申请获得,表 6-1 列出了常见免费数据的获取网址。

表 6-1 几种免费数据

传感器	下载地址	负责机构
MSS TM	http://glovis.usgs.gov/	美国地址调查局(USGS)
ETM+	http://glcf.umiacs.umd.edu/index.shtml	马里兰大学(University of Maryland)
MODIS	http://glovis.usgs.gov/	美国地址调查局(USGS)
	http://ladsweb.nascom.nasa.gov/	美国国家航空航天局(NASA)
CBERS	http://www.cresda.com/n16/index.html	中国资源卫星应用中心

6.2 遥感图像处理软件简介

近几年遥感技术不断进步,为地理空间研究和应用提供了更广阔、更丰富的数据资料;而这些宝贵的数据能否发挥价值,发挥多大价值,则取决于从遥感数据到可利用信息的转换过程。遥感数据的辐射校正、几何校正等处理以及信息的挖掘,均需要依靠遥感图像处理软件完成。遥感图像处理软件的主要功能包括:数据输入输出功能——包括各种常用数据格式的输入输出,各系统之间的数据转换等;人-机交互分析——在图像处理过程中实现人对处理过程、方法、结果的干预和引导；遥感图像处理——图像数据的预处理与辐射校正、几何纠正与镶嵌、图像滤波、图像空间变换、图像分类、地图投影与制图、三维可视化分析等；可二次开发。

目前，国际上比较主流的遥感图像处理软件有美国 Leica 公司开发的 ERDAS Imagine、美国 ITT Visual Information Solutions 公司开发的 ENVI、加拿大 PCI 公司开发的 PCI Geomatica，以及澳大利亚 EARTH RESOURCE MAPPING 公司（以下简称 ERM）开发的 ER Mapper。我国也有自主知识产权的遥感图像处理软件，主要有原地矿部开发的 RSIES、国家遥感应用技术研究中心开发的 IRSA、中国林业科学院与北大遥感所联合开发的 SAR INFORS 以及中国测绘科学研究院与四维公司联合开发的 CASM ImageInfo。上述软件各有特点，每种软件都在不断更新版本，加入新算法、或改进操作界面等，力图使其更加专业化、人性化、简单化。总体而言，国外软件的功能相对强大，国产软件功能有待于进一步完善。

6.2.1 ENVI

ENVI(the environment for visualizing images)是美国 ITT Visual Information Solutions 公司的旗舰产品（图 6-9）。ENVI 由遥感领域的科学家采用 IDL(interactive data language)语言开发的一套功能强大的遥感图像处理软件，它可快速、便捷、准确地从遥感数据中提取信息，并提供先进的、人性化的使用工具来方便用户读取、分析和共享影像中的信息，而且针对具体应用的特殊要求，用户可以利用 IDL 语言简单快速地增加自己的功能而无须熟悉计算机语言。

图 6-9　ENVI 4.5 软件界面

6.2.2 ERDAS IMAGINE

ERDAS IMAGINE 是美国 ERDAS 公司开发的遥感图像处理系统（图 6-10）。ERDAS 是以模块化的方式提供给用户，即 IMAGINE Essentials、IMAGINE Advantage、IMAGINE Professional 等三档低、中、高产品，用户可根据自身的应用要求、资金情况合理地选择不同功能模块。

图 6-10　ERDAS IMAGINE 9.2 软件界面

6.2.3 ER Mapper

ER Mapper 是由澳大利亚 EARTH RESOURCE MAPPING 公司（以下简称 ERM）开发的大型遥感图像处理系统（图 6-11）。ER Mapper 的独特性在于将图像的通用处理过程描述成一个对图像进行操作的算法，利用算法将数据与处理过程分离，实现时间换空间的策略,以保证原始数据的准确性、实时处理的灵活性和磁盘空间的节省。而且,ER Mapper 还具有压缩图像数据的功能(压缩比高达 25∶1),压缩后还可无损还原,使海量图像数据更易于管理。

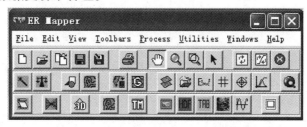

图 6-11　ER Mapper 7.0 软件界面

6.2.4　PCI Geomatica

PCIGeomatica 是加拿大 PCI 公司的旗舰产品(图 6-12),由加拿大政府和加拿大遥感中心直接支持,对最新发射的卫星提供最迅速的支持,具有其他遥感软件无可比拟的优势,如软件集成了针对 QuichBird、WorldView、SPOT5 卫星等的严格轨道模型。PCI Geomatica 采用模块构成,通过不断优化重组,使软件模块更面向应用而且简洁。PCI Geomatica 不仅可用于卫星和航空遥感图像的处理,如雷达数据、光学图像数据、高光谱数据,还可应用于地球物理数据图像、医学图像。

图 6-12　PCI Geomatica 7.0 软件界面

6.3　遥感数字图像预处理

6.3.1　辐射校正

辐射校正(radiometric correction)是指消除图像中依附在辐亮度里的各种失真过程。因为在利用传感器探测目标地物辐射或反射的电磁能量时,传感器接收的电磁波信息是被大气散射、吸收过的,因此,大气条件及太阳高度、地形起伏、传感器观察角度的变化,都会导致传感器获得的测量值与目标地物的光谱反射率或光谱辐亮度等物理量不一致,加上传感器本身的光电系统特征也会引起光谱亮度的失真。为正确评价地物反射特征及辐射特征,必须尽量消除这些失真。

辐射校正的内容包括:传感器校正、大气校正、太阳高度及地形校正。

6.3.1.1　传感器校正

传感器光学镜头非均匀性导致图像边缘存在减光现象,以及光学系统或光电变换系统的灵敏度特征会引起图像畸变。传感器校正的内容主要是针对以上 2 种现象。

(1) 边缘减光现象校正

边缘减光是指由镜头光学非均匀性引起的成像平面中边缘部分比中间暗的现象。假设光线以平行于主光轴的方向通过镜头到达像平面点的光强为 E_0，以与主光轴成 θ 角的方向通过镜头到达摄像面边缘的光强为 E_e，则有 $E_e = E_0 \cos^4 \theta$，利用这一性质可以校正边缘减光现象引起的辐射畸变。

(2) 光电变换系统的灵敏性导致的辐射误差校正

由于光电转换系统的灵敏度特性有很好的重复性，可以在地面定期测量其特性，根据测量值进行辐射误差校正。以 Landsat 卫星为例，其传感器校正是通过地面测量，获得各波段的辐射值(L_λ)和图像记录值(DN)之间的校正增量系数(G_{gain})和偏差量(B_{offset})[式(6-2)]。由于校正增量系数和偏差量均已有实测值(见表6-2)，代入公式即可校正传感器光电转换系统灵敏性导致的辐射误差。

$$L_\lambda = G_{gain} \times DN + B_{offset} \tag{6-2}$$

值得注意的是上面的辐射校正通常假设校正增量系数和校正偏差值在传感器使用期内固定不变，但实际上它们均会随时间推移而有很小的衰减。

表 6-2　Landsat-5 TM 各波段对应的校正增量系数和校正偏差值

波段	1984-3-1 ~ 2003-5-4		2003-5-5 日之后	
	G_{gain}	B_{offset}	G_{gain}	B_{offset}
1	0.602 431	-1.52	0.762 824	-1.52
2	1.175 100	-2.84	1.442 510	-2.84
3	0.805 765	-1.17	1.039 880	-1.17
4	0.814 549	-1.51	0.872 588	-1.51
5	0.108 078	-0.37	0.119 882	-0.37
6	0.055 158	1.237 8	0.055 158	1.237 8
7	0.056 980	-0.15	0.065 294	-0.15

6.3.1.2　大气校正

大气对光学遥感的影响非常复杂，主要表现在目标地物反射的太阳光和地物发射的电磁波在到达传感器之前，在大气传输过程中会与大气发生相互作用(吸收和散射)。因此，入射到传感器的电磁波能量，除了地物本身的辐射以外还有大气引起的散射光。简而言之，进入传感器的辐射畸变主要包括：大气的消光(吸收和散射)、天空光(大气散射的太阳光)照射、路径辐射。

目前，研究人员尝试提出不同的大气纠正方法来模拟大气的影响，大致可分为：利用辐射传输方程进行大气校正；利用地面实况数据进行大气校正；利用辅助数据进行大气校正；利用波段间数据分析法进行大气校正。

(1) 利用辐射传输方程进行大气校正

在可见光和近红外区，大气的影响主要是由气溶胶引起的散射造成的；在热红外区，大气的影响主要是由水蒸气的吸收造成的。因此，利用辐射传输方程校正大气影响时，必须测定可见光和近红外区的气溶胶的密度以及热红外区的水蒸气浓度。但是仅从图像中很难获得这些数据，即使要准确测量也很困难。不过基于大气辐射传输方程已开发出一些比较实用的软件包，如 LOWTRAN（low resolution transmission）、MODTRAN（moderate resolution transmission）、6S 模型（second simulation of the satellite signal in the solar spectrum）。

（2）利用地面实况数据进行大气校正

该方法的原理是：利用预先设置的反射率已知的标志，或者在传感器测量时，利用相同仪器测出适当目标地物的反射率，把地面实测数据和传感器输出的图像数据进行比较，求算出大气的散射量，再用图像灰度值减去大气散射量，以消除大气的影响。由于遥感过程的动态特性，在特定地区、特定时间段和特定的大气条件下所测定的目标地物发射率不具有普遍性，因此，这种方法仅适用于具有地面实况数据的特定地区。

（3）利用辅助数据进行大气校正

在同一遥感平台上，除了安装获取目标图像的传感器外，可能还安装有专门测量大气参数（如气溶胶、水蒸气浓度）的传感器，利用这些辅助数据进行大气校正。

（4）利用波段间数据分析法进行大气校正

该方法的原理是大气散射具有选择性，即大气散射对短波影响大、对长波影响小，因此，对相同传感器获取的相同时相的多波段数据而言，可选择受大气影响小的某个波段图像为标准图像，近似假定该波段无散射影响，以此校正其他波段图像的大气影响。例如，Landsat-5 的 TM 图像中，红外波段（第七波段）受到的散射最小，当该波段图像中存在可识别的"黑物体（dark object）"（如大面积深色水体、高山阴影），且其灰度值为零时，理论上只要不受大气影响的任意波段相应位置处的灰度值都应为零，但实际其他波段由于受大气影响而使目标灰度值不为零，这个值就是大气散射导致的误差，因此，只要将待校正波段中每个像元的灰度值减去该波段的最小值（误差值），即可达到大气校正目的（图 6-13）。这种方法操作相对简单，应用比较多。

(a)大气校正前　　　　(b)大气校正后

图 6-13　MODIS 图像大气校正示意图

6.3.1.3 太阳高度角与地形校正

为获得目标地物真实的光谱反射，经过传感器和大气校正的图像还需要进行太阳高度角和地形校正。太阳高度角校正是为了消除由于太阳高度角不同而造成的不同图像中地物辐射水平（即图像灰度值）的差异。地形校正是为了消除由地形起伏而导致的不同坡度、坡向上像元的辐射失真。

（1）太阳高度角校正

太阳以高度角校正的公式为：

$$f(x,y) = \frac{g(x,y)}{\sin\alpha} \tag{6-3}$$

式中 α——太阳高度角；
$f(x,y)$——校正后的图像；
$g(x,y)$——待校正的图像。

在遥感研究中，有时需要将多景遥感图像镶嵌成一幅图像，但因成像时间不同，光照条件存在差异，使得相邻图像间的灰度级产生差异，影响图像镶嵌的效果，因此需要对这些图像进行太阳光照条件一致性校正。其校正方法是以一景图像为标准，将其他图像的光照条件校正到标准图像的光照条件，校正公式为：

$$f(x,y) = g(x,y) \times \frac{\sin\alpha_0}{\sin\alpha_i} \tag{6-4}$$

式中 α_0——标准图像成像时的太阳高度角；
α_i——待校正图像成像时的太阳高度角。

（2）地形校正

地形校正需要有与待校正图像对应地区的 DEM（数字高程模型）数据，以支持校正中所需的坡度（θ）信息。地形校正的公式为：

$$f(x,y) = \frac{g(x,y)}{\cos\theta} \tag{6-5}$$

式中 θ——坡度；
其他符号意义同式(6-3)。

通常在太阳高度角和地形校正中，地球表面均被看作一个朗伯反射面。但事实上，这个假设并不成立，最典型的如森林，其反射率就不是各向同性，因而需要更复杂的模型。

6.3.2 几何校正

几何校正（geometric correction）是指纠正由系统或非系统因素引起的图像几何变形。遥感图像几何变形是指图像像元在图像中的坐标与其实际坐标等参考系坐标之间存在差异。由于原始遥感图像受到系统或非系统的畸变，具有严重的几何变形。例如，航空遥感图像是中心投影，中心点几何畸变小，越往边缘畸变越大；而卫星遥感图像是多中心投影，中间压缩，两边拉伸。系统畸变引起的几何变形是有规律、可预测的，因此，可以通过模拟传感平台及传感器内部变形的数学公式或模型来消除。而非系统畸变引起的几何变形是无规律的、难以预测的，因为，它可能由传感器平台高度、速度、姿态等不稳定引起，也可能由地球曲率或空气折射的变化等引起（图6-14）。几何校正的目的就是要纠正这些图像变形，从而使之实现与标准图像或地图的几何整合。图像的几何纠正需要根据图像中几何变形的性质、可用的校正数据、图像的应用目的，来确定合适的几何纠正方法。几何校正可分为几何粗校正和几何精校正，前者是指根据卫星轨道公式将卫星的位置、姿态、轨道及扫描特征作为时间函数加以计算，以确定每条扫描线上像元坐标，消除图像上的小部分畸变；后者是指借助地面控制点定量地建立换算模型以消除图像畸变。通常用户从卫星地面站获得的遥感数据已经进行了几何粗校正，本节侧重讨论几何精校正。

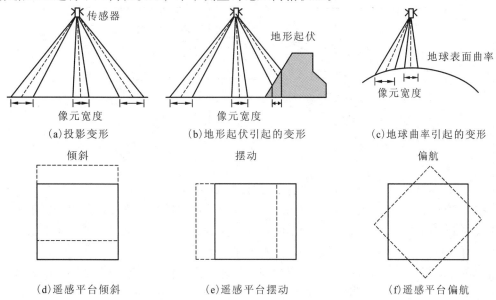

图 6-14 不同因素引起的图像畸变示意图

6.3.2.1 几何精校正原理与方法

几何精校正是利用地面控制点（ground control point，GCP）对遥感图像的几何畸变进行校正。其原理是通过 GCP 数据对原始遥感图像的几何畸变过程进行数学模拟，建立原始的畸变图像空间与校正空间（如实际地理制图空间）之间的某种对应关系，然后利用这种对应关系把畸变图像空间的全部元素变换到校正图像空间中去，从而实现几何精校正。

几何精校正的方法有直接校正法与间接校正法。直接校正法，是对待校正图像的各个像元在变换后的校正图像坐标系上的相应位置进行运算，把各个像元的数据投影到该位置上，即是从原始影像上的像点坐标（x、y）出发，按行列的顺序依次对每个原始图像像元点位用变换函数求得它在新图像中的位置（正解变换公式），并将该像元灰度值移置到新图像的对应位置上［图6-15（a）］。间接校正法，是对校正图像的各个像元在待校正图像坐标系的相应位置进行逆运算（反解变换公式），反求其在原始图像中的位置，再将该像元灰度值移置到新图像的对应位置上［图6-15（b）］。对于直

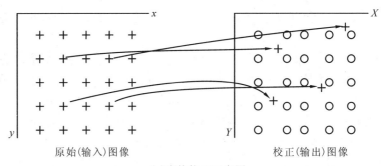

(a) 直接校正示意图

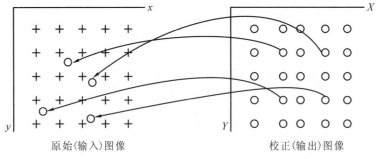

(b) 间接校正示意图

图 6-15　几何校正方法（仿章孝灿等，1997）

接校正法而言，直接投影到标准空间后，像元点的规则排列被打乱；但间接校正法是通过校正空间像元点反找原始空间中的共轭点实现校正的，可保证校正空间中像元点呈均匀分布，因此在实践中经常采用间接校正法。

在几何精校正中，原始图像畸变空间与校正后图像标准空间的变换通常依靠多项式法实现。多项式法认为遥感图像的总体变形可以看作是平移、缩放、旋转、偏扭、弯曲以及更高次的基本变形的综合作用结果，因而校正前后影像相应像元点之间的空间坐标关系可以用一个适当的多项式来表达[式(6-6)]，再利用控制点（GCP）的图像坐标(x,y)和标准（或参考）坐标系中的理论坐标(X,Y)按最小二乘原理求解出多项式中的系数[式(6-7)]。

$$x = \sum_{i=0}^{N} \sum_{j=0}^{N-i} a_{ij} X^i Y^j$$
$$y = \sum_{i=0}^{N} \sum_{j=0}^{N-i} b_{ij} X^i Y^j \tag{6-6}$$

式中　a_{ij}，b_{ij}——多项式系数；
　　　N——多项式的次数。

N 的选取，取决于图像变形的程度、地面控制点的数量和地形位移的大小。对于多数具有中等几何变形的小区域的遥感图像，一次线性多项式即可满足纠正精度；但对变形比较严重的图像或当精度要求较高时，可用二次或三次多项式。

$$x = a_0 + a_1 X + a_2 Y + a_3 X^2 + a_4 XY + a_5 Y^2 + \cdots$$
$$y = b_0 + b_1 X + b_2 Y + b_3 X^2 + b_4 XY + b_5 Y^2 + \cdots \tag{6-7}$$

不论直接校正还是间接校正，由于校正后的空间位置结果不一定是整数值，导致各点的像元灰度值不能直接采用原值，必须利用原始图像上该点周围的像元灰度值按一定的权重函数内插计算，即像元灰度值的重采样。重采样的方法有近邻点内插法、双线性内插法和立体卷积法。

邻近法是将最邻近的像元值赋予新像元。该方法的优点是不破坏原始图像的像元值，运算简单，处理速度快。但这种方法最大缺点是可产生半个像元的位置偏移，可能造成输出图像中某些地物不连贯。

双线性内插法是使用邻近4个点的像元值，按照其距内插点的距离赋予不同的权重，进行线性内插。该方法内插精度和运算量比较适中，且具有平均化的滤波效果，从而产生一个比较连贯的输出图像，但其缺点是破坏了原始图像的像元值。

三次卷积内插法较为复杂，它是使用内插点周围的16个像元值，用三次卷积函数对所求的像元值进行内插。该方法内插精度较高，且对边缘有所增强，具有均衡化和清晰化的效果，获得的图像质量较高，但其缺点是破坏了原始图像的像元值，且计算量大。

6.3.2.2 几何精校正步骤

(1) 坐标系的选取

进行几何精校正前，必须根据具体目的选择并确定校正(或标准)坐标系，如果是图像对图像的几何精校正方式，则待校正的影像的坐标应与参考影像的坐标系统一致，如果是利用地形图或地面实测点进行遥感影像的精校正，则待校正影像的坐标应与地形图或地面实测点坐标系统一致。

(2) 地面控制点(GCP)选取

GCP选取的原则：①确保GCP在原始图像与参考坐标系中是同名地物点，并且具有明显的、清晰的定位识别标志，如道路交叉点、河流汊口、建筑边界、农田界线；②GCP应当均匀地分布在待校正图像内；③GCP要有一定的数量保证，其最小数目(n)与多项式的次数(N)呈函数关系[式(6-8)]GCP不应随时间而变化，以保证在校正不同时相的图像时，可以同时识别出来；④在未经过地形纠正的图像上选控制点时，应在同一地形高度上进行。

$$n = \frac{(N+1)(N+2)}{2} \quad (6-8)$$

(3) 地面控制点(GCP)定位精度检查

GCP的定位精度通常用均方根误差(root mean square error, RMSE)判断[(式6-9)]。通过计算每个GCP的均方根误差，不仅可以检查各GCP的误差，还可以得到累积的总体均方根误差。在实践操作中，用户会指定一个能够接受的最大总均方根误差(如$RMSE<1$，即校正误差控制在一个像元内)，如果GCP的实际总均方根误差超过了设定阈值，则需要删除具有最大均方根误差的GCP，通过选取新的控制点或调整旧的控制点，重新计算$RMSE$。重复以上过程，直至达到所要求的精度为止。

$$RMSE = \sqrt{(x-X)^2 + (y-Y)^2} \quad (6-9)$$

式中　x，y——GCP 在原图像中的坐标；
　　　X，Y——多项式计算的对应 GCP 坐标。
利用估算坐标和原坐标之间的差值反映各 GCP 的几何纠正精度。

(4) 选择空间变换模型

利用 GCP 数据求解空间变换模型的未知参数(如求解多项式系数)，再利用此模型对原始图像进行几何精校正。

(5) 图像重采样输出

对校正后的影像选择合适的重采样方法进行输出，重采样方法通常有 3 种，即最相邻重采样法(nearest neighbor)、双线性内插重采样(bilinear)和三次卷积重采样(cubic convolution)。

(6) 几何精校正的精度分析

GCP 选择不精确、选择点数过少、GCP 点分布不均匀及空间变换模型选择不合理均不能很好地反映几何畸变过程，会造成精度的下降或者图像的变形。因此，必须通过精度分析找出造成精度下降的原因，并进行改进和重新的几何校正，直至满足精度要求为止。

6.3.3　遥感图像镶嵌与裁剪

遥感图像镶嵌(mosaic)是指将两景或多景遥感图像拼接起来，形成一幅较大图像(图 6-16)。遥感图像镶嵌的前提是所要镶嵌的图像具有统一的地理空间坐标，且各

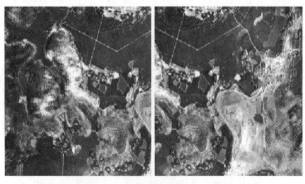

(a) 镶嵌前

(b) 镶嵌后

图 6-16　遥感图像镶嵌示意图

相邻图像间有一定的重复覆盖区。对于同一成像时间获取的多景遥感图像,由于图像辐亮度差异小,镶嵌相对比较简单。但在镶嵌不同时相或成像条件差异很大的图像时,由于图像辐亮度差异较大,相邻图像镶嵌后存在明显的镶嵌线,且在镶嵌线两侧的色调差别大(图6-17),既影响视觉效果,又不利于后面的图像处理。因此,有必要对各镶嵌图像之间在全幅或重复覆盖区进行匹配,以均衡化镶嵌后输出图像的亮度值和对比度。图像匹配的方法通常有直方图法和彩色亮度法。

图 6-17　镶嵌线两侧遥感图像色调差异(图像来源于 Google Earth)

遥感图像裁剪是从一景或一幅镶嵌后的图像获取某个特定区域的小范围图像。裁剪方式包括规则的和不规则的,前者如矩形、正方形等裁剪,后者主要是指不规则多边形裁剪(图6-18)。遥感图像裁剪通常利用已有的矢量文件(如行政边界)或自定义的"感兴趣区"(region of interest,ROI)进行。

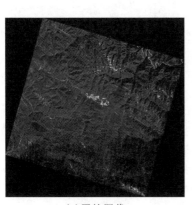

(a)原始图像

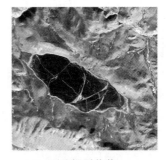

(b)规则裁剪

(c)不规则裁剪

图 6-18　遥感图像裁剪示意图

6.3.4 图像基本信息统计

在分析处理遥感数据前，常常需要获得图像数据的基本信息，包括各波段图像的直方图(histogram)、最大值(the maximum)、最小值(the minimum)、平均值(the mean)、方差(variance)、标准差(standard deviation)等，以及波段之间的方差、协方差矩阵(covariance matrix)、相关系数矩阵(correlation matrix)等。

(1) 直方图统计

图像的直方图是用来描述图像中每个灰度值的像元数量的分布情况(图6-19)，直方图是由每个灰度值的像元数除以图像中总像元数的结果绘制，因此也称为频率直方图。在很多遥感应用中，每个波段图像的直方图能提供关于原始图像质量的信息，如对比度的强弱、峰值、中值、平均值、方差、灰度值范围等。

①峰值　指出现频率最高的灰度值，即直方图中的最高点，有些图像可能存在多个峰值[图6-19(c)]。

②中值　指频率分布的中间位置，在直方图中该位置线左、右两边的面积相等。

③平均值　简称均值，指整幅图像的算术平均值，可描述图像灰度值的中心趋势。当峰值偏离均值很远时，其频率分布是非对称的。当峰值在均值右边时，是负非对称分布；当峰值在均值左边时，是正非对称分布[图6-19(b)、(d)]。

④方差　图像中所有像元灰度值和均值之差的平均平方值[式(6-10)]。方差的平方根值为标准差[式(6-11)]。图像的标准差越小，像元灰度值就越集中于某个中心值；反之，图像的标准差越大，灰度值就越分散。标准差常常用于分析判断遥感图像处理的效果。

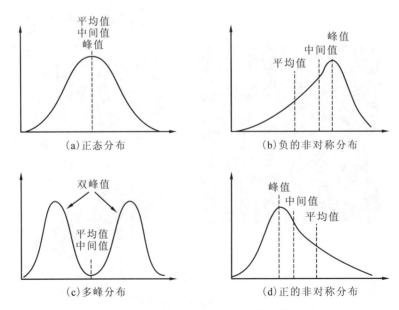

图6-19　几种常见的直方图(引自赵英时等，2003)

$$\sigma^2 = \frac{\sum_{i=1}^{n}(DN_i - \overline{DN})^2}{n-1} \tag{6-10}$$

式中　σ^2——方差；
　　　DN——像元灰度值；
　　　$\overline{DN}$——均值；
　　　n——像元总数；
　　　i——任意像元。

$$\sigma = \sqrt{\frac{\sum_{i=1}^{n}(DN_i - \overline{DN})^2}{n-1}} \tag{6-11}$$

⑤灰度值范围　指每个波段图像中像元灰度值最大值和最小值之间的范围。灰度值范围和方差均可描述图像中灰度值的离散程度。

（2）多元统计

由于遥感数据大多是多波段图像，在图像处理中难免需要计算各波段之间的相关关系，需要利用多元统计，常用的统计指标有波段之间协方差和相关系数。

协方差是遥感数据中 2 个不同波段图像的像元灰度值和其各波段均值之差的乘积的平均值［式(6-12)］；相关系数是两波段之间的协方差与两波段标准差之积的比值［式(6-13)］。

$$Cov = \frac{\sum_{i=1}^{n}(DN_{ik} - \overline{DN_k})(DN_{il} - \overline{DN_l})}{n-1} \tag{6-12}$$

表 6-3　某地区 TM 图像统计结果

统计项	波段	1	2	3	4	5	6	7
最小值		80	27	22	8	5	109	2
最大值		255	229	255	233	255	191	207
平均值		127.56	55.50	68.93	65.35	89.80	150.95	51.30
标准差		29.90	17.30	27.69	29.80	46.47	19.22	28.17
协方差矩阵	1	894.02						
	2	502.85	299.42					
	3	771.53	470.71	766.56				
	4	507.65	355.46	604.45	888.07			
	5	946.94	637.67	1 109.37	1 231.35	2 159.15		
	6	110.42	109.24	240.07	326.38	546.46	369.51	
	7	633.86	412.09	710.13	659.09	1 266.55	321.99	793.67
相关系数矩阵	1	1						
	2	0.972	1					
	3	0.932	0.983	1				
	4	0.570	0.689	0.733	1			
	5	0.682	0.793	0.862	0.889	1		
	6	0.192	0.328	0.451	0.570	0.612	1	
	7	0.752	0.845	0.910	0.785	0.968	0.595	1

第三波段示意图
（500×500 像元）

式中　Cov——协方差；
　　　DN——像元灰度值；
　　　$\overline{DN}$——均值；
　　　n——像元总数；
　　　i——任意像元；
　　　k，l——代表两个不同波段。

$$R_{k,l} = \frac{Cov_{k,l}}{\sigma_k \sigma_l} \tag{6-13}$$

式中　$R_{k,l}$——相关系数；
　　　$Cov_{k,l}$——第 k，l 波段之间的协方差；
　　　σ_k，σ_l——第 k，l 波段的标准差。

6.4　图像增强与变换

图像增强和变换则是数字图像处理的基本方法，在遥感应用中其目的是为了突出相关的专题信息，扩大影像特征之间的差别，增强遥感图像的视觉效果，从而更容易地识别图像内容，提高遥感图像的可解译性。值得注意的是：①遥感图像增强与变换不会增加原始图像的信息，它只是通过特定方法有选择地抑制一些无用信息、突出那些令分析者感兴趣的信息，以提高遥感图像的应用价值；②遥感图像增强与变换通常是在图像校正后进行，并且针对不同的目的，需要考虑是否消除原始图像中的某些特定噪音，否则最终结果中可能包含各种被增强的噪音，影响图像处理效果。

遥感图像增强与变换的方法大致可分为三大类：①按处理的信息对象分为光谱特性处理、空间特性处理和时间信息处理；②按处理的数学形式分为点处理和领域处理；③按处理所在的域分为空间域处理和频率域处理。

光谱信息增强与变换主要突出不同地物之间的光谱特征差异，即图像的灰度信息；空间信息增强与变换主要是突出图像中目标地物的线条、边缘、纹理结构、大小、形状等特征；时间信息增强与变换主要针对多时相遥感数据，以突出不同时相中光谱信息、空间信息随时间变换的特征。在遥感图像处理中，图像增强与变换的算法是根据对信息的需求设计的，不同算法只适用于特定信息的增强（会抑制或损失其他信息）。例如，定向滤波是用来增强图像中的线与边缘特征，但却以牺牲图像中的光谱信息为代价。

点处理比较简单，仅考虑单独像元的值，按照特定的数学变换模式转换成输出图像中一个新的灰度值，例如，波段比值、直方图变换等。邻域处理的对象不是单个像元，而是某个像元点周围的一个小邻域的所有像元，因此输出图像的灰度值不仅与原始图像中所对应像元点的灰度值有关，而且还取决于它邻近像元点的灰度值，例如，中值滤波、滑动平均等。

从本质看，空间域处理与频率域处理没有太大差别，只是频率域的算法计算量相对较大、精度较高，一般边缘像元点不会损失，而空间域处理通常借助固定的范围

(窗口)，常常造成图像边缘像元点的损失。

6.4.1 对比度增强

对比度增强，又称为反差增强，是一种点处理，它将图像中的灰度值范围拉伸或压缩成显示系统指定的灰度显示范围，从而提高图像的对比度。人的视觉系统对遥感灰度图像的识别(或信息的判断)是基于像元之间的灰度差异，只有当灰度差异达到一定程度时才能实现信息的提取，而为了使传感器能够记录所有地物的电磁辐射(从白到黑两个极端)，其动态记录范围必须设计足够大(如目前常用的 8 bit)，然而绝大部分单波段图像上的灰度范围通常都小于设计的范围，导致图像的对比度低，难以判断图像信息。因此，为了突出图像中某些地物的信息，可利用对比度增强扩大目标与背景的差异。对比度增强的方法有线性拉伸与非线性拉伸。

(1) 线性拉伸

线性拉伸是将原始图像灰度值动态范围按线性关系扩展至指定范围。假设原始图像要扩展的灰度区间为 $[a,b]$，扩展后的灰度区间为 $[c,d]$ ($c<a$、$d>b$)，则拉伸后的灰度值为：

$$DN' = \frac{d-c}{b-a}(DN-a) + c \tag{6-14}$$

式中 DN——原始图像的灰度值；

DN'——拉伸后的灰度值。

在原始图像中，a、b 的取值有 2 种情况：

① a、b 分别取最小、最大值，此时的拉伸算法通常被称作最大—最小对比度拉伸，即对原始图像不加区别的扩展[图 6-20(a)]。该算法适用于呈正态分布或接近正态分布的图像，当图像中最大或最小值偏离太远时，拉伸效果不理想。

② a、b 取非最值，并将较低、较高的灰度值进行归并，此时的拉伸算法被称为"去头去尾"线性拉伸[图 6-20(b)][式(6-15)]。

遥感图像中的动态范围可能包含在几个不连续区域内，为了最大限度地增强图像中的有用信息，需要将整个灰度范围分成多个区间，分段进行扩展，以有效地利用多个灰度级，即分段线性拉伸法[图 6-20(c)]。该算法适用于呈非正态分布的图像，其公式推导与"去头去尾"线性拉伸类似。

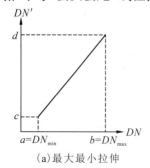
(a) 最大最小拉伸

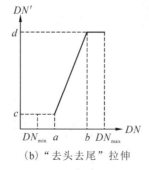
(b) "去头去尾"拉伸

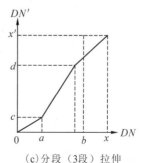
(c) 分段（3段）拉伸

图 6-20 线性拉伸示意图

$$DN' = \begin{cases} c & (DN \leqslant a) \\ \dfrac{d-c}{b-a}(DN-a)+c & (a < DN < b) \\ d & (DN \geqslant b) \end{cases} \quad (6\text{-}15)$$

(2) 非线性拉伸

与线性拉伸不同，非线性拉伸对灰度范围的扩展是有选择性的，如上文中的分段线性增强可看作非线性拉伸的简化处理，即用分段直线近似地逼近曲线。常用的非线性拉伸算法有对数法、指数法和直方图法。

① 对数拉伸 其基本变换公式为：

$$DN' = \log DN \quad (6\text{-}16)$$

在遥感图像处理时，[式(6-16)]通常取自然对数，并会加入一些参数以控制变换曲线的起点、速率等。对数拉伸使图像中灰度很低的像元发生很大改变，可用来增强图像较暗部分的信息。

② 指数拉伸 其基本变换公式为：

$$DN' = b^{DN} \quad (6\text{-}17)$$

与对数拉伸类似，在遥感图像处理时也会对[式(6-17)]进行一些调整，以增加图像变换的动态范围。指数拉伸使图像中灰度很高的像元发生很大改变，可用来增强图像较亮部分的信息。

③ 直方图均衡 直方图均衡化是一种广泛应用的非线性拉伸方法，它根据原始图像各灰度值出现的频率（其概率密度曲线通常为起伏状），通过变换函数将原始图像的直方图调整为新的、均衡的直方图，使输出图像中的灰度都具有相同的频率（平坦的直线），即将原始图像的直方图分布改变成"均匀"分布直方图分布（图6-21）。该算法和其他对比度增强方法的最大不同点在于图像中灰度根据其累积频率而得到重新分配，使原始图像中一些具有不同灰度值的像元变为相同的灰度值，而原来一些相似的灰度值则被拉开，增加了它们之间的对比度（图6-22）。

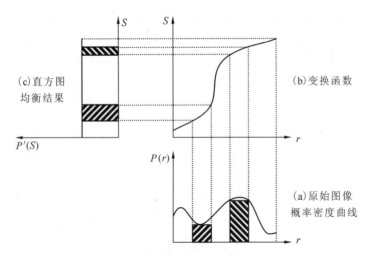

图 6-21　直方图均衡示意图（引自章孝灿等，1997）

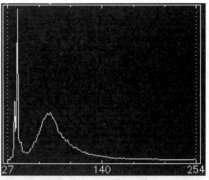
(a)原始图像及其直方图

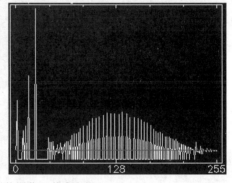
(b)均衡化后的图像及其直方图

图 6-22　SPOT 图像直方图均衡前后效果对比

6.4.2　代数运算增强

遥感图像的代数运算是指对两幅或多幅图像进行和、差、积、商等简单或复杂的组合运算,是遥感图像增强处理中常用的手段。其中:图像相加运算可减少图像的随机噪声;图像相减可消除图像中的阴影、周期性噪声或某些附加的混杂信息,还可用于检测不同时间序列图像之间的变化;图像相乘(如卷积运算)可增强图像轮廓;图像相除运算又称为图像比值运算,是遥感图像处理中比较常用的方法,介绍如下。

图像比值是用于同一传感器获取的不同波段图像间的图像增强方法。遥感获取数据时,因受到地形、坡度、坡向、阴影或者太阳高度、强度和季节性变换,相同目标地物的灰度值会不一样,通过波段比值增强处理,可以尽量减小这些环境条件的影响,增强地物波谱特征间的微小差别。此外,波段之间的比值运算提供了任何单波段都不具有的独特信息,一些特定波段的比值可作为识别某些特定地物的标志(如植被指数),对于难于区分目标地物非常有用。

比值运算方式多种多样,最简单是两个波段图像之间的比值,即

$$R_{ij}(x,y) = \frac{DN_i(x,y)}{DN_j(x,y)} \tag{6-18}$$

式中　$DN_i(x, y)$, $DN_j(x, y)$——表示像元(x, y)在i和j波段图像中的灰度值;
　　　$R_{ij}(x, y)$——输出的结果。

在很多情况下，因为 $DN_j(x,y)$ 可能为 0，为了避免分母为 0，通常在分母等于 0 时，人为加上一个很小的值（如 0.01）。

比值运算尤其是特定波段的比值（各种指数），在遥感应用分析中广泛应用，如归一化植被指数（normalized difference vegetation index，NDVI）、增强型植被指数（enhanced vegetation index，EVI）（图 6-23）。表 6-4 列举了一些常见的植被指数及其计算公式。

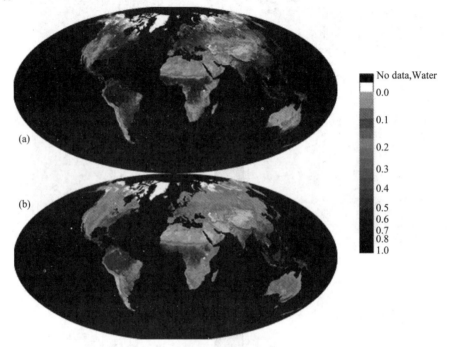

图 6-23　MODIS 500 m 分辨率全球植被指数（2009-9-30～2000-10-15）（引自 Huete, et al., 2002）
(a) NDVI　(b) EVI

表 6-4　6 种常见的植被指数

植被指数（VI）	算　法	备　注
比值植被指数（RVI）	$RVI = \dfrac{\rho_{nir}}{\rho_r}$	
差值植被指数（DVI）	$DVI = \rho_{nir} - \rho_r$	ρ_r：红波段的反射率；ρ_b：蓝波段的反射率；ρ_{nir}：近红外波段的反射率；其他为调节参数
归一化植被指数（NDVI）	$NDVI = \dfrac{\rho_{nir} - \rho_r}{\rho_{nir} + \rho_r}$	
增强型植被指数（EVI）	$G \times \dfrac{\rho_{nir} - \rho_r}{\rho_{nir} + C_1 \times \rho_r - C_2 \times \rho_b + L}$	
土壤调节植被指数（SAVI）	$SAVI = \dfrac{1.5(\rho_{nir} - \rho_r)}{\rho_{nir} + \rho_r + 0.5}$	
转换型土壤调整指数（TSAVI）	$TSAVI = \dfrac{s(\rho_{nir} - s\rho_r - a)}{a\rho_{nir} + \rho_r - as + 0.08(1 + s^2)}$	

6.4.3 彩色增强

人的视觉系统对彩色的分辨能力远高于对灰度级的，如前所述人眼可以分辨具有不同亮度、色调和饱和度的上千种色彩，因此，彩色增强在遥感图像处理中应用非常广泛。彩色增强处理的方法主要有真彩色增强、假彩色增强、伪彩色增强 3 种，其中：前两种方法主要针对多幅灰度图像，通常是将不同波段的图像分别赋予红、绿、蓝 3 个通道，合成 RGB 彩色图像，即真彩色与假彩色增强是通过多波段之间的组合搭配完成；伪彩色增强是针对一幅灰度图像，通过一定的方法，将其变换生成彩色图像。

(1) 多波段彩色合成增强

传感器获取的不同光谱波段图像，提供了同一目标地物不同的空间信息，通过多波段彩色合成增强，将不同波段相互组合，不仅可以综合各个波段的不同特性，还能扩展图像的动态范围，获得彩色图像，突出不同目标地物的形态特征等。如前所述，多波段彩色合成是将不同波段的图像分别赋予红、绿、蓝 3 个通道实现的，若多波段组合后合成的图像能真实反映或近似反映地物在现实世界的本来颜色，则是真彩色合成，否则称为假彩色合成。例如，将 TM 传感器获取的第 3、第 2、第 1 波段分别赋予红、绿、蓝 3 个通道，合成的图像即是真彩色图像，如变为 432 组合时得到的是假彩色图像，植被呈红色[图6-5(b)]。

由于真彩色合成受到组合波段的限定，而假彩色合成不受组合限制，使假彩色合成的应用更加广泛。在假彩色增强处理中，关键是选择哪 3 个波段或已处理的分量（如比值后的图像等）进行组合，以使合成效果最佳。通常，假彩色合成变量的选择首先要根据目标出发，做出波段的筛选。以 TM 遥感数据为例，741 波段组合的图像兼容中红外、近红外及可见光波段信息，合成的图像色彩丰富、层次感好，各种地质构造形迹（如褶皱及断裂）清晰可辨，利于提取地质构造信息；而第 3、第 4 波段反映了红外、红光的光谱信息，是识别植被的最佳波段。此外，在假彩色合成变量选择时，还可对图像信息进行统计分析，通过定量结果进行筛选。

(2) 伪彩色增强

伪彩色增强的方法主要有密度分割和伪彩色变换。

密度分割是伪彩色增强中的简单方法，它通过对图像灰度范围人为分级，将连续的灰度图像按一定密度范围分割成若干等级，使一定灰度间隔对应某些地物或信息类别，经分层设定颜色显示出彩色图像，达到图像增强的目的。在实际操作中，对灰度图像的密度分割可以是等间隔的线性密度分割，也可以是不等间隔的非线性密度分割。分割间隔的选取需要依靠专业知识和经验，以及根据待突出的图像信息目标等决定。图 6-23 是一个密度分割的例子，因为波段比值运算后还是灰度图像，但通过将灰度值(0~1)分为 16 个间隔，并赋予不同颜色，最后得到彩色图像。

伪彩色变换增强是由原始的单波段灰度图像，通过 3 个独立的数学变换，产生 3 个图像分量后，再赋予红、绿、蓝 3 个通道合成伪彩色图像。可见，伪彩色增强后的图像色彩取决于 3 个变换函数。例如，图 6-24 描述了一组伪彩色变换函数，对同一

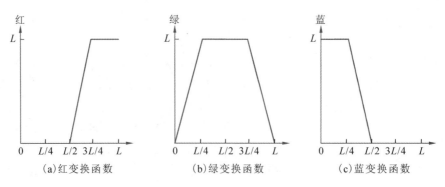

(a)红变换函数   (b)绿变换函数   (c)蓝变换函数

图 6-24 一组假彩色变换增强

灰度图像采用了 3 个不同的分段线性变换，其中：最低的灰度变为蓝色；最高的变为红色；中间的变为绿色；三者之间呈现渐变的中间色调。

以上介绍的是在红(R)、绿(G)、蓝(B)三原色彩色空间(简称 RGB 空间)中的变换增强，除此之外，遥感图像处理中还有一种由色调(hue)、饱和度(saturation)和亮度(intensity)构成的空间(简称 HSI 空间)。RGB 空间是从物理学角度描述颜色，IHS 空间是从人的视觉系统描述颜色，两种空间的关系图，如图 6-25 所示。因此，彩色增强还有一种方式，在两种彩色空间之间相互变换，即 IHS 变换。

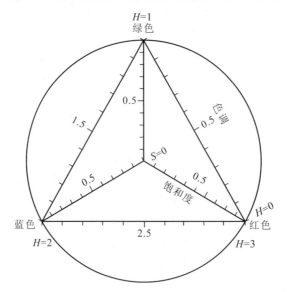

图 6-25 RGB 空间与 IHS 空间的关系(引自 Sabins，1987)

虽然 RGB 空间是常用的颜色空间，但在使用 RGB 空间时仍存在一些不足：①RGB空间用红绿蓝三原色的混合比例定义不同的色彩，使得难以准确量化不同色彩的比例；②在 RGB 空间中，各合成图像之间的相关性很高，导致合成的彩色图像饱和度偏低、色调变化不大，使结果图像的视觉效果不佳(即使可以采用对比度增强扩展相关性较高的图像，也只能增加图像的亮度，对色调没有增强作用)。但是，人的视觉系统可感知颜色的亮度、色调和饱和度，能够在 IHS 空间中准确定量描述颜色的特征。

在图像处理时，IHS 变换的实现先是通过数学函数，将 RGB 空间中的灰度值正变换到 IHS 空间，经过有目的处理后，再反变换到 RGB 空间进行显示。因此，若在 GRB 空间中对 I、H、S 3 个参数的定义不同，可得到不同的 IHS 变换模型。表 6-5 给出了一种简单、常用的 IHS 变换模型。

表 6-5　IHS 变换模型（引自章孝灿等，1997）

条件	正变换公式	反变换公式
$R > B \leqslant G$ 或 $0 \leqslant H < 1$	$I = 1/3(R+G+B)$ $H = \dfrac{G-B}{3(I-B)}$ $S = 1 - B/I$	$R = I(1 + 2S - 3SH)$ $G = I(1 - S + 3SH)$ $B = I(1 - S)$
$G > R \leqslant B$ 或 $1 \leqslant H < 2$	$I = 1/3(R+G+B)$ $H = \dfrac{G-B}{3(I-R)+1}$ $S = 1 - R/I$	$R = I(1 - S)$ $G = I(1 + 5S - 3SH)$ $B = I(1 - 4S + 3SH)$
$B > G \leqslant R$ 或 $2 \leqslant H < 3$	$I = 1/3(R+G+B)$ $H = \dfrac{R-G}{3(I-G)+2}$ $S = 1 - G/I$	$R = I(1 - 7S + 3SH)$ $G = I(1 - S)$ $B = I(1 + 8S - 3SH)$

在该模型中，颜色空间坐标是用 RGB 三原色的相对比例表示，即：
$r = R/(R+G+B)$、$g = G/(R+G+B)$、$b = B/(R+G+B)$

6.4.4　K-L 变换

K-L（Karhunen-Loeve Transform）变换是在图像统计特征基础上的多维正交线性变换，也称为主成分分析（principal components analysis，PCA），是遥感图像处理中常用的一种变换算法。

主成分分析是一种降维的统计方法，即将原来多个具有相关关系的变量重新组合成一组新的相互无关的几个综合变量，从中取出几个较少的综合变量尽可能多地反映原来变量的信息。遥感图像处理中需要主成分分析，主要是因为多光谱图像的各波段之间经常具有较高相关性，不仅使它们的数值以及显示出来的视觉效果十分相似，而且在信息提取时会增加数量处理的难度。为了去除波段之间的冗余信息，可利用降维处理的方式，即主成分分析，将多波段的图像信息压缩到比原波段更有效的少数几个波段，在尽可能不丢失原始信息的同时，用几个综合性波段代表多波段的原始图像，使处理的数据量减少。

K-L 变换的基本原理是：假设有 2 个波段的遥感图像（X_1、X_2），其波段的灰度值之间具有相关性 [如图 6-26(a) 所示]，两个波段图像的平均值分别为 μ_1、μ_2。如果两波段的二维点状分布图中所有点都集中于一个特别小的区域，这些数据通常难以提供大量有用的信息。K-L 变换的目的就是通过平移及旋转原始图像的坐标轴，获得新的坐标轴，使原始图像的灰度值重新分布。一种简单的平移方式是将新轴的坐标原点移到原始图像的平均值(μ_1，μ_2)处。此时，新坐标轴中任意点的灰度值可表示为：$X_1' = X_1 - \mu_1$，$X_2' = X_2 - \mu_2$[图 6-26(b)]。为了更真实地表示原始数据的信息，可以将新轴绕新的坐标原点(μ_1，μ_2)旋转一定角度 φ，使 X_1 轴落在原始数据方差最大的方向[图 6-26(c)]。这个新轴就是第一主成分(PC_1)，与 PC_1 正交的轴即为第二主成分(PC_2)。若是多维图像数据，主成分数可以小于或等于其维数，序号越小的主成分，其包含的信息量(即数据方差)越大。

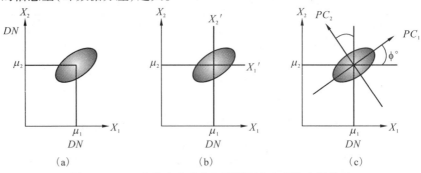

图 6-26　K-L 变换中主成分和原始图像之间的空间关系

在遥感图像处理时，K-L 变换的过程包括：①求出原始图像数据矩阵(X)的协方差矩阵；②求出协方差矩阵的特征值和特征向量(或原始图像波段之间的相关矩阵)，组成正交变换矩阵(T)；③K-L 变换的结果图像矩阵(Y)可按公式 $Y = TX$ 求解。Y 矩阵中的各个行向量即是新的图像变量，依次称为第一主成分，第二主成分，…。图 6-26 是一个利用 K-L 变换增强火烧迹地的例子。

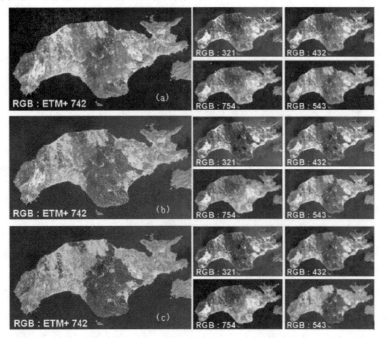

图 6-27　K-L 变换增强 ETM+ 图像中火烧迹地(引自 Koutsias, *et al.*, 2009)
(a)原始图像　(b)、(c)是 K-L 变换后的图像(两者差别在于 K-L 变换中对相关系数矩阵的处理不同)

6.4.5 缨帽变换

缨帽变换,又称为 K-T 变换,主要用于分离土壤和植被信息。Kauth 和 Thomas 在用陆地资源卫星 MSS 图像研究农作物生长时,发现 MSS 图像 DN 值的散点图随时间变化的空间分布形状表现出一定的规律性,随着作物的生长这个分布像一个顶部有缨子的毡帽,即植被的光谱信息随时间变换的轨迹是一个缨帽(tasselled cap)形状,并且缨帽的底部是土壤的光谱信息轨迹(土壤面)(图 6-28)。缨帽结构反映了植被开始生长于土壤表面,随着植被的成长,光谱向绿色植被区方向逼近,在达到发展的顶点后,植物开始衰落、变黄,光谱特征又向土壤面回落。

缨帽变换用数学公式表示为:

$$Y = TX + r \tag{6-19}$$

式中 Y——变换后的数据矩阵;
　　T——缨帽变换的正交变换矩阵;
　　X——原始图像波段数据组成的向量矩阵;
　　r——补偿向量,以避免 Y 出现负值。

由式(6-19)可见,缨帽变换是一种特殊的 K-L 变换,和 K-L 变换不同的是其正交变换矩阵是固定的,因此它独立于单个图像,可以对不同图像产生的新成分相互比较,而不像 K-L 变换对不同图像得到的主成分难以相互比较。但缨帽变换的主要缺点是它依赖于传感器,因为该变换中的正交变换矩阵对每种遥感器是不同的,例如,对 MSS 和 TM 两种传感器,其变换矩阵截然不同(表 6-6)。

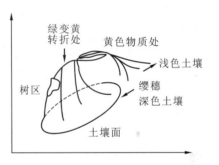

图 6-28　缨帽结构
(改自 Kauth & Thomas, 1976)

在缨帽变换后,会用 3 个新指标反映原始图像的光谱信息:一是"亮度"(brightness),反映总的电磁波辐射水平,它是几个波段图像的加权和;二是"绿度"(greenness),反映可见光波段与近红外波段之间的差异;三是"湿度"(wetness),反映波段间的差异,但"湿度"值并不代表水分多少。通常把亮度赋予红色通道、绿度赋予绿色通道、湿度赋予蓝色通道,以合成变换后的彩色图像(图 6-29)。

表 6-6　MSS、TM 传感器缨帽变换对应的正交矩阵

	MSS				TM					
正交变换矩阵 T	0.433	0.632	0.586	0.264	0.303 7	0.279 3	0.474 3	0.558 5	0.508 2	0.186 3
	−0.290	−0.562	−0.600	0.491	−0.284 8	−0.243 5	−0.543 6	0.724 3	0.084 0	−0.180 0
	−0.829	0.522	−0.039	0.194	0.150 9	0.197 3	0.327 3	0.340 6	−0.711 2	−0.457 3
	0.223	0.012	−0.543	0.810	0.824 2	−0.084 9	−0.439 2	−0.058 0	0.201 2	−0.276 8
					−0.328 0	−0.054 9	0.107 5	0.185 5	−0.435 7	0.808 5
					0.108 4	−0.902 2	0.412 0	0.057 3	−0.025 1	0.023 8

3月19日　　5月6日　　6月7日　　7月25日　　8月26日

图 6-29　TM 图像缨帽变换结果（引自 Oetter, *et al.* , 2000）
(R：亮度；G：绿度；B：湿度)

6.4.6　空间变换

空间变换主要是增强遥感图像中地物的空间频率特征，如地物的边界、纹理等，这些特征在图像上表现为平滑或粗糙。通常，图像中的平滑区域具有低频率特征，其灰度值变化相对较小，如平静的水体表面；而图像中的粗糙区域具有高频率特征，其灰度值在小范围内变化很大，如道路边界等窄线条形迹。为获取不同频率的信息，可分别增强图像中高频率或低频率的特征。实现高频率增强的称为高通滤波（high-pass filter），实现低频率增强的则为低通滤波（low-pass filter）。换言之，高通滤波用于突出图像中的高频细节，减弱低频信息；而低通滤波用于突出图像中的低频成分（框架结构），减弱高频信息。例如，在研究水系时，当要突出图像中水体细微部分时，可对图像进行高频增强处理（高通滤波），若要突出水系的主干部分时，则可进行低频增强处理（低通滤波）。

从本质上说，空间频率描述的是遥感图像中某个空间区域的灰度信息，其对象是一个局部或整幅图像，而非单个独立像元。因此，空间变换中需要采用空间分析方法。通常遥感图像中地物的空间频率特征的增强（或减弱）可通过空间卷积或傅立叶变换实现。

(1) 空间卷积

卷积是一种线性运算，可看作加权求和。在图像处理中，空间卷积是通过对每个像元周围的邻近像元的处理来实现的，即对遥感图像分块处理，每次只处理某个小范围内的图像。实现空间卷积的步骤如下：①建立一个卷积核（convolution kernel）（权重系数矩阵），作为移动窗口（也称模板、滤波器，其大小通常为奇数，如 3×3、5×5、7×7 等）；②将这个窗口在整幅图像上按一定方向移动，用窗口所覆盖的每个像元的灰度值乘上其对应的权重所得到的总和（或像元平均值），代替其窗口中心像元的灰度值，得到一幅新的图像（图 6-30）。

卷积核中的权重系数大小及排列顺序，决定了对图像进行处理的类型，例如，表 6-7 中的几种 3×3 卷积核。

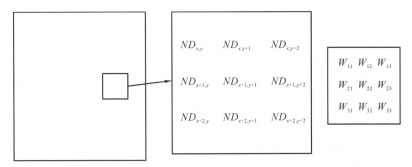

(a) 原始图像　　　　(b) 原始图像中截取的3×3邻域　　(c) 3×3卷积核

第 $x+1$ 行、$y+1$ 列像元卷积后的灰度值 =
$ND_{x,y} \times W_{11} + ND_{x,y+1} \times W_{12} + ND_{x,y+1} \times W_{13} +$
$ND_{x+1,y} \times W_{21} + ND_{x+1,y+1} \times W_{22} + ND_{x+1,y+2} \times W_{23} +$
$ND_{x+2,y} \times W_{31} + ND_{x+2,y+1} \times W_{32} + ND_{x+2,y+3} \times W_{33}$

图 6-30　卷积运算示意

表 6-7　几种 3×3 卷积核（滤波器）

类型	卷积核
低通滤波	$\begin{bmatrix} 1/9 & 1/9 & 1/9 \\ 1/9 & 1/9 & 1/9 \\ 1/9 & 1/9 & 1/9 \end{bmatrix}$ $\begin{bmatrix} 1/10 & 1/10 & 1/10 \\ 1/10 & 2/10 & 1/10 \\ 1/10 & 1/10 & 1/10 \end{bmatrix}$ $\begin{bmatrix} 1/16 & 2/16 & 1/16 \\ 2/16 & 4/16 & 2/16 \\ 1/16 & 2/16 & 1/16 \end{bmatrix}$
高通滤波	$\begin{bmatrix} 0 & -1 & 0 \\ -1 & 5 & -1 \\ 0 & -1 & 0 \end{bmatrix}$ $\begin{bmatrix} -1 & -1 & -1 \\ -1 & 9 & -1 \\ -1 & -1 & -1 \end{bmatrix}$ $\begin{bmatrix} 1 & -2 & 1 \\ -2 & 5 & -2 \\ 1 & -2 & 1 \end{bmatrix}$

(a) 原始图像　　　　　(b) 3×3高通滤波　　　　　(c) 3×3低通滤波

图 6-31　空间卷积运算前后 SPOT 图像对比

图 6-31 是对一幅 SPOT-PAN 图像的 2 种具有代表性的卷积图像。图中可见，经过高通滤波处理后，突出了图像的空间细节，但失去了大范围上的灰度；而低通滤波通过窗口内的平均，平滑或模糊了原始图像的细节，但突出了原始图像上大范围的灰度。

从卷积运算的过程看（图 6-30），当卷积核移动到图像的边界时，卷积核与原始图像不能完全匹配，只有卷积核的中心系数与边界像元值对应，会导致卷积运算产生问题，通常是忽略图像边界数据，即造成图像边缘像元点的损失。

(2) 傅立叶变换

傅立叶变换(fourier transform)是一种正交变换,通过该变换,它不仅能够将空间域中复杂的卷积运算转化为频率域的简单乘积运算,还可在频率域中简便、有效地实现增强处理或提取特征。由于图像的频率是表征图像中灰度变化剧烈程度的指标,是灰度在平面空间上的梯度。因此,傅立叶变换具有明显的物理意义,使其在遥感图像处理中得到广泛应用(图6-32)。

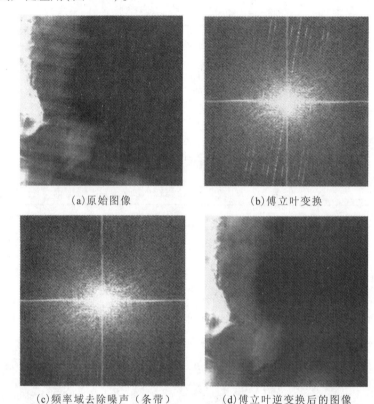

(a)原始图像　　　　　　　(b)傅立叶变换

(c)频率域去除噪声(条带)　　(d)傅立叶逆变换后的图像

图 6-32　傅立叶变换消除 TM 图像条带(引自 Xie,2005)

傅立叶变换的原理是:满足一定条件的某个函数,都可以表示成三角函数(正弦和/或余弦函数)或者它们的积分的线性组合。可将傅立叶变换比喻为一个分光棱镜,通过变换,把原始函数基于频率分解为不同的成分,即傅立叶变换是利用不同振幅、不同频率和周期的正弦和余弦曲线上的值,分解出图像上每个可能的空间频率。

傅立叶变换可分为连续和离散2种类型,每种类型还具有一维或二维尺度。由于遥感数字图像是灰度值组成的二维离散矩阵,本节给出了遥感数字图像$f(x,y)$的二维离散傅立叶变换的数学表达式[见式(6-20)]。

$$F(u,v) = \frac{1}{MN}\sum_{x=0}^{M-1}\sum_{y=0}^{N-1}f(x,y)\exp\left[-i2\pi(\frac{ux}{M}+\frac{vy}{N})\right] \quad (6-20)$$

式中　$F(u,v)$——$f(x,y)$的二维离散傅立叶变换;

$u=0,1,\cdots,M\text{-}1$;

$v=0,1,\cdots,N\text{-}1$;

i——虚数。

图像经傅立叶变换后得到的是频率域结果，通常还需要将其进行逆变换，在空间域中进行显示。式(6-20)的逆变换表达式为：

$$f(x,y) = \sum_{u=0}^{M-1} \sum_{v=0}^{N-1} F(u,v) \exp\left[i2\pi \left(\frac{ux}{M} + \frac{vy}{N} \right) \right] \quad (6-21)$$

式中　$x = 0, 1, \cdots, M-1$；

　　　$y = 0, 1, \cdots, N-1$。

由于傅立叶变换的计算量大、运算时间长，为了便于应用，Cooley-Tukey 提出了快速傅立叶变换(fast fourier transform，FFT)，本节不做具体描述，可参考相关文献。在遥感数字图像处理中，FFT 经常和滤波同时使用，对图像增强处理(图 6-33)。

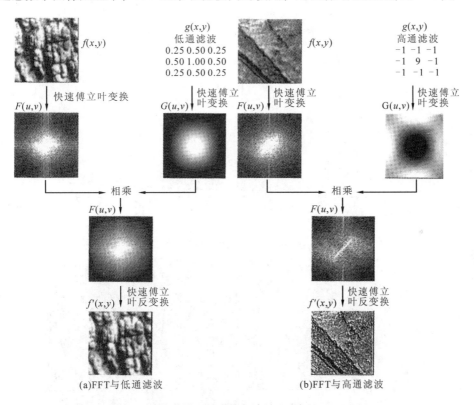

图 6-33　快速傅立叶变换与滤波(引自 Xie, 2005)

6.5　图像融合

图像融合(image fusion)是指将单一传感器的多波段信息或不同类传感器所采集到的关于同一目标地物的图像数据经过图像处理，最大限度地提取各自信道中的有利信息，强调信息的优化，突出有用的专题信息，消除或抑制多传感器之间信息的冗余性、增加各种数据的互补性，从而提高影像的空间分辨率、清晰度等，减少模糊性(包括不完整性、不确定性和误差)，最后生成一幅新的、高质量的、更能有效表达该目标的图像,以形成对目标地物清晰、完整、准确的信息描述,改善图像解译的精度和可靠性,提高图像信息的利用率。

自从遥感技术诞生以来,传感器已从单一类型发展到多种类型(图6-34),遥感平台也发展到以卫星为主(图6-35)。如空间分辨率从 TM 图像的 30m 到 ETM+图像的 15m,SPOT-5 的 10m 和 20m、全色影像数据的 2.5m 或 5m,IKONOS 的 4m、全色影像数据的 1m,Quickbird 的 0.61m。这些不同遥感平台搭载的传感器可以提供同一地区不同光谱分辨率、不同时间分辨率和不同空间分辨率的遥感图像,形成了多传感器、多时相、多分辨率、多波段的遥感数据系列,提供了地球表面海量的资料数据。但是由于对地观测目标与研究内容不同,传感器的设计存在各种差异,导致不同传感

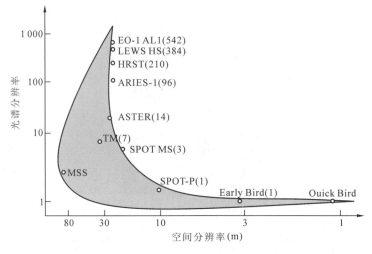

图 6-34　传感器发展趋势

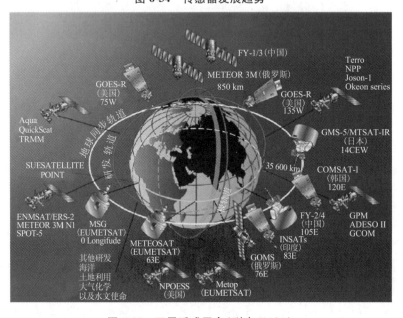

图 6-35　卫星遥感平台(引自 NASA)

器获取的数据在具有自身优势的同时，也存在一定的局限性和差异性。因此，如何将不同类型传感器获取的相同目标的数据进行优势互补、充分挖掘信息，成为遥感领域的一个重要研究课题。遥感图像融合的目的就是为了综合不同信息源的优势、克服单一图像数据中目标地物信息的不完整性，最大限度地利用各种传感器提供的信息。

本节简要介绍遥感图像融合的流程、基本方法与融合效果评价。

6.5.1 遥感图像融合的类型与方法

遥感图像融合可在同一传感器获取的数据之间进行，也可在不同传感器获取的数据之间进行。前者常常是融合同一传感器获取的多光谱波段与全色波段，这样既保留了多光谱图像的高光谱分辨率，又具有全色图像的高空间分辨率，能够更详细地显示图像信息，提高图像的空间分辨率和几何精度，例如，Landsat 卫星中 ETM + 传感器、SPOT 系列卫星、IKONOS 卫星、QuickBird 卫星的全色波段（Pan）与多波段（XS）融合。后者通常是融合不同传感器获取的相同或不同空间分辨率的图像（又称为多源遥感数据融合），例如，Landsat 卫星中 TM 30 m 空间分辨率的图像与 IRS 的 5 m 全色图像融合、NOAA 卫星中 AVHRR 传感器数据与 Landsat 卫星中 MSS/TM 传感器数据的融合，以及合成孔径成像雷达 SAR 与其他多光谱数据的融合。

图像融合常在 3 个由低到高的层次上进行：像元级融合、特征级融合、决策级融合（图 6-36）。其中：像元级融合是指直接对传感器采集的数据进行处理而获得融合图像的过程，它是高层次图像融合的基础；特征级融合是指从各个传感器图像中提取特征信息，如边缘、形状、轮廓、纹理等，将特征集融合，并进行综合分析和处理的过程，经特征级融合后冗余信息减少，图像数据量将大为减少，有利于海量数据的实时处理；决策级融合是对来自多幅图像的信息进行逻辑推理或统计推理的过程，它是直接针对具体的决策目标，融合结果可直接为决策者提供决策参考，因此是最高层次的融合。

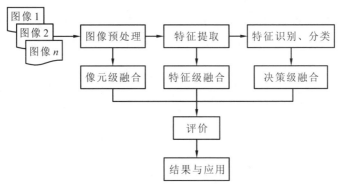

图 6-36 遥感图像融合的 3 个层次与流程

不同层次的图像融合，所采用的融合方法各不相同，其产生的融合效果等特征也不尽相同（表 6-8），并且对多源原始图像数据预处理及其处理程度也不尽相同，但几何精校正的结果会影响图像融合的效果，尤其是不同数据源图像中相同目标物发生错位时。像元级图像融合的方法有基于空间域和变换域两大类，前者如加权平均法、

IHS 变换法、Brovey 变换法、K-L 变换法、高通滤波法，后者如金字塔分解法、小波变换法；特征级图像融合的方法主要有聚类分析法、Dempster-Shafer 推理法、信息熵法、神经网络法等；决策级图像融合的方法主要有贝叶斯法、模糊聚类法及专家系统等。

表 6-8　3 种层次图像融合特点比较

融合类型	融合层次	信息损失	处理时效性	容错性	抗干扰力	计算量	融合精度
像元级	低	小	差	差	差	小	高
特征级	中	中	中	中	中	中	中
决策级	高	大	好	好	好	大	低

值得注意的是图像融合的分类是相对的，而不是绝对的，图像融合 3 个层次之间不是割裂，其划分仅仅是为了研究和应用的需要。实际上 3 个层次的融合有着密切的相关性，如前一级的融合结果往往是后一级的基本输入。例如，为了提高图像融合效果，既可采用像元级融合，也可以采用特征级融合，并且不同层次的融合采用方法可以相同，譬如小波分析法既可用于像元级图像融合，也可用在特征级图像融合中。像元层次的图像融合是基于最原始的图像数据，它更多地保留了图像原有的真实感，提供了其他融合层次所不能提供的细微信息，被广泛应用，因而也是 3 个层次中研究最成熟的一类，形成了丰富的融合算法。如彩色空间变换法、加权法、比值法、K-L 变换法、滤波法、小波分析法等。这里主要介绍以下几种算法。

(1) IHS 变换法

如前文所述，IHS 变换是一种基于色度空间的变换。当用于高分辨率全色影像与多光谱影像融合时，首先将低空间分辨率的多光谱图像变换到 IHS 空间，得到色度 (H)、亮度 (I) 和饱和度 (S) 3 个分量，然后将高分辨率图像进行拉伸，使之与 I 分量有相同的均值和方差 (通常将高分辨率图像替代亮度分量的图像)，最后再用拉伸后的高分辨率图像代替 I 分量的低分辨率图像，把它同 H、S 分量经 IHS 逆变换后得到融合的图像。IHS 变换获得的融合图像既有高空间分辨率，又具有原始图像的色度和饱和度。式 (6-21) 是一种常用的 IHS 变换表达式，其逆变换的数学表达式见式 (6-22)。

$$\begin{bmatrix} I \\ v_1 \\ v_2 \end{bmatrix} = \begin{bmatrix} 1/\sqrt{3} & 1/\sqrt{3} & 1/\sqrt{3} \\ 1/\sqrt{6} & 1/\sqrt{6} & -2/\sqrt{6} \\ 1/\sqrt{2} & -1/\sqrt{2} & 0 \end{bmatrix} \times \begin{bmatrix} R \\ G \\ B \end{bmatrix}$$

$$H = \arctan \frac{v_2}{v_1}$$

$$S = \sqrt{v_1^2 + v_2^2}$$

(6-22)

式中　I——亮度；

　　　H——色度；

　　　S——饱和度；

　　　v_1，v_2——中间变量。

$$\begin{bmatrix} R \\ G \\ B \end{bmatrix} = \begin{bmatrix} 1/\sqrt{3} & 1/\sqrt{6} & 1/\sqrt{2} \\ 1/\sqrt{3} & 1/\sqrt{6} & -1/\sqrt{2} \\ 1/\sqrt{3} & -2/\sqrt{6} & 0 \end{bmatrix} \times \begin{bmatrix} I \\ v_1 \\ v_2 \end{bmatrix} \qquad (6\text{-}23)$$

(2) Brovey 变换法

Brovey 变换是一种特殊运算组合,其原理是通过变换将在 RGB 空间中显示的多光谱波段标准化,再通过将高分辨率的影像与之相乘完成融合。其数学表达式为:

$$R = \frac{R_o}{R_o + G_o + B_o} \times I_{\text{Pan}}$$
$$G = \frac{G_o}{R_o + G_o + B_o} \times I_{\text{Pan}} \qquad (6\text{-}24)$$
$$B = \frac{B_o}{R_o + G_o + B_o} \times I_{\text{Pan}}$$

式中 I_{Pan} ——高分辨率图像;

R_o,G_o,B_o——待融合的低分辨率多光谱图像的红、绿、蓝通道图像。

Brovey 变换法可看作多光谱图像的比值增强,它简化了图像转换过程的系数,在增强图像的同时保持了原始多光谱图像一定的光谱信息。该变换应用的前提条件是:①高分辨率全色图像的光谱范围与低分辨率多光谱图像的相同或相近,如果两种不同分辨率的图像的光谱范围不一致或相差太远,融合后的图像的光谱将产生严重的失真现象;②多光谱图像必须是含有 3 个波段的真彩色或伪彩色图像。

(3) 高通滤波法

高通滤波法先利用空间高通滤波器对高分辨率影像进行滤波,再将高通滤波的结果加到低分辨率的多光谱影像数据中。由于高通滤波的作用是增强高频信息抑制低频信息,滤波后的结果不仅保留了与空间信息有关的高频成分,而且滤掉了绝大部分的光谱信息,经过高通滤波法处理后,可将高分辨率影像的空间信息同多光谱影像数据的光谱信息融合,形成高频信息特征突出的融合影像。其数学表达式为:

$$f(x,y) = f_o(x,y) + HPF(I_{\text{Pan}}) \qquad (6\text{-}25)$$

式中 $f_o(x,y)$——待融合的低分辨率多光谱影像;

$HPF(I_{\text{Pan}})$——高分辨率图像高通滤波后的图像。

由式(6-25)可知,高通滤波法不受多光谱图像波段数的限制,$f_o(x,y)$ 可为单个或多个波段图像。此外,这种方法得到的融合图像只有很小的光谱畸变(光谱信息丢失较少)。

图 6-37 是相同传感器不同空间分辨率融合的例子,该 SPOT-5 数据获取日期为 2002 年 12 月 24 日,融合后的影像和原始影像相比较,色调反差和清晰度都得到提高,可以清晰地看到影像中地物的细部特征、纹理、边界,特别是道路、水体更加容易识别。图 6-38 是不同传感器获取的数据融合的示例,将图 6-37 中 SPOT-5 数据的全色影像(高空间分辨率)与 ETM+图像(低空间分辨率)融合(ETM+数据获取日期为 2001 年 11 月 20 日)。SPOT-5 与 ETM+图像融合后,光谱信息比原始影像丰富,尤其是 ETM+图像的空间分辨率得到提高。

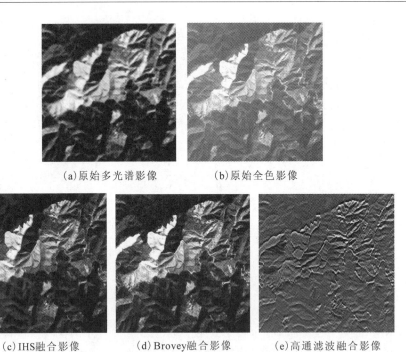

图 6-37　SPOT-5 多光谱影像与其全色波段影像融合结果

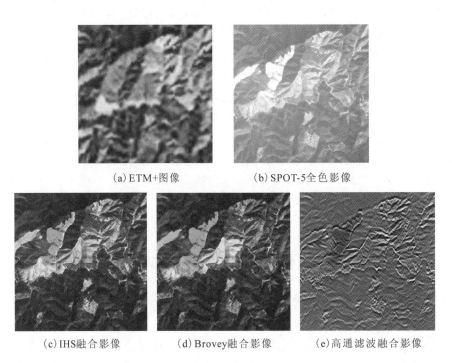

图 6-38　SPOT-5 全色影像与 ETM+ 图像融合结果

6.5.2 遥感图像融合效果评价

图像融合后效果的好坏，可进行定性、定量判断。定性评价指通过人眼直接对融合图像的质量进行评估，判断指标主要包括：图像是否有重影（检验不同图像之间的空间坐标是否完全匹配）；图像整体的色彩、亮度是否满足应用要求；图像的清晰度、目标地物的可分辨程度是否有所提高；图像的纹理、边缘等特征是否得到增强。定性评价简单、直观，且人眼对色彩具有强烈的感知能力，可对图像融合后效果进行快速地评价。但是，由于人的视觉系统对图像上的各种变化敏感程度不一样，评估者通常只关心某些变化，并且受到自身专业知识与经验的限制，在一定程度上忽略了其他信息的变化特征，具有主观性和不全面性。因此，需要定量评价标准对图像融合效果进行客观地评价。定量指标大致有以下几种类型。

(1) 图像统计指标

将融合前后图像的统计特征值对比分析，即可判断融合前后图像的变换特征，进而评估融合后图像质量的好坏。图像统计特征值有均值和标准差。

① 均值 均值大小反映了图像像元灰度值的平均大小。若均值适中，图像的效果良好。其计算公式为：

$$\overline{DN} = \frac{1}{M \times N} \sum_{i=0}^{M-1} \sum_{j=0}^{N-1} DN_{i,j} \tag{6-26}$$

式中 M, N——图像的行、列数；

$DN_{i,j}$——像元在 (i, j) 处的灰度值。

② 标准差 标准差反映了图像的灰度与其平均值的离散情况，可用来评价图像反差的程度。若标准差大，则图像的灰度分布分散，图像的反差大，信息量增加；反之，若标准差小，图像反差小，色调均匀，信息量减少。其计算方法见式(6-11)。

(2) 图像梯度指标

此处指平均梯度（average gradient），它反映了图像灰度变化率的大小，灰度变化率大，其梯度也就大。若灰度变化率变小，则表明图像变模糊了，图像中微小细节的反差减弱；反之，若灰度变化率变大，则表明图像变清晰了，图像中微小细节的反差增强。因此，可用平均梯度值来衡量图像的清晰度。其计算公式为：

$$\bar{G} = \frac{1}{(M-1)(N-1)} \sum_{i=1}^{M-1} \sum_{j=1}^{N-1} \sqrt{\left\{\left[\frac{\partial f(x_i, y_j)}{\partial x_i}\right]^2 + \left[\frac{\partial f(x_i, y_j)}{\partial y_j}\right]^2\right\}/2} \tag{6-27}$$

式中 $f(x, y)$——图像函数；

M, N——图像的行、列数；

i, j——像元坐标。

(3) 图像信息量指标

① 熵（entropy） 熵可反映图像信息丰富的程度。熵越大，图像中包含的信息越丰富，图像质量越好；反之，熵越小，图像质量越差。根据信息理论，熵的定义为：

$$E = -\sum_{i=0}^{G-1} P_i \log_2 P_i \tag{6-28}$$

式中　G——图像的灰度级；

P_i——图像像元灰度值为 i 的概率，其值等于灰度值为 i 的像元数 n_i 与图像总像元数 n 之比，即 $P_i = n_i/n$。

② 交叉熵（cross entropy）　交叉熵反映了两幅图像之间灰度分布的信息差异。交叉熵值越大，表明融合图像与原始图像的差异越大，从原始图像中提取的信息量少，融合效果差；反之，其值越小，融合图像与原始图像的差异越小，则融合效果好。其计算公式为：

$$CE = -\sum_{i=0}^{G-1} P_i \log_2 \frac{P_i}{Q_i} \tag{6-29}$$

式中　G——图像的灰度级；

P_i，Q_i——原始图像和融合图像像元灰度值为 i 的概率。

在应用中，通常用不同图像间交叉熵的平均值来表示融合图像与原始图像的综合差异。设 CE_{FA} 为原始图像 A 与融合图像 F 的交叉熵、CE_{FB} 为原始图像 B 与融合图像 F 的交叉熵，则平均交叉熵为：

$$\overline{CE_{FAB}} = \frac{CE_{FA} + CE_{FB}}{2} \tag{6-30}$$

（4）图像相关性指标

① 相关系数　相关系数能反映图像之间光谱特征的相似程度，即保持光谱特性的能力。相关系数越大，表明融合后的图像从原始图像中获得的信息越多，融合效果好；反之，相关系数小，融合效果差。图像间相关系数的计算见式(6-13)。

在应用时，与交叉熵类似，可分别计算融合图像 F 与原始图像 A、B 间的相关系数，再取两者平均值作为总体评价指标。

② 偏差（difference coefficient）与相对偏差　偏差可反映融合图像与原始图像平均灰度值的相对差异，即融合图像在光谱信息上的匹配程度，以及对原始高分辨率图像细节的保存能力。偏差越小，表明两幅图像越接近，融合后的图像在提高空间分辨率的同时，较好地保留了原始图像的光谱信息，融合效果好；反之，偏差越大，图像间的差异大，则表明融合效果差。其计算公式为：

$$D = \frac{1}{M \times N} \sum_{i=1}^{M} \sum_{j=1}^{N} |F(x_i, y_j) - A(x_i, y_j)| \tag{6-31}$$

式中　F——融合后的图像；

A——原始图像。

相对偏差与偏差反映的意义相似，只是计算公式略有不同：

$$D_r = \frac{1}{M \times N} \sum_{i=1}^{M} \sum_{j=1}^{N} \frac{|F(x_i, y_j) - A(x_i, y_j)|}{A(x_i, y_j)} \tag{6-32}$$

同理，在应用时，可分别计算融合图像 F 与原始图像 A、B 间的偏差或相对偏差，再取两者平均值作为总体评价指标。

（5）图像信噪比指标

一般情况下，传感器获取的图像都是有噪声的，在图像处理中通常要求图像中的噪声越小越好。因此，评价图像融合效果时，可考虑传感器噪声对图像融合的影响，采用图像的信噪比作为评估指标。图像融合后去噪效果的评价原则为信息量是否得到提高、噪声是否得到抑制、边缘信息是否得到保留和均值是否提高等。信噪比越小,表明信息与噪声差异不大,融合效果差;反之,信噪比越大,则表明噪声得到有效抑制,融合效果好。

①信噪比(signal-to-noise Ratio,SNR) 假定融合图像 F 与标准参考图像 R 的差异就是噪声,且标准参考图像就是信息,则信噪比为:

$$SNR = 10 \times \lg \frac{\sum_{i=1}^{M}\sum_{j=1}^{N} F(x_i, y_j)^2}{\sum_{i=1}^{M}\sum_{j=1}^{N} [R(x_i, y_j) - F(x_i, y_j)]^2} \tag{6-33}$$

②峰值信噪比(peak-to-peak signal-to-noise ratio,PSNR)

$$PSNR = 10 \times \lg \frac{M \times N \times \{\max[F(x_i, y_j)] - \min[F(x_i, y_j)]\}}{\sum_{i=1}^{M}\sum_{j=1}^{N} [R(x_i, y_j) - F(x_i, y_j)]^2} \tag{6-34}$$

以上各种评价指标,可以客观地衡量图像在某一方面的质量,从而对图像融合的效果进行定量地评价。在这些指标中,有些可以直接对融合后的图像进行直接评价,有些则需要引入标准参考图像,通过比较标准图像与融合前后图像的差异,来评价融合图像与原始图像在信息量、清晰度等方面的增强程度,进行间接评价。

思考题

1. 简述常用图像格式及其特点。
2. 什么是图像直方图?直方图在图像分析中的意义何在?
3. 试述图像统计参数有哪些?
4. 为什么要进行遥感图像处理?遥感图像处理的基本内容有哪些?相应的原理和方法及处理步骤如何?

第 7 章　遥感图像解译

遥感图像解译(image interpretation)是根据遥感图像所提供的各种目标地物的特征信息进行分析、推理与判断，最终达到识别目标或现象的目的。遥感图像解译是遥感应用的基础，其解译过程可以看作传感器成像过程的逆过程，即从遥感对地面实况的模拟影像中提取遥感信息、反演(或还原)地面原型的过程(图 7-1)。

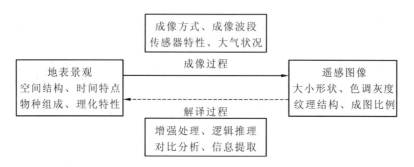

图 7-1　遥感图像解译与成像的关系

遥感图像解译有两种途径：目视解译和计算机自动解译。目视解译(visual interpretation)也称为目视判读，是解译者根据遥感图像的特征信息(如地物的几何特征和光谱特征在空间反映)等，综合解译者的专业知识、地学知识、遥感系统知识等，经过综合分析、逻辑推理、野外验证等，从遥感图像上分析、识别和提取特定目标信息的过程。计算机自动解译(computer interpretation)也称为遥感图像自动分类，是在计算机系统支持下，综合运用地学、遥感图像处理、图形图像理论、模式识别与人工智能技术等，以实现遥感图像信息的智能化获取。

对目视解译而言，解译者的知识和经验在遥感图像信息的识别判读中起主要作用，但难以实现对海量遥感数据的信息提取与定量化分析。为应对这一限制，遥感图像的计算机自动解译不断发展，其基本目标是将遥感图像的目视解译发展为计算机支持下的遥感图像更容易理解。目前，计算机自动解译能够快速、大量地处理遥感数字图像，且处理方法灵活多样。但是，在计算机自动解译过程中，或多或少需要进行人机交互，大部分图像解译的算法仍然离不开人的经验与知识的介入。因此，两种方法各有利弊，为获得更多有效的遥感信息，常常需要将两种方法联合使用。

本章主要介绍遥感图像目视解译、计算机自动解译的基本原理、解译方法与流程等内容。

7.1 目视解译

遥感图像是地物电磁波谱特征的实时记录,不同的目标地物,其光谱特征、空间特征等在图像上表现各不相同,因此,可以利用这些不同的特征和性质来识别和区分不同的地物。

7.1.1 基本原理

遥感图像的目视解译,是以遥感图像的特征为基础,即地面各种目标地物在遥感影像中存在着不同的色、形、位的差异,其中:色指目标地物在遥感图像中呈现的颜色特征,如色调、颜色、阴影等,色调与颜色反映了影像的物理性质,是地物电磁波能量的记录项,而阴影则是地物三维空间特征在图像色调上的反映;形指目标地物在遥感图像中表现的形状特征,如大小、形状、纹理结构、图型格式、组合等,是色调、颜色的排列,反映图像的几何性质;位指目标地物在遥感图像中的空间位置特征,反映图像中目标地物的空间排列。色、形、位构成了目标地物的识别特征。根据这些地物特征,目视解译者经过综合分析、逻辑推理等,进而判断遥感图像中有哪些地物成分、如何分布等,最终获得特定目标的信息。

遥感图像中地物及其特征的差异性,是目视解译的客观基础,然而目视解译的完成,还需要目视解译者具备一定的专业知识、地学知识、遥感系统知识。专业知识是指与解译信息相关的学科知识,包括地物之间的成因联系、空间分布规律、时相变化以及地物与其他环境要素间的联系等。例如,在利用遥感图像进行森林资源清查时,目视解译者必须具备林学相关的专业知识,掌握林组、林相、林级等基本常数,以及了解不同树种的自然分布等,并将这些专业知识进行有机的联系,才可能解译出可靠的森林资源分布结果。地学知识指待解译地区的区域特点、人文自然景观等,由于遥感图像是地表自然与人文景观的综合反映,每个区域均有其独特的地域特征,它影响到图像中的图形结构等,掌握这些相关的地学知识,有助于识别、认识地物或现象。遥感系统知识指与遥感技术相关的内容,尤其是遥感图像的成像过程与传感器的特点,才能从图像中解译出有用信息。不同传感器获取的图像常常具有不同的空间分辨率,对地表景观的概括程度大不相同,低空间分辨率体现的是地表的宏观特征(如山脉走向),而高空间分辨率体现的是地物的细节特征(如边缘形状)。

7.1.2 目视解译的原则与方法

(1)目视解译的原则

遥感图像的目视解译,要遵循"先整体、后局部;先易后难(从已知到未知)"的原则。"先整体、后局部"是指对待解译的遥感图像作整体的、全面细致的观察,了解各种地物与地理环境要素在空间上的联系,综合分析目标地物与周围环境的关系,在掌握整体情况后,再从某个局部图像入手解译。"先易后难"是指从容易识别的地物或解译者最熟悉的地物开始,在图像中举一反三,分析图像中新地物与已知地物的空间关系等，然后根据客观规律和地物特征，推断未知地物，逐步解译。

(2) 目视解译的方法

遥感图像目视解译的方法是指根据遥感图像目视解译标志和解译经验，识别目标地物的办法与技巧，大致可分为以下 3 种：①直接判断法；②对比分析法；③综合推理法。直接判断法是利用遥感图像目视解译标志，直接确定目标地物属性的方法；对比分析法是利用解译经验，将待解译的遥感图像与已知图像进行对照，或对比分析不同时相、不同波段组合的待解译图像，进而确定目标地物属性的方法；综合推理法是在解译经验的基础上，综合考虑各种地物或自然现象之间的内在联系，以及遥感图像的多种解译特征，结合基本常识，分析、推断目标地物属性的方法。在这三种方法中，直接判断法是建立在目视解译标志之上的，是最基本的；其他两种方法均以解译经验为基础，需要掌握更多的知识结构。

(3) 目视解译的基本要素

不论哪种目视解译方法，均需要掌握构成遥感图像中地物特征的基本要素，包括地物的色调/颜色、形状、阴影、纹理、大小、图案、位置等，分别介绍如下。

① 色调/颜色（tone/color）　色调是遥感图像中从白到黑的比例变化，即相对明暗程度（相对亮度），在彩色图像中色调表现为颜色。色调是地物反射、辐射能量强弱在图像中的表现。同一地区中的相同地物，在不同波段的图像上可能会呈现不同色调（图 7-2）。对于中低分辨率的遥感图像来说，图像中色调与颜色是一个重要的解译标志。但遥感图像的色调/颜色除了受目标本身的光谱特征影响外，还受到多种因子的影响，如时间、地点、成像高度、成像时间（光照角度、强度）、成像后处理方式、成像材料等，是否能作为遥感图像的解译标志需要分析考虑。

 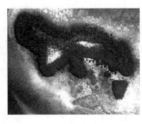 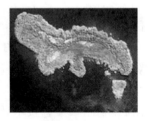

(a) 绿波段　　　　　　　(b) 红波段　　　　　　　(c) 近红外波段

图 7-2　红树林在不同波段图像中的色调

② 形状（shape）　目标地物在遥感图像中所呈现的外部轮廓，是识别地物的重要标志。形状受遥感图像的空间分辨率、比例尺、投影性质等影响。在中低分辨率遥感图像上，地物的形状特征是经过自然综合概括的外部轮廓，它忽略了地物外形的细节，突出表现了目标物体宏观几何形状特征，如山脉的走向、水系、道路的形态特征等；在高分辨率遥感图像上，可以看到地物具体的细部形态特征，如飞机场内的飞机等（图 7-3）。

③ 阴影（shadow）　阴影是电磁波被地物遮挡后在遥感图像中形成的黑色调区域，它反映了地物的空间结构特征。阴影的出现增强了遥感图像的立体感，并且阴影的形状和轮廓显示了地物的高度和侧面形状，有助于地物的识别，如高山、高层建筑等

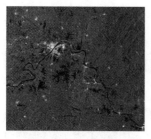  

(a)中等分辨率（水系）　　(b)中等分辨率（飞机场）　　(c)高等分辨率（飞机场）

图 7-3　不同空间分辨率遥感图像中地物的形状

（图 7-4），但阴影同时会造成覆盖区地物信息的丢失，掩盖部分信息。在同一幅遥感图像中，地物阴影的投影方向是一致的。

(a)高山及其阴影　　(b)高层建筑及其阴影　　(c)云及其阴影

图 7-4　遥感图像中地物的阴影

④ 纹理(texture)　纹理指目标地物的细部结构或物体内部成分，是遥感图像中目标地物内部色调有规则变化形成的，如图像中地物表面呈现的平滑、粗糙等质感。在中低分辨率遥感图像中，地物的纹理特征反映了自然景观中的内部结构，如沙漠中流动沙丘的分布特点和排列方式(图 7-5)；在中高分辨率遥感图像中，纹理揭示了目标地物的细部结构或物体内部成分，如草地看上去细腻、平滑。

 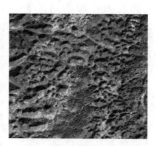

(a)沙丘　　　　　　　(b)岩溶地貌

图 7-5　遥感图像中地物的纹理

⑤ 大小(size)　大小指遥感图像中目标地物的尺寸、面积或体积，直观地反映不同目标地物之间的大小关系，是判断目标地物重要的特征之一。地物的大小与遥感图像的空间分辨率相关(图 7-6)。在目视解译时，常常需要比较已知地物与未知地物的大小，推断、识别那些不熟悉的目标。

⑥ 图案(pattern)　图案指遥感图像中目标地物有规律排列形成的图形结构，反

(a) 1 m×1 m　　(b) 10 m×10 m　　(c) 20 m×20 m

图 7-6　不同空间分辨率的遥感图像中地物的大小差异

映了地物的空间分布特征，有助于识别图像中的地物。如耕地在图像中呈现的块状重复、果园或人工林呈现排列整齐的树冠等（图 7-7）。

 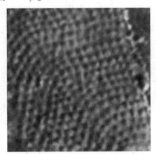

(a) 水稻田　　　　　　　(b) 经济林树冠

图 7-7　遥感图像中地物的图案

⑦ 位置（site）　位置是指目标地物所处的地理位置，反映了地物与其周边环境的空间关系。如耕地多分布在河流两岸[图 7-7(a)]、飞机场多在城市周边平坦的地区。

⑧ 布局组合（association）　布局组合指遥感图像中目标地物之间的特殊组合或空间配置关系。根据地面物体之间存在的这些特殊组合关系，推断目标地物的属性。如有体育运动操场的地方，其周边可能是学校（图 7-8）。

(a) 操场、体育馆与学校　　(b) 小岛、水坝、港口与居住区

图 7-8　遥感图像中地物的图案

（4）目视解译的标志

目视解译标志是指利用遥感图像中能够反映和表现目标地物信息的各种特征，如色调、形状等要素，经综合归类、整理后建立的不同目标地物在相应图像中特有的表现形式。由于遥感图像成像时间不同、处理方式不同（如不同的波段组合）等，以及

图像所反映的地理区域不同，使得解译标志的建立需要针对特点地区的相同图像。

解译标志可分为直接解译标志和间接解译标志两种，前者指遥感图像中能够直接反映和表现目标地物信息的各种特征标志，后者指遥感图像中能够间接反映和表现目标地物信息的各种特征标志，在借助这些标志的基础上，根据地物之间的联系等地学知识、专业知识，间接推断出的与某地物的属性相关的其他属性或现象。例如，在低空间分辨率的遥感图像中，可根据水系的分布，结合两岸的图像纹理等特征，推断耕地的空间分布；在高空间分辨率的遥感图像中，根据体育运动操场的大小，可推断学校及其规模。

7.1.3 目视解译的步骤

目视解译是一项细致工作，必须遵循一定的程序与步骤。遥感图像的目视解译大致可分为以下 5 个阶段。

(1) 准备工作阶段

首先，要明确解译任务与要求，以便搜集相关资料、掌握对应的知识结构，并根据解译信息的特征，选择恰当时相的遥感影像以及进行有针对性的图像处理（如波段组合方式、增强手段等），输出待解译的遥感图像等。

(2) 建立目视解译标志阶段

针对待解译的遥感图像，分类别、分时期、分地区等开展初步目视解译，即在成像时间一致、区域相同的同类遥感图像中挑出具有代表性的图像，分析掌握解译区域特点，确立典型解译样区，建立目视解译标志，探索解译方法，为全面解译奠定基础。受知识、经验等影响，目视解译标志建立过程中，难免有不确定或难解译的地物，需要到解译区对应的地方实地考察，确定地物的类型，以建立比较详细的、正确的目视解译标志。例如，表 7-1 是利用 TM 遥感影像开展湖南省森林资源一类清查时，对 4、5、3 波段合成的假彩色图像的部分解译标志。

(3) 室内详细解译阶段

根据建立的目视解译标志，对所有待解译的遥感图像逐一详细解译、判读。

(4) 验证阶段

室内目视解译的结果，需要进行验证，以检验目视判读的质量和解译精度。验证通常是以随机抽样或系统抽样等方式，将目视解译的结果与野外对应点的调查结果组成混淆矩阵，再计算各地类的解译精度与总体精度（详见 7.3.2.2 节）。若对比结果不理想，则需要对目视解译的结果进行二次判读或补充判断，直到验证结果到达可接受的精度。

(5) 成果总结与应用阶段

对于验证后的解译结果，需要综合整理，形成对应的专题图或数据表格。再将这些最终成果进行相关应用。

表 7-1　湖南省森林资源一类清查目视解译标志

代码	类型	标志描述					样片	
		色彩	形态	结构	相关分布	地域分布	遥感影像	实地照片
111	针叶林幼中龄林低等郁闭	铁黄色	不规则块状	纹理粗糙有颗粒	山地丘陵平地	多分布阴坡与半阴坡		
112	针叶林幼中龄林中等郁闭	铁黄色	不规则块状	纹理均匀	山地丘陵	多分布阴坡与半阴坡		
113	针叶林幼中龄林高等郁闭	淡棕色	不规则块状	纹理粗糙	山地丘陵	多分布阴坡与半阴坡		
122	针叶林近成过熟林中等郁闭	淡棕色	不规则块状	纹理粗糙有颗粒	山地丘陵	多分布于阳坡		
123	针叶林近成过熟林高等郁闭	棕褐色	不规则块状	纹理粗糙有颗粒	山地丘陵	多分布阴坡与半阴坡		
211	阔叶林幼中龄林低等郁闭	淡橘红色	不规则块状	纹理均匀光滑	平原及河流两边	地势低洼平坦处		
212	阔叶林幼中龄林中等郁闭	浅黄色	不规则块状	纹理均匀	平原及河流两边	地势低洼平坦处		
221	阔叶林近成过熟林低等郁闭	深黄色	不规则块状	纹理均匀光滑	河流湖泊两岸	地势低洼平坦处		
222	阔叶林近成过熟林中等郁闭	深黄色	不规则块状	纹理均匀光滑	河流湖泊两岸	地势低洼平坦处		
223	阔叶林近成过熟林高等郁闭	橘红色	不规则块状	纹理均匀光滑	河流湖泊两岸	地势低洼平坦处		
311	混交林幼中龄林低等郁闭	淡铁黄色	不规则块状	纹理较均匀	山地丘陵	多分布于丘陵山头		

7.1 目视解译

（续）

代码	类型	标志描述					样片	
		色彩	形态	结构	相关分布	地域分布	遥感影像	实地照片
312	混交林幼中龄林中等郁闭	棕褐色	不规则块状	纹理粗糙有颗粒	山地丘陵	多分布于阴坡及沟谷两侧		
313	混交林幼中龄林高等郁闭	淡棕色带绿	不规则块状	纹理较均匀	山地丘陵	多分布于丘陵山头及山坡		
322	混交林近成过熟林中等郁闭	淡棕色偏绿	不规则块状	纹理较均匀	山地丘陵	多分布于丘陵山头及山坡		
323	混交林近成过熟林高等郁闭	淡棕色	不规则块状	纹理粗糙有颗粒	山地丘陵	多分布于丘陵山头及山坡		
113	竹林	深绿色	不规则块状	纹理均匀光滑	山地丘陵	多分布于丘陵山坡及山地阴坡		
120	疏林地	黄棕色	不规则块状	纹理均匀	山地丘陵	多分布于丘陵山头及山坡		
130	灌木林	灰绿色	不规则块状	纹理均匀	丘陵	多分布于丘陵山坡山顶		
140	未成林造林地	米黄色	不规则块状	纹理均匀光滑	山地丘陵	多分布于丘陵山坡		
150	苗圃地	豆绿色	不规则块状	纹理均匀光滑	平地	交通便利处		
160	无立木林地	米黄色	不规则块状	纹理均匀	山地丘陵	多分布于丘陵山坡		
210	耕地	黄色	不规则块状	纹理均匀光滑	平地	分布于地势低洼处		

(续)

代码	类型	标志描述					样片	
		色彩	形态	结构	相关分布	地域分布	遥感影像	实地照片
230	水域	深蓝色	带状或线状	纹理均匀光滑	河流、低洼处	分布于地势低洼处		
250	建设用地（道路）	浅粉色	带状	纹理均匀	山地、丘陵、平地	城区农村附近		
250	建设用地（居民点）	灰蓝色	不规则块状	纹理较均匀	丘陵、平地、交通方便处	城区农村		
240	未利用地	鲜绿色	不规则块状	纹理均匀	建设地居民点附近	建设地居民点附近		

7.2　计算机自动解译

遥感图像计算机自动解译的基本目标是将人工目视解译发展为计算机支持下的遥感影像解译，以实现信息自动化提取。如前文所述，遥感图像的目视解译是获取信息的基本方式，但解译过程依赖于目视解译者。因此，解译者的专业知识、地学知识、遥感知识及经验等对目视解译结果的影响大，即带有主观性，若解译者知识、经验丰富且发挥正常，解译结果精度较高。此外，目视解译速度慢，尤其是现在的卫星遥感时代，遥感数据在不断增加，难于有效利用这些海量数据。为了充分利用遥感数据，改变遥感图像解译落后于遥感数据获取的状况，遥感图像计算机自动解译逐渐不断发展。

7.2.1　基本原理

遥感图像计算机自动解译是以模式识别理论为基础，利用计算机系统将遥感数字图像进行自动分类的过程，其基本原理是基于遥感图像中反映的同类地物的光谱相似性和异类地物的光谱差异性进行分类，即：同类地物，在相同的条件下（如光照、地形）应具有相同或相似的光谱信息特征，其特征向量将集中在同一特征空间内；不同类地物，其光谱信息特征不同，则其特征向量将集中在不同的特征空间内。借助计算机，通过对遥感图像中各类地物的光谱信息和空间信息进行统计分析，获得地物的特征属性，并用一定的手段将特征空间划分为互不重叠的子空间，然后将图像中的各个像元划归到各个子空间去。这是基于遥感影像像元灰度值统计特征的计算机分类，属于传统的计算机分类方法。

如图7-9所示,以单个土壤、植被像元为例,其光谱反射率在整个光谱范围是不同的曲线(a)图,假设只考虑两者在2个不同波段的光谱特征空间,则是两个分布不同的点(b)图;若考虑所有的土壤、植被像元,它们在两个不同波段的光谱特征空间会形成两个不同的点集区域(d)图。之所以所有的土壤或植被像元不是完全集中在一个点上,是因为受地物的成分、性质、分布情况的复杂性和成像条件,以及一个像元或瞬时视场里往往有两种或多种地物(即混合像元),使得同类地物的特征向量也不尽相同。尽管同类地物的各像元特征向量不是完全集中在一个点上,但也不是杂乱无章地分布,而是形成一个相对密集分布的集群(cluster),每个集群相当于一个地物类别(class)。在实际中,各集群之间的差异通常不会像图7-9(d)中那样明显,即不能清楚地分开,不同集群之间一般会有重叠交叉的情况(图7-10)。为了确定不同集群(地物类别)在特征空间中的边界,达到遥感图像计算机自动分类的目的,通常需要利用判别函数加以判断集群的边界。

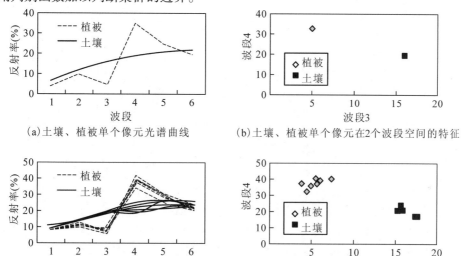

图7-9　土壤、植被的光谱差异

在遥感图像分类中,为了利用更多特征空间,常常会使用多个波段图像。但由于超过3波段图像的几何空间难以表示,通常只考虑二维或三维空间(图7-9、图7-11),因此,需要利用图像处理手段或数学方法(如K-L变换)进行降维处理。

7.2.2　监督分类与非监督分类

在遥感图像计算机自动解译的传统方法中,按照是否有已知地物类别(训练样本)的分类数据,可将解译方法分为监督分类与非监督分类2种类型。遥感图像的监督分类(supervised classification)是指利用那些已经被确认的地物类别的样本像元去识别其他未知像元的方法,即事先从图像中选取已知地物类别一定数量的代表性样本(目视解译挑选出各种类别的已知区域),据此取得各类别的统计特征等参数(如均值、标准差),然后设计某种分类规则(即确定判别函数),最后用分类规则把图像中

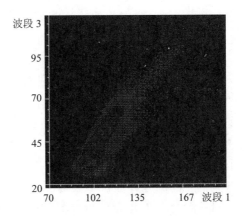

图 7-10　遥感图像中的集群

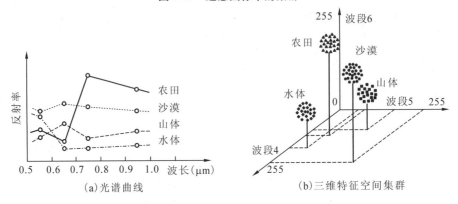

图 7-11　几种不同地物的光谱曲线及其三维特征空间（改自 Sabins Jr.，1987）

其他未知像元点划归到各个给定的类别中。遥感图像的非监督分类（unsupervised classification）也称为聚类分析，是指在没有先验类别知识的情况下（不需要人为选择训练样本），仅根据图像本身在特征空间中自然点群的分布情况，按一定的规则自动地将这些点群组成集群组，划分为不同的地物类别。

两种计算机自动解译方法的本质区别在于：监督分类是先给定已知地物类别，分类结果明确知道地物属于哪种类别；而非监督分类则是由图像数据本身的统计特征来决定类别，所得到地物类别的含义并不明确，需要根据后续的目视解译或调查分析决定。如图 7-12 所示，对于相同的遥感图像，其监督分类与非监督分类的结果各不相同：监督分类时，选取了 4 种已知类别的样本，即水体、植被、耕地和裸土，分类结果分别用蓝色、绿色、红色、黄色表示；非监督分类时，人为设置了将图像分为 8 个类别，其分类结果的属性并不知道，例如，水库和河流水体光谱具有一定的差异性，分类结果将两者划归为不同的类别，而不是按实际情况将两者归为一类。

7.2.2.1　监督分类

监督分类以基于遥感图像统计特征的方法应用较为成熟，其主要步骤有：①训练样本，获取已知类别的图像特征；②选择恰当的分类算法（判别函数）进行分类；③输出分类结果，对结果进行精度评价。

 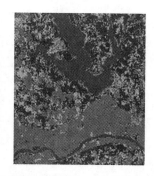 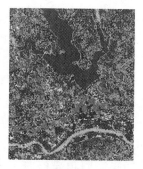

(a)原始图像　　(b)监督分类结果（4类训练样本）　(c)非监督分类结果（8类）

图 7-12　监督分类与非监督分类的区别

(1) 训练样本

训练样本是为了统计已知类别的图像特征，为监督分类奠定基础。可见，选择样本是监督分类的关键。因此，样本选择需要遵循一定的原则：①样本要具有代表性，即选择的训练样本应准确地代表待分类遥感图像中的每个类别，反映其光谱特征差异；②样本要有足够的数量，以剔除地物光谱辐射的复杂性或干扰因素；③样本要具有均质性，即选择的训练样本尽可能是纯净像元，而不是多种地物构成的混合像元，使得训练样本只反映特定的地物类别，而不包含其他不同类别。除此之外，样本选择前需要做充分的准备工作，如收集分类地区的地形、地貌等相关信息，或进行野外调查等，以了解这些地区下垫面的基本分布情况。

训练样本选择的好坏，可以通过统计这些样本的均值、标准方差、最大值、最小值、方差后，将这些特征值绘制为曲线图、散点图等，根据训练样本特征值的分布特征、离散程度、相关程度等进行评价。如直方图可反映不同样本灰度值的分布，若训练样本的灰度值越集中，直方图越趋于单锋正态分布，其代表性越强；反之，若直方图中出现多个峰值，则表示训练样本中包含有不同的地物类别。此外，还可利用类似图 7-10 的二维特征空间图对训练样本进行评价，图中提供了两个不同波段所有像元的分布及其相关性，相关性越强，其对应的二维特征空间图中灰度值的分布越集中，若训练样本能有效地覆盖这些灰度集中的区域，则样本代表性强。

(2) 分类算法

监督分类中的判别函数有多种，相应的分类算法也不同，这里主要介绍以下几种。

① 最小距离法(minimum distance classification)　最小距离法是以距离为判别准则，利用训练样本计算各类别在各波段的均值向量，再以均值向量作为某类别在特征空间中的中心位置，并计算图像中未知像元到各类中心的距离，根据各像元离训练样本平均值距离的大小来决定其类别，即未知像元到哪一类别中心的距离最小，则该像元就归入到哪一类中。例如，在图 7-13 中，类别 W、U、C、F 的训练样本形成 4 个类别集群，各集群在 2 个波段的均值分别为：$(W1, W2)$、$(U1, U2)$、$(C1, C2)$、$(F1, F2)$，假设未知像元 X 的灰度值为 $(X1, X2)$，在利用最小距离法将像元 X 分类时，计算其与类别集群 W、U、C、F 均值的距离大小，比较距离结果的大小($UX <$

$WX < FX < CX$),则未知像元 X 属于类别 U。

常用的距离判别函数有马氏距离、欧氏距离、绝对距离。

设 n 为遥感图像的波段数,DN_i 为任意像元在第 i 波段的灰度值,$\overline{DN_{ij}}$ 为类别 j 在第 i 波段的均值,DN_j 为类别 j 的平均向量,S 为类别 j 的协方差矩阵,那么任意未知像元与不同类别的距离可通过下列一种公式求得。

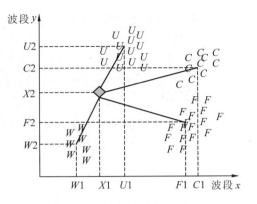

图 7-13 最小距离法示意图

马氏距离(mahalanobis Distance)可表示为:

$$D_M = \sqrt{(DN_i - DN_j)^T S^{-1} (DN_i - DN_j)} \tag{7-1}$$

式中 D_M——马氏距离;
T——转置函数。

欧氏距离(euclidean distance)可表示为:

$$D_E = \sqrt{\sum_{i=1}^{n} (DN_i - \overline{DN_{ij}})^2} \tag{7-2}$$

式中 D_E——欧氏距离。

绝对距离(absolute distance)可表示为:

$$D_A = \sum_{i=1}^{n} |DN_i - \overline{DN_{ij}}| \tag{7-3}$$

式中 D_A——绝对距离。

最小距离法比较简单,但具有明显的缺点,即没有考虑不同类别内部方差的不同,会导致不同类别之间在边界上存在重叠,引起分类错误。因此,为提高分类精度,减少误分,有研究引入方差(σ^2)或标准差(σ),修改测量距离的方法(如式 7-4、式 7-5)。

$$D'_E = \sqrt{\frac{\sum_{i=1}^{n} (DN_i - \overline{DN_{ij}})^2}{\sigma^2_{ij}}} \tag{7-4}$$

$$D'_A = \sum_{i=1}^{n} \frac{|DN_i - \overline{DN_{ij}}|}{\sigma^2_{ij}} \tag{7-5}$$

② 平行六面体法(parallelepiped classification) 平行六面体法是根据每种类别训练样本的灰度值统计特征,构成一个多维特征空间,如果未知像元的光谱值落在某类别训练样本的灰度值所对应的特征空间,该像元则属于对应的类别。以 2 个波段的二维空间为例(图 7-14),类别 W、U、C、F 的训练样本形成 4 个类别集群,各集群在两个波段均有对应的最大、最小值,它们构成对应集群的灰度值区域(特征空间),若未知像元 X 的灰度值落入集群 W 的特征空间范围内,则未知像元 X 属于类别 W。

各类别特征空间的边界不仅可以用最大、最小值确定,还可以用平均值、标准方差等统计特征量确定。平行六面体法不仅具备最小距离法计算简单、有效的特点，还考虑了不同类别间的方差，可将大部分未知像元划归到对应类别。但该方法也存在致命缺点，尤其是在类别较多时，不同类别的特征空间容易重叠（如图 7-14 中的 C 和 F 集群有交叉区域），当未知像元落入重叠区域时，引起分类误差。

③ 最大似然法（maximum likelihood classification） 最大似然法在假定每个波段中各类别的训练样本数据均呈正态均匀

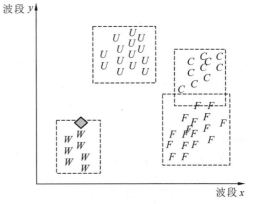

图 7-14 平行六面体法示意图

分布的情况下，根据训练样本计算各类别的统计特征参数的先验概率，再计算每个未知像元属于各个类别的概率，并将未知像元归类到概率最大的类别中。例如，在图 7-15 中，类别 W、U、C、F 的训练样本形成 4 个类别集群，对于未知像元 X，可分别计算它属于类别集群 W、U、C、F 的概率 P_W、P_U、P_C、P_F，比较四个概率的大小，若 $P_W < P_F < P_U < P_C$，则未知像元 X 属于类别 C。

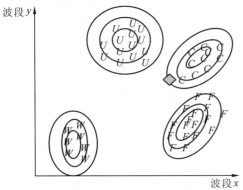

图 7-15 最大似然法示意图

最大似然法考虑了波段间的协方差，比上面两种分类算法优越，并且分别考虑了未知像元属于不同类别的概率，理论上其分类结果非常准确，因而得到广泛应用。简要介绍如下。

在假定训练样本数据在光谱空间呈高斯正态分布的情况下，最大似然法采用贝叶斯（Bayes）准则对遥感图像分类。设待分类的遥感图像有 N 个波段，则任意像元 X 在不同波段的值可用向量表示为：$[X_1, X_2, X_3, \cdots, X_N]^T$。若该遥感图像的分类类别为 K，那么任意像元 X 属于第 i 类（$i = 1, 2, 3, \cdots, K$）的归属概率可表示为：

$$P(X|i) = \frac{P_i f_i(X)}{\sum_{i=1}^{K} P_i f_i(X)} \tag{7-6}$$

式中　P_i——类别 i 出现的先验概率；

　　　$f_i(X)$——像元 X 在第 i 类的概率密度（见式 7-7）。

$$f_i(X) = \frac{1}{(2\pi)^{N/2} |\Sigma_i|^{1/2}} \exp\left[-\frac{1}{2}(X - \mu_i)^T \Sigma_i^{-1}(X - \mu_i)\right] \tag{7-7}$$

式中　μ_i, Σ_i——类别 i 的均值向量和协方差矩阵；

　　　$|\Sigma_i|$——Σ_i 的行列式；

$\sum_i^{-1}$——$\sum_i$ 的逆矩阵；

T——矩阵的转置。

由式(7-6)可知，$P(X|i)$ 的值越大，像元 X 属于类别 i 的概率就越大。根据以上判别规则，可求出像元 X 的 K 个归属概率，再比较这 K 个值，判断其最大值对应的类别，依此确定像元 X 的类别。

最大似然法要求训练样本的光谱特征呈正态分布，条件苛刻，且计算量非常大，算法的运算速度比较慢，尤其在训练样本数量较少时，该方法对不同类别方差的变化比较敏感。

7.2.2.2 非监督分类

非监督分类，其实质是将各种地物按类别进行聚类。聚类(clustering)就是按照样本之间的相似性，将一个样本集分解为若干类，使得相同类别样本间的相似性大于不同类别样本间的相似性。这里就有 2 个核心问题：①如何度量相似性？②如何实现聚类？首先，相似性的度量方法很多，在遥感图像分类中是以特征空间中的特征向量来描述样本的属性，因此，通常按距离度量相似性，如欧氏距离、绝对距离。因此，非监督分类主要步骤有：①定义相似性的度量方法；②选择恰当的聚类算法；③输出分类结果，对结果进行类别定义，最后评价精度。聚类的实现，是依靠聚类算法完成，常用的有层次聚类算法、动态聚类算法。

(1) 层次聚类(hierarchical clustering)

层次聚类算法的基本思想是采用自上而下(分裂)或自下而上(合并)的层次形成过程完成聚类(图 7-16)。合并(自下而上)算法在聚类时先令遥感图像中各像元自成一类，然后根据某种聚类规则逐步合并具有相似性的类别，直到满足终止条件，例如采用距离衡量相似性时，先计算聚类前像元间的距离矩阵，将最邻近的两类进行合并，形成新的类别，然后重新计算各类别间的距离矩阵，再合并其中的 2 个类别，反复循环，直到各个新类别间的距离大于某个给定的阈值为止。与合并算法相反，分裂(自上而下)算法在聚类时，先将遥感图像中所有像元归为一类，然后根据某种规则逐步分解相似性较小的类别，增加类别数目，直到满足终止条件，同样以距离度量相似性为例，先计算出初始图像各波段的均值和方差，然后以均值与均方差之和、之差作为两个新类别的中心，再判断各像元到这两个类别中心的距离，将像元划分到距离较近的类别中，形成两个新的类别，再计算各新类别的均值和方差，形成新的分类中心，进行像元分类，反复循环，直到所有波段的方差大于某个给定的阈值为止。层次聚类中的合并算法对计算机内存容量要求非常高，会受到一定的限制；分裂算法有可能在开始时就把属于同一类别的像元错误地分开，使分类结果比较凌乱。

(2) 动态聚类(dynamic clustering)

动态聚类的基本思想是在开始时先建立一批初始聚类中心，然后按照某种聚类规则(如最小距离)使待分类的各个像元向初始中心凝聚，得到初始类别，然后判断类别划分是否合理，如果不合理，就逐步调整聚类中心，重新分类。通过不断反复调整、迭代聚类中心，获得满意结果(图 7-17)。应用比较成熟的动态聚类算法有 K 均

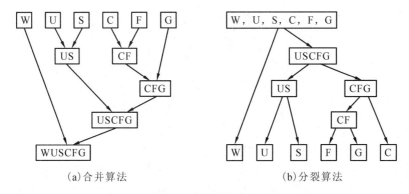

(a) 合并算法　　　　　　　　(b) 分裂算法

图 7-16　层次聚类示意图

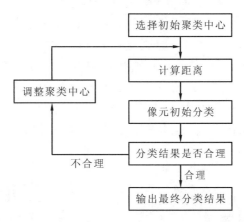

图 7-17　动态聚类思路图

值法、ISODATA 算法。

① K 均值算法(K-means)　K 均值算法随机选择 K 个类别对象，形成 K 个初始中心，对其他剩下的像元，计算其与各类别中心的距离，根据距离目标判别函数(距离通常采用欧氏距离)，使得相似性指标的目标函数最小化，即样本和类别的误差平方和(E)最小(式 7-8)，值越小相似越大，依此将该像元划分到最相似的类别中。然后再计算各个新类别的均值，更新类别中心，不断重复，直到目标函数收敛。

$$E = \sum_{i=1}^{K} \sum_{x \in F_j^{(i)}} \| f(x) - \mu_j^{(i+1)} \|^2 \tag{7-8}$$

式中　$f(x)$——任意像元 X 的灰度值；

μ_j——第 j 类的均值；

$F_j^{(i)}$——在第 i 次迭代后赋予类别 j 的像元集合。

具体步骤如下：

首先，任意选择 K 个初始类别，计算其均值 $\mu_1^{(1)}$，$\mu_2^{(2)}$，$\mu_3^{(3)}$，…，$\mu_K^{(K)}$。

其次，计算任意像元 X_i 到各类别的中心距离，若满足式(7-9)，则将该像元赋予 K 个类别中的某一类。

$$\| f(X_i) - \mu_k^{(i)} \| \leq \| f(X_i) - \mu_j^{(i)} \| \tag{7-9}$$

式中　$j = 1, 2, …, K$，且 $k \neq j$。

第三,根据式(7-10)计算新类别的中心(均值)。

$$\mu_j^{(\text{new})} = \frac{1}{N_j} \sum_{x \in F_j^{(i)}} f(X_i) \qquad (7\text{-}10)$$

式中 N_j——新类别 $F_j^{(i)}$ 中像元的总数。

第四,如果 $\mu_j^{(\text{new})} = \mu_j^{(i)}$,则算法收敛,结束迭代,否则退回第二步(式 7-9),开始下一次迭代。

② ISODATA 算法(iterative self-organizing data analysis technique) ISODATA 意为迭代自组织数据分析技术,它比 K 均值算法更加优越,因为 K 均值算法不具备自我调整类别的能力,其分类结果受初始选择的影响较大,而 ISODATA 算法通过考虑类别的合并与分裂,使其具有自我调整类别中心的能力(图 7-18),即:当聚类结果中某类样本数太少,或 2 个类间的距离太近时,进行合并;当聚类结果中某类样本的特征类内方差太大时,则将该类进行分裂。在实际应用中,需要通过设置一些控制参数,如最大聚类数量($C_{\max}$)、控制合并的距离阈值和允许合并的最大聚类对数、控制分裂的标准差阈值、不改变类别的最大像元百分比(达到该值时,ISODATA 算法停止运行)或算法运行时间(控制 ISODATA 算法终止运行)等。

其步骤与 K 均值算法类似,只是增加了控制参数的设置与合并或分裂聚类结果,

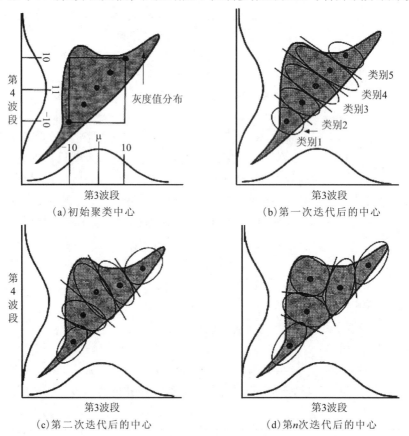

图 7-18 ISODATA 算法聚类时类别中心的变化过程(仿)

如下所示:

第一,在待分类的图像特征空间中任意选择初始聚类数量,计算其均值,并定义控制参数。

第二,聚类,即根据式(7-9)计算其他像元与各中心的距离,按最小距离原则将这些像元划分到对应的类别中。

第三,重新计算新类别的均值[式(7-10)],调整聚类中心,根据定义的控制参数合并或分裂类别。

第四,根据设置的算法终止控制参数,如算法运行时间,判断是否结束迭代,若ISODATA算法不终止,则退回第二步,开始下一次迭代。

7.2.2.3 监督分类与非监督分类比较

(1)监督分类的优缺点

监督分类可以根据应用目标和区域特点,有针对性地制定分类方案,避免出现一些不必要的类别,便于后期的专题分析。并且,监督分类中通过训练样本检查分类精度,通常可避免分类中出现严重的错误。

但是,如果分类方案的定义不合理,致使类别之间的可分性差,或分类方案不全面,遗漏某些类别,那么本属于遗漏类别的像元将被迫划分到其他已定义的类别中,这些都将影响分类结果的正确性。此外,监督分类的类别实质上是由训练样本定义的,科学合理地选取足够多的训练样本常常会耗费大量的人力,有可能还会出现供选择的训练样本很有限,或者当一些研究中只有部分类别备受关注时,要提供所有类别的训练样本是困难的,这对分类结果的正确性也会产生影响。

(2)非监督分类的优缺点

与监督分类相比,非监督分类不需要预先对待分类的地域有深入的了解和熟悉,聚类过程只需人为定义少量的初始参数(如聚类的数量),受人的主观意识影响小,客观性强,也不容易遗漏覆盖面积小而独特的地类。并且聚类后的分析解译过程中,可以只关心那些感兴趣的类别,因此可以节省一些不必要的工作。

但是,非监督分类的结果取决于遥感数据,很难通过人为控制来获取希望得到的聚类结果,导致分类结果与期望值相差大,后期再解译过程的工作量大。另外,非监督分类是基于遥感图像的光谱特征,使得不同地区或者不同时期的遥感影像聚类后的结果可比性差。

虽然2种方法有着本质区别,虽然它们各具优缺点,但最终目的都是为了实现遥感信息提取的自动化。在实际应用中可根据需要,科学合理地灵活运用,可使遥感影像的分类精度获得提高。图7-19是同一遥感影像监督与非监督分类结果的示例。

7.2.3 计算机分类的其他方法与发展趋势

前文介绍的基于遥感影像像元灰度统计特征的分类方法,仅利用了遥感图像的光谱特征,没有考虑实际景观中地物具有的空间结构特征,如形状、大小和纹理等,因此单纯的灰度变化信息常常难以区分不同类型的地物,如阴影与水体。并且,在遥感

图 7-19　非监督与监督分类结果比较(引自 Argany, et al., 2006)

影像中存在同类地物具有不同的光谱特征(同物异谱)或不同的地物可能具有相似的光谱特征(同谱异物)的现象(图 7-20、图 7-21),以及中低空间分辨率引起的混合像元现象,使像元本身的属性存在不确定性(图 7-22),这些都会导致基于光谱统计特征的分类方法出现一些致命的缺点。尤其是随着遥感影像空间分辨率的提高,如从 SPOT-5 全色波段空间分辨率的 2.5 m,到 IKONOS 的 1 m、QUICKBIRD 的 0.61 m,地物的空间结构特征、纹理特征等信息量突出,相同类型的地物表现出更多的类别(同物异谱现象更突出),传统的基于光谱统计特征的分类方法在应用时,忽略了影像中包含的这些重要信息,完全没有利用到地物的形状和空间位置,以及地物之间的空间关系等特征信息,加上高空间分辨率的遥感影像光谱分辨率低(图 7-23),分类错误的概率大,会导致分类结果图像中存在椒盐效应(salt and pepper noise),即被误分的像元以散点的形式出现在图像里,好像撒了一层胡椒粉似的(图 7-24)。

7.2.3.1　基于像元的图像分类

针对基于像元分类中存在的缺点,最开始是对这些分类方法进行改进,如改进最大似然法、引入基于知识表达的决策树分类方法、模糊理论、人工神经网络方法、空间寻优方法等。以模糊分类为例进行简要介绍。

模糊分类(fuzzy classification)主要是针对混合像元属性不确定性而提出的。如图 7-22 所述,单个像元若包含不同地物类别时,其属性最后只能归为一种类别,那么在分类时每个像元也只能被划归到某个类别中。但在实际中,遥感影像中的像元大部分都是混合像元,每个像元可能包含两个或多个不同地物类别,是一个混合体,若按此

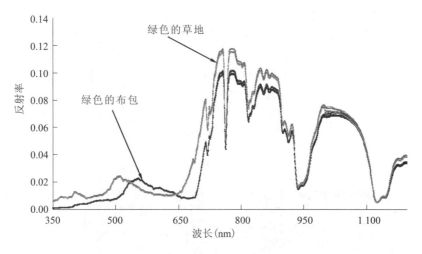

图 7-20 同谱异物现象

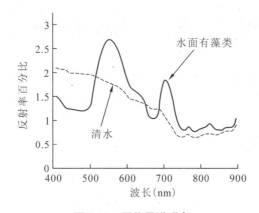

图 7-21 同物异谱现象

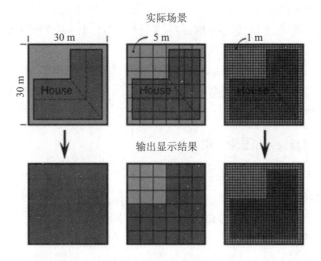

图 7-22 空间分辨率对混合像元属性的影响（以两种地物类型为例）

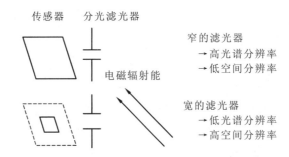

图 7-23　空间分辨率与光谱分辨率的关系

(a)原始图像-QuickBird　　(b)椒盐效应——基于像元分类的结果

图 7-24　椒盐效应示意图(引自 Im, et al., 2008)

将像元属性简单的划归到单一地物类别中，必然会引起较大的分类误差。而模糊理论是分析不准确信息或边界不明确对象的有效工具，混合像元只提供地表的一个灰度值，至于哪里是不同地物类别的边界，信息并不确切，相当于一个黑箱，符合模糊理论研究的对象。

模糊分类认为，一个混合像元的属性不是唯一的，它还可以再分，利用隶属度将混合像元的属性定义为不同的类别。因此，模糊分类应用中的关键是确定像元属性的隶属度函数。一种简单的隶属度判断可根据混合像元中各类别的百分比确定。以图 7-22 中 30 m 空间分辨率的单个混合像元为例，房屋占该像元的 75%、非房屋占 25%，模糊分类将该像元定义为房屋与非房屋的隶属概率分别为 0.75 和 0.25，而不像传统分类方法将其划归到房屋类别中。

从理论上而言，模糊分类可以提高遥感影像分类的精确性，使其在遥感影像分类中发挥了重要作用。但是，模糊分类依然是建立的像元基础上的分类，仍然要采用传统分类的判别规则，无法从根本上摆脱基于像元分类方法的局限性。

7.2.3.2　基于空间特征的图像分类

随着遥感技术的发展，人们逐渐认识到基于像元的分类方法的局限性，将计算机自动解译由低到高分为三个层次：基于像元的图像分类；基于形态、纹理等空间特征的图像分类；基于对象(目标)与相邻地物之间空间关系的图像分类。

基于空间特征的图像分类属于计算机支持下遥感图像理解的第二个层次，它是在像元色调/颜色的基础上，增加了地物本身所具有的空间结构特征，如纹理、形状、尺寸等，以空间特征辅助光谱信息，提高分类精度。因为在遥感影像中地物类别的差异不仅体现在色调或颜色上，还会体现在大小、形状、纹理等特征方面。当遥感影像中目标地物的光谱特征很接近时，如道路与房屋顶、发生富营养化污染的水面与绿色植被、林地与耕地，在空间特征的辅助下对目标地物的有效识别将起到积极作用。以道路和房屋顶为例，虽然两者灰度值的范围特征很相似，但它们在空间的形状有着明显的差异，道路呈条带延伸状，而房屋顶则具有一定的长度和宽度，利用两者形状特征的差异可以比较容易地将它们区分开。

基于地物空间特征的遥感影像分类方法得到发展，应用中常见的方法有支持向量机、上下文分类、纹理分类。例如，支持向量机(support vector machines，SVMs)是人工智能中机器学习(machine learning)领域统计学习的一种新方法，即根据样本数据寻找变化规律，然后利用这些规律对未知数据进行预测。在遥感图像分类中，支持向量机只要是根据样本数据的规律，通过一个优化过程寻找构成不同地物类别的边界，达到分类的目的。支持向量机分类属于非参数监督分类，其优点在于对样本数据分布没有特殊要求，并且是专门针对有限训练样本数据的情况，不像传统监督分类方法要求大量的训练样本或样本数据必须满足正态分布。此外，支持向量机分类不像传统分类方法那样试图将原始输入样本数据进行降维处理，而是设法将输入的样本数据的空间维数提高，以期望在高维空间中使不同地物类别的可分性更大。特征空间维数的增加，使得输入的特征可以多元化，为利用地物空间特征提供了途径。

在基于地物空间特征的遥感影像分类方法中，分类判别函数常常是根据一定大小窗口内(如 3×3、5×5)的像元特征，通过逐步移动判断像元与其周边像元的关系，再确定像元的属性，即所谓的移动窗口和邻接像元。一般而言，移动窗口越大，包含的邻接像元越多，对地物空间特征如形状、纹理的判断越充分，相应的分类结果准确性也越高。但是，其局限性在于大量邻接像元的存在，会混合不同地物类别边缘像元的数量，将它们之间的边界模糊化，以及移动窗口的尺寸究竟在什么大小比较合适，事先是难以确定的。

7.2.3.3 基于对象的图像分类

基于对象的图像分类，又称为面向对象的图像分类，是更为高级的计算机支持下的图像理解。在遥感影像分类中，对象(object)是影像分割(image segmentation)后的结果，是具有相似信息和明显空间特征的地物类别的集合体。虽然利用地物的纹理等空间特征可以辅助分类，提高分类的准确程度，但在大部分情况下，图像理解应当建立在对象与它们之间的相互关系上，而非单个像元，遥感影像或多或少均具有纹理特征，只有当这些具有纹理特征的遥感影像被分割为同质对象时，成功分析图像才能成为现实。

基于对象的遥感影像分类，是通过某种规则将影像分割，使其形成在空间上具有连续性、相似性的、由像元组成的一个个对象，然后再从光谱和形状等特征对对象进行刻画描述，进而分类。面向对象的遥感影像分类，其优势在于：①它是以同质对象为基本分析单元，而对象内部光谱差异小，避免了像元间光谱异质性引起的分类错误；②在分类过程中不仅考虑了对象的光谱特征、空间特征，重要的是考虑了对象间的上下文信息(context information)，即对象在空间中的相互关系(如城区的道路比较平坦，路的两侧有排列规则的行道树或建筑物)，可以有效地克服基于像元层次与基于空间特征层次分类的不足。

基于对象的遥感影像分类，其流程包括影像分割、建立分类规则和信息提取。相关内容可参考已发表的文献。目前，已经形成商业应用的面向对象的遥感软件是由德国开发的 eCognition。

图 7-25 是 2 组基于像元的分类结果与基于对象的分类结果比较例子，一组是对自然景观为主的，另一组是以城市景观为主。可以看出，面向对象的分类方法与原始图像中地物类别吻合度高，尤其是在城市景观中效果更加明显，并且基于像元的分类结果椒盐效应明显。

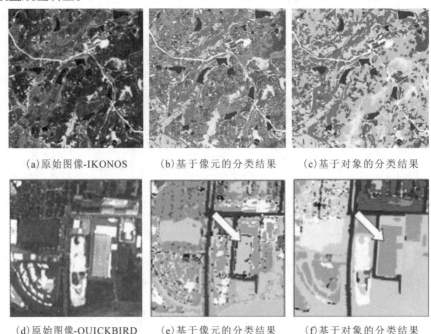

图 7-25 2 种层次分类方法效果比较

遥感影像计算机自动解译是建立在模式识别的基础上的，相关领域的理论与方法的发展，都会促进遥感分类的发展。此外，随着地学各分支学科的发展，大量的非遥感数据被用于遥感影像计算机自动分类中，如地形图、高程图、土壤图、植被分布图等，以增加训练样本的数量或准确性，提高分类的准确度。

7.3 图像解译误差与精度评价

遥感图像所提供的信息是应用中最核心的问题，图像解译作为提供遥感影像专题信息的一种主要方式，有必要了解分类过程中误差产生的原因，并评价分类结果的精准性。因为遥感图像解译结果的精准性会影响这些结果的有用性，以及利用这些结果进行后续应用时的合理性。

遥感影像解译的精度是指通过不同方法获得的影像分类结果，与假定的参考标准图之间的吻合程度，这里包含两层意思：一是两者的空间位置是否吻合；二是两者相同空间位置处对应像元的类别是否吻合。如果空间位置、地物类别与参考标准图之间的吻合度高，则解译结果的精度高，反之则解译结果精度低。

7.3.1 解译误差及其特点

引起遥感图像解译误差的因素多种多样，例如：待解译图像代表的地面区域的景观异质性，异质性越小，地表地物越均一，分类误差可能会很小；遥感数据空间分辨率引起的混合像元，像元空间分辨率越低，单个像元所包含的地物类别多的可能性越大，计算机自动分类中引起判别错误的概率也越大；计算机自动分类算法本身引起的误差。除此之外，遥感是从遥远的高空成像，成像过程要受传感器、大气条件、太阳位置等多种因素的影响，影像中所提供的地物信息不可能很完整，或多或少会带有噪声，是引起解译误差的客观因素；以及解译前遥感图像各种处理中引起的误差，如几何校正，要么是由于校正过程精度低引起空间位置不匹配，要么是在重采样的过程中可能会改变原始像元数据，引入原始数据没有的特征，引起类别解译误差。根据对解译精度的定义，可将误差分为两种主要类别：一是位置误差，指不同地物类别之间的边界不准确；二是属性误差，指对地物类别的识别不准确。

在目视解译中，解译精度受目视解译者的影响最大，不同解译者的专业知识与经验大不相同，会导致位置和属性判断错误，引起误差。在计算机自动解译中，解译精度（或分类精度）主要受地物光谱特征、遥感像元的混合程度、自动分类算法的影响。尤其是以光谱特征为基础的传统分类方法，受影响更大，类别误分的概率更高，这主要是由地物光谱与信息不对应特征引起的"同物异谱"和"异物同谱"现象，如相同地物在阳面和阴面光谱特征不同，或不同的地物其光谱特征却非常相似（图7-20）。混合像元大量存在，是引起分类误差的重要因素，如一些处于不同地物类别边界的混合像元，由于其像元灰度值不属于周边任意类别的特征，在分类过程中往往会被误分，引起误差。分类算法引起的误差在前文已有描述，如平行六面体法对位于不同类别重叠区中的像元误分的可能性大。

了解和分析解译误差产生的原因及其特征，对已解译的结果进行修正或对计算机自动分类方法的改进都具有十分重要的作用。

7.3.2 解译精度评价

如前所述，解译精度评价是依赖于参考的标准图像，理论上是逐像元比较分类结果与标准图像，得出解译的精确度。但在实际应用中，要提供与解译图像对应的完整标准图像是很困难的，尤其是在研究的空间尺度大、时间尺度频率高的情况下，因此解译精度评价以部分像元为主要对象，标准图像的来源可以是野外调查的结果，也可以是比分类结果空间分辨率更高的图像，或者已经被检验过的其他来源的解译结果。

7.3.2.1 确定评价像元的方法

为得到科学客观的解译精度评价结果，保证从整张分类结果中选取的那部分像元具有代表性和有效性，抽样统计是比较合理的方法，常用的有随机抽样、系统抽样、分层抽样。

(1) 随机抽样

随机抽样是指在分类结果图像中随机地选择一定数量的像元，然后比较这些像元的解译类别和标准类别之间的一致性。随机抽样使得每个像元被选中的概率都是一样的，所计算有关总体的参数估计是无偏的，且该方法在统计上和参数估计上非常简单。但是，随机抽样可能使那些出现概率小的地物类别被遗漏，或抽样的数量较少，对精度评价产生影响。

(2) 系统抽样

系统抽样是指在分类结果图像中先随机地确定一个起点，然后每隔一定间隔抽取一个像元，再比较这些像元的解译类别和标准类别之间的一致性。可见，系统抽样是随机抽样的一种变化方式。但系统抽样比随机抽样更容易监督、检查，如随机抽样中确定的像元，在野外调查时遇到困难（如能否达到等）的可能性更大。

(3) 分层抽样

分层抽样是指对分类结果图像中的每种地物类别，分别进行随机抽样，然后比较这些像元的解译类别和标准类别之间的一致性。分层抽样主要是为了解决随机抽样可能漏抽那些数量相对较少的地物类别的难题，这样可使得每个地物类别都能出现在抽取的样本中。

7.3.2.2 解译精度评价指标

在确定评价的像元样本后，可建立某些评价指标来定量判断解译结果的精度。目前最为常见的是利用抽样的像元样本建立混淆矩阵(confusion matrix)，在此基础上计算不同地物类别的解译精度、用户精度、总体精度和Kappa系数等指标，最终定量评价基于总体或各种地物类别的解译精度。

混淆矩阵是将每类像元的解译结果与相应的标准结果放在一个二维矩阵中，使矩阵中的每一列代表标准结果的信息、每一行代表遥感影像解译的信息（见表7-2），从而可以快速、便捷地计算其他精度评价指标。

表7-2 混淆矩阵与精度评价指标

参考标准类别	遥感解译类别						行之和	制图精度
	1	2	3	4	…	n		
1	N_{11}	N_{21}	N_{31}	N_{41}	…	N_{n1}	N_{+1}	N_{11}/N_{+1}
2	N_{12}	N_{22}	N_{32}	N_{42}	…	N_{n2}	N_{+2}	N_{22}/N_{+2}
3	N_{13}	N_{23}	N_{33}	N_{43}	…	N_{n3}	N_{+3}	N_{33}/N_{+3}
4	N_{14}	N_{24}	N_{34}	N_{44}	…	N_{n4}	N_{+4}	N_{44}/N_{+4}
…	…	…	…	…	…	…	…	…
n	N_{1n}	N_{2n}	N_{3n}	N_{4n}	…	N_{nn}	N_{+n}	N_{nn}/N_{+n}
列之和	N_{1+}	N_{2+}	N_{3+}	N_{4+}	…	N_{n+}	N	
用户精度	N_{11}/N_{1+}	N_{22}/N_{2+}	N_{33}/N_{3+}	N_{44}/N_{4+}	…	N_{nn}/N_{n+}		
总体精度：$(N_{11}+N_{22}+N_{33}+N_{44}+\cdots+N_{nn})/N$								

在表 7-2 中，N_{ij} 代表像元的数量，N 代表所有抽样像元的总数量。从混淆矩阵可以很明显看出矩阵中对角线上列出的是每种地物类别正确解译的像元数量，以及解译中将某类别误分到哪些类别中去了。由于混淆矩阵是一个 $n \times n$ 的矩阵，行和列的信息也可以对调交换位置。

(1) 制图精度(produce's accuracy)

制图精度是指从解译结果中任取一个随机样本，该样本所代表的地物类别与标准地物类别相同的条件概率。在混淆矩阵中，制图精度等于对角线上的像元数与该行像元总数的比值。

(2) 用户精度(user's accuracy)

用户精度是指从标准参考资料中任取一个随机样本，解译结果图像中同一地点的分类结果与该样本属性相同的条件概率。在混淆矩阵中，用户精度等于对角线上的像元数与该列像元总数的比值。

(3) 总体精度(overall accuracy)

总体精度是指对每一个随机样本，其解译结果与标准资料中相应区域的实际类别相一致的概率。在混淆矩阵中，总体精度等于对角线上所有像元数(所有地物类别正确解译的像元数)之和与像元总数的比值。

(4) Kappa 系数(kappa index)

总体精度、用户精度、制图精度都具有一个共同的缺点，即像元类别的微小变动可能导致其百分比发生变化，因此，这些指标的客观性依赖于抽样样本及其抽样方法。Kappa 系数的计算中采用了混淆矩阵中所有的元素，克服了以上几种指标的缺点。在混淆矩阵中，Kappa 系数主要是根据对角线上的像元数、各类别的像元总数、总像元数来计算：

$$Kappa = \frac{N(\sum_{i=1}^{n} N_{ii}) - \sum_{i=1}^{n} (N_{i+})(N_{+i})}{N^2 - \sum_{i=1}^{n} (N_{i+})(N_{+i})} \qquad (7-11)$$

式中　N——总样本数；

n——总的类别数；

N_{ii}——矩阵中第 i 行、第 i 列上像元的数量(即正确分类的数量)一类所在行总数；

N_{i+}——某一类所在第 i 行像元总数；

N_{+i}——某一类所在第 i 列像元总数。

由公式(7-11)可知，Kappa 系数介于 0~1 之间，其值越大，表明解译的结果与参考标准之间的吻合度越高，表 7-3 显示了 Kappa 系数大小与解译精度的之间关系。

表 7-3　Kappa 系数与解译精度的关系

Kappa 系数	<0.2	0.2~0.4	0.4~0.6	0.6~0.8	0.8~1
解译精度	差	一般	好	很好	极好

表 7-4 是某遥感影像解译结果的混淆矩阵，从表中可以直观得到不同地物类别的制图精度、用户精度，以及各类别被误分到哪些地物类别中，通过简单计算还可以得出总体精度、Kappa 系数等评价指标。

表 7-4　某遥感影像解译结果混淆矩阵与精度评价

参考标准类别	遥感解译类别							行之和	制图精度（%）
	水稻田	玉米地	裸土	滩涂	水体	林地	城市		
水稻田	606	18	23	0	0	178	1	826	73.37
玉米地	130	707	171	1	0	159	0	1 168	60.53
裸土	262	259	801	3	0	147	11	1483	54.01
滩涂	1	2	3	960	0	26	51	1 043	92.04
水体	0	0	0	0	983	0	0	983	100.00
林地	1	14	2	2	0	478	18	515	92.82
城市	0	0	0	34	17	12	919	982	93.58
列之和	1 000	1 000	1 000	1 000	1 000	1 000	1 000	7 000	
用户精度（%）	60.60	70.70	80.10	96.00	98.30	47.80	91.90		

总体精度 = 77.91%

$Kappa$ = 0.742 3

除以上介绍的 4 种评价指标外，还有其他不同的评价指标，如漏分误差（omission error）（指某地物类别被错误地解译到其他类别的概率，与制图精度之和为 1）、错分误差（commission error）（指解译结果图像中被划分为某类别的地物与参考标准不同的概率，与用户精度之和为 1）。

思考题

1. 什么是监督分类，什么是非监督分类？简述监督分类和非监督分类的异同。
2. 试述图像分类精度评价的主要内容。
3. 简要介绍计算机自动分类方法及其发展趋势。
4. 结合遥感数字图像处理的内容，思考在同一个研究区，利用不同时期的同种遥感影像分类后，如何快速地判断土地利用类型是否发生变化，以及如何变化？如某像元前期是水域，后期是否还是水域？若不是，会变成为何种地类呢？

第8章　高光谱遥感在植被研究中的应用

植被作为地球陆地覆盖面最大、对人类生存环境和生存质量影响最大的因素，一直都是遥感工作者重点关注的对象之一。当携带丰富光谱信息的高光谱遥感出现后，各国学者对高光谱遥感技术在植被研究中的应用更是给予了极大的关注。

植被的光谱反射或发射特性是由其组织结构、生物化学成分和形态学特征决定的，而这些特征与植被的发育、健康状况以及生长环境等密切相关。图8-1显示的是三类典型地物的反射光谱曲线，从图中可见植被具有明显不同于干土壤和清水曲线的光谱特征。健康绿色植物的光谱曲线具有明显的"峰和谷"的特征。可见光部分0.45 μm和0.67 μm处由于叶绿素强烈吸收蓝光和红光形成低谷，在0.55 μm绿波段由于色素反射绿光形成反射峰。因此，人们对健康植物的视觉效果是绿色的。

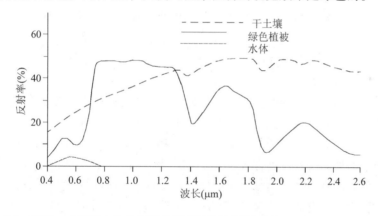

图8-1　植被、土壤和水体的典型光谱反射曲线(引自Lillesand & Kiefer, 1994)

如果叶绿素等色素的浓度或含量因为季节变化或病虫害而下降，那么绿色视觉效果就会减弱。可见光区的"蓝边"(蓝过渡到绿)、绿峰、"黄边"(绿过渡到红)、红光低谷及红光过渡到近红外的"红边"是描述植物色素状态和健康状况的重要指示波段，其中"红边"是植物曲线最明显的特征。近红外高原区(0.7~1.3 μm)对于典型植物叶子的反射率一般为40%~50%。这主要是由于植物叶子内部组织结构(细胞结构)多次反射、散射的结果。1.3 μm以后有3个明显的低谷：1.4 μm、1.9 μm和2.7 μm处。它们是由于叶子内部的液态水强烈吸收引起的，因此称这些波长位置为水吸收波段。这些吸收波段间出现两个主要反射峰，位于1.6 μm和2.2 μm处。这是植物曲线所特有的光谱特征。由于不同植物绿叶之间以及同一植物不同部位的绿叶之间色素含量(主要是叶绿素)及水分含量的差异，它们之间的光谱曲线线形存在许多差别，主要差异发生在叶绿素强烈吸收的蓝、红光区和水吸收的中红外区。即使是同一种植物(美国梧桐)由于叶子生长部位不同,它们叶绿素吸收引起的可见光曲线形状也明显不同。不同植物种类之间"吸收谷""反射峰"的差异更为明显。植物绿叶光谱曲线线形除受种类及部位因素影响外,还受物候季相的影响。

传统的宽波段遥感数据对于植被的研究仅限于一般性的红光吸收特征、近红外反射特征及中红外的水吸收特征的研究。并且用宽波段数据几乎不可能提取与叶绿素含量密切相关的"红边"光学参数。成像光谱仪的出现已使从飞机到卫星平台获取高光谱分辨率图像数据成为可能。成像光谱测量是一种非常特殊的光学遥感,它以窄波段、波长连续的辐射抽样方式记录地表物体的光谱信息,能提供完满连续的光谱信息,能详细描述不同植物特有的光谱特征。这种能提供类似实验室光谱信息的高光谱遥感为我们探测植被形态和活力、监测土地覆盖变化和估计生态系统的生物物理和生物化学参数提供了方便。

总之,高光谱遥感可探测到植被的精细光谱信息,特别是植被各种生化组分的吸收光谱信息。此外,还可以反演各组分含量,监测植被的生长状况,监测植被受空气污染的状况等。经过多年的研究和发展,高光谱遥感作为一种新的遥感技术已经在植被指数、植被叶面积指数、光合有效辐射、冠层温度及群落类型等因子的估算,以及在植被生物化学参数分析、植被生物量和作物单产估算、作物病虫害监测中得到广泛的应用。本章主要介绍高光谱遥感的基础知识及其在林业方面的应用。

8.1 高光谱遥感的基本概念

高光谱分辨率遥感(hyperspectral remote sensing)是指利用很多很窄的电磁波波段从感兴趣的物体获取有关数据。它的基础是测谱学(spectroscopy)。早在20世纪初测谱学就被用于识别分子和原子及其结构。由于物质是由分子、原子构成的,组成物质的分子、原子的种类及其排列方式决定了该物质区别于其他物质的本质特征。当电磁波入射到物质表面时,物质内部的电子跃迁,原子、分子的振动、转动等作用使物质在特定的波长形成特有的吸收和反射特征,能够通过物质的反射(或吸收)光谱反映出物质的组成成分与结构的差异,然而这些吸收和反射特征在传统的多光谱遥感数据上很难清楚地体现。

20世纪80年代开始建立成像光谱学(imaging spectroscopy),它是在电磁波谱的紫外、可见光、近红外和中红外区域获取许多非常窄且光谱连续的图像数据的技术。成像光谱仪(imaging spectrometer)为每个像元提供数十至数百个窄波段(通常波段宽度<10nm)光谱信息,能产生一条完整而连续的光谱曲线。图8-2展示了成像光谱学的基本概念。成像光谱仪将视域中观测到的各种地物以完整的光谱曲线记录下来。这种记录的光谱数据能用于多学科的研究和应用中。

高光谱遥感的出现是遥感界的一场革命。它使本来在宽波段遥感中不可探测的物质,在高光谱遥感中能被探测。研究表明:许多地表物质的吸收特征在吸收峰深度(band depth)一半处的宽度为20~40nm。由于成像光谱系统获得的连续波段宽度一般

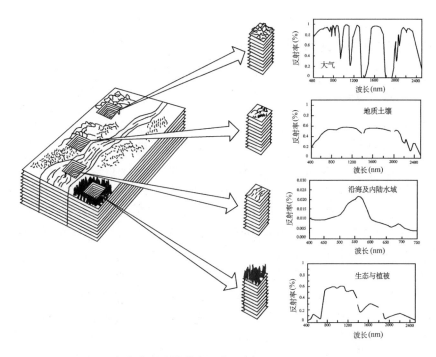

图 8-2　高光谱遥感的基本概念（引自 Green, et al., 1998）

在 10nm 以内，因此这种数据能以足够的光谱分辨率区分出那些具有诊断性光谱特征的地表物质。这一点在地质矿物分类及成图上具有广泛的应用前景。而陆地卫星传感器，像 MSS 和 TM，因为它们的波段宽度一般在 100～200nm（远宽于诊断性光谱宽度），且在光谱上并不连续，也不完全覆盖整个可见光至红外光（0.4～2.4 μm）光谱范围，因此无法探测这些具有诊断性光谱吸收特征的物质。类似地，假如矿物成分有特殊的光谱特征，用这种高光谱分辨率数据也能将混合矿物或矿物像元中混有植被光谱的情形，利用混合像元分解技术在单个像元内计算出各种成分的比例。在地物探测和环境监测研究中，利用高光谱遥感数据，可采用确定性方法（模型），而不像宽波段遥感采用的统计方法（模型）。其主要原因也是因为成像光谱测定法能提供丰富的光谱信息，并借此定义特殊的光谱特征。

总之，高光谱遥感具有不同于传统遥感的新特点，主要表现在：①波段多，可以为每个像元提供几十、数百甚至上千个波段；②光谱范围窄，波段范围一般小于 10nm；③波段连续，有些传感器可以在 350～2 500nm 的太阳光谱范围内提供几乎连续的地物光谱；④数据量大，随着波段数的增加，数据量成指数增加；⑤信息冗余增加，由于相邻波段高度相关，冗余信息也相对增加。因此，一些针对传统遥感数据的图像处理算法和技术，如特征选择与提取、图像分类等技术面临挑战。如用于特征提取的主分量分析方法、用于分类的最大似然法、用于求植被指数的 NDVI 算法等，不能简单地直接应用于高光谱数据。高光谱遥感与常规遥感相比并不是简单的数据量的增加，而是信息量的增加，信息量可增加十倍以至数百倍。在遥感的发展历史上，高光谱遥感的出现可以说是一个概念上和技术上的创新。

8.2 高光谱遥感的研究现状

8.2.1 航空成像光谱仪

20世纪80年代遥感技术的最大成就之一是高光谱遥感技术的兴起。1983年，航空成像光谱仪（AIS-1）获取的第一幅高光谱分辨率图像标志着第一代高光谱分辨率传感器面世，它要求利用新的处理手段来操作和提取信息。AIS-1和AIS-2为第一代成像光谱仪的代表，被成功地应用在多个地学研究领域中，比如，在内华达Cuprite地区的应用中取得很好的效果。AIS采用以推扫方式的二维面阵列成像，从而使得高光谱图像宽度（每行像元数）非常有限。但它开创了高光谱和高空间分辨率兼有、光谱和图像合一的高光谱遥感技术的新时代。

美国宇航局（NASA）喷气推进实验室（JPL）从1983年开始研制一种称作航空可见光/红外光成像光谱仪（AVIRIS）。在1987年获得第一幅AVIRIS图像，它是第二代成像光谱仪的代表。AVIRIS是首次测量全部太阳辐射覆盖的波长范围（0.4~2.5 μm）的成像光谱仪，共有224个通道。AVIRIS与AIS的主要区别在于AVIRIS以掸扫式线阵列成像。与AIS传感器相比，AVIRIS在传感器本身、定标、数据系统及飞行高度等方面都有很大的改进，以满足研究人员在科研和应用中对AVIRIS数据质量的要求。几乎与AVIRIS并存的加拿大研制的小型机载成像光谱仪（CASI）有很高的光谱分辨率（1.8nm），288个波段覆盖的光谱范围包括可见光和部分近红外区域（430~870nm）。由美国研制的高光谱数字图像实验仪（HYDICE）在1996年开始使用，它的探测范围与AVIRIS相同（400~2 500nm），但用CCD推扫式技术成像。HYDICE有210个波段，宽度3~20nm不等。它们均为地学、植被研究与应用提供了大量有价值的高光谱数据。

近年来世界上一些有条件的国家竞相投入到成像光谱仪的研制和应用中来。新一代成像高光谱仪有澳大利亚的HyMap、美国的Probe、加拿大的ITRES公司的系列产品，以及由美国GER公司为德士古（TEXACO）石油公司专门研制的TEEMS系统等。

HyMap是"高光谱制图仪"（hyperspectral mapper）的简称，是以澳大利亚Itegrated Spectronics公司为主研制的。经过近五年的发展，它已经成为技术较为完善、系统较为配套的新一代实用型航空高光谱成像仪的代表。HyMap在0.45~2.5 μm光谱范围有126个波段，同时在3~5 μm和8~10 μm 2个波长区设置了2个可供选择的波段，共有128个波段。该仪器由4个探测器组成，每个探测器有32个通道，质量200kg，并且配有导航定位系统（GPS）、定位和姿态参数记录设备（Imu）三轴稳定陀螺平台，以及先进的数据预处理系统，可根据飞行获取的姿态参数和大气参数，实现对图像的几何校正和大气校正。Probe是Earth Search Sciences公司开发的另外一个有影响的航空成像光谱仪系统，该系统的各种参数与HyMap系统相似。

加拿大的ITRES公司是世界上最早从事机载成像光谱仪及其相关设备研究和发展的企业之一，其成像光谱仪分为3个系列：在可见光—近红外成像的CASI（compact airborne spectrographic imager）系列、在短波红外成像的SASI（shortwave infrared airborne spectrographic imager)、在热红外成像的 TABI(thermal airborne spectrographic imager)系列。该系统突出特点包括图像动态范围高达 12~14 bit；具有较高的光谱分辨率，可见光—近红外波段达到 2.2nm；视场角大，图像的行扫描宽度可达 1 480 个像元。

TEEMS 是德士古能源和环境多光谱成像光谱仪(Texaco energy & environmental multispectral imaging spectrometer)的简称。这是一台具有 200 多个波段、性能十分先进的实用型高光谱成像仪。该系统具有紫外、可见光、近红外、短波红外和热红外波段的光谱成像能力，从而在石油地质勘探特别是在探测与油气藏有关的特征中发挥了很大的作用。TEEMS 的另一个显著的特点是它与一台高分辨率合成孔径雷达集成为一体，实现了被动光学遥感器(成像光谱)与主动微波雷达的合成工作模式。

与此同时，国内成像光谱仪的发展也取得了长足的进步。20 世纪 80 年代中后期，我国开始着手发展高光谱成像系统，在国家"七五""八五""九五"科技攻关，"863"高技术研究发展计划等重大项目的支持下，我国成像光谱仪的发展，经历了从多波段扫描仪到成像光谱扫描仪，从光机扫描到面阵列 CCD 探测器固态扫描的发展过程。相继开发了 MAIS、PHI、OMIS 等成像光谱仪。我国自行研制的推扫型成像光谱仪(PHI)和实用型模块成像光谱仪系统(OMIS)在世界航空成像光谱仪大家庭里占据了重要地位，代表了亚洲成像光谱仪技术水平，多次参与了与国外的合作，并在国外执行飞行任务。PHI 和 OMIS 的主要技术参数见表 8-1 和表 8-2。

表 8-1 推扫型成像光谱仪 PHI 主要技术参数

工作方式	面阵 CCD 探测器推扫
视场角(rad)	0.36(21°)
瞬时视场角(mrad)	1.0
波段数	244
信噪比	300
光谱分辨率(nm)	<5
像元数(像素/行)	367
光谱范围(nm)	400~850
光谱采样(nm)	1.86
帧频(Fr/s)	60
数据速率(Mb/s)	7.2
质量(kg)	9

表 8-2 OMIS 成像光谱仪主要技术参数

类型	总波段	光谱范围(μm)/分辨率(nm)/波段	光谱范围(μm)/分辨率(nm)/波段	光谱范围(μm)/分辨率(nm)/波段	光谱范围(μm)/分辨率(nm)/波段	光谱范围(μm)/分辨率(nm)/波段	瞬时视场(mrad)	总视场(°)	扫描率(线/s)	行像元数	数据编码(bit)	最大数据率(Mb/s)	探测器
OMIS-Ⅰ	128	0.46~1.1/10/64	1.06~1.70/40/16	2.0~2.5/15/32	3.0~5.0/250/8	8.0~12.5/500/8	3	>70	5、10、15、20 可选	512	12	21.05	Si、InGaAs、InSb、MCT 线列
OMIS-Ⅱ	64	0.4~1.1/10/64	1.55~1.75/200/1	2.08~2.35/270/1	3.0~5.0/2 000/1	8.0~12.5/4 500/1	1.5/3 可选	>70	5、10、15、20 可选	1 024/512	12	21.05	Si 线列、InGaAs 单元、InSb/MCT 双色

8.2.2 航天成像光谱仪

1997年美国NASA计划中的第一颗高光谱遥感卫星(LEWIS)发射之后失败是高光谱遥感技术发展的一大憾事。经过多年不懈努力，如今美国的中分辨率成像光谱仪(MODIS)，EO-1高光谱卫星，美日合作的先进星载热发射反射辐射计以及美国军方的"Might-Sat"高光谱卫星已经成功发射并在轨道上正常运行。

MODIS是EOS-AM1卫星(1999年12月发射)和EOS-PM1(2002年5月发射)上的主要探测仪器——中分辨率成像光谱仪，也是EOS Terra平台上唯一进行直接广播的对地观测仪器。通过MODIS可以获取$0.4\sim14\ \mu m$范围内的36个波段的高光谱数据，为开展自然灾害、生态环境监测、全球环境和气候变化以及全球变化的综合性研究提供了重要的数据源。

美国宇航局(NASA)的地球轨道一号(EO-1)带有3个基本的遥感系统，即先进陆地成像仪(advanced land imager，ALI)、高光谱成像仪(HYPERION)以及大气校正仪(linear etalon imaging spectrometer arrey atmospheric corrector，LAC)。EO-1上搭载的高光谱遥感器hyperion是新一代航天成像光谱仪的代表，空间分辨率为30m，在$0.4\sim2.5\ \mu m$范围内共220个波段，其中在可见光—近红外(400~1 000nm)范围内有60个波段，在短波红外(900~2 500nm)范围内有160个波段。

LAC是具有256个波段的大气校正仪，它在890~1 600nm光谱段具有256个波段，其主要功能是对Landsat-7ETM+和EO-1的ALI遥感数据进行水汽校正，同时1 380nm光谱段也能获得卷云的信息。2000年7月，美国发射的MightSat-II卫星上搭载的傅立叶变换高光谱成像仪(Fourier transform hyperspectral imager，FTHSI)是干涉成像光谱仪的成功典范。

2001年10月，欧洲空间局(European Space Agency，ESA)成功发展了基于空中自治小卫星PROBA小卫星的紧密型高分辨率成像光谱仪(compact high resolution imaging spectrometer，CHRIS)并发射成功。这一计划的主要目标是获取陆地表面的成像光谱影像。系统还采用对地表选择对象的多角度观测技术以测量其二向性反射特性。CHRIS在415~1 050nm的成像范围内有5种成像模式，不同的模式下其波段数目、光谱分辨率和空间分辨率不等，波段数目分别是18、37和62，光谱分辨率为5~15nm，空间分辨率为17~20 m或者34~40 m。CHRIS较其他星载成像光谱仪有一个很独特的优势，就是CHRIS能够从5个不同角度(观测模式)对地物进行观测，这种设计为获取地物反射的方向性特征提供了可能。CHRIS和PROBA无论是空间分辨率、光谱分辨率还是其工作模式，在目前的星载成像光谱仪中都是先进的。

2002年3月欧洲太空局又成功发射了Envisat卫星，这是一颗结合型大平台先进的极轨对地观测卫星，其上搭载的服务于多种目标的遥感器确保了欧洲太空局对地观测卫星的数据获取的连续性。其中分辨率成像光谱仪(medium resolution imaging spectrometer，MERIS)为一视场角为68.5°的推扫型中分辨率成像光谱仪，它在可见光—近红外光谱区有15个波段，地面分辨率为300 m，每3天可以覆盖全球一次。MERIS的主要任务是进行沿海区域的海洋水色测量，除此还可以用于反演云顶高度、大气水汽柱含量等信息。MERIS 可通过程序控制选择和改变光谱段的布局，这为未来高光谱遥感器波段的设计和星上智能化布局开拓了新的思路。

日本继 ADEOS-1 之后于 2002 年 12 月发射了 ADEOS-2，其上携带着日本宇宙开发事业团(NASDA)的两个遥感器(AMSR 和 GLI)和国际或国内合作者提供的 3 个遥感器(POLAR，ILAS-Ⅱ，SeaWinds)。GLI 在可见和近红外有 23 个波段，在短波红外有 6 个波段，而在中红外和热红外有 7 个波段。主要提供海洋、陆地和云的高精度观测数据，其优点表现在可见光波段数比其他海洋水色遥感器和大气观测遥感器要多得多。另外，GLI 还有海洋水色观测所需要的大气定标波段以及陆地观测所需的高动态范围波段。不仅如此，GLI 还有一些以前从来没有用过的重要波段，如 0.38 μm(近紫外)，0.76 μm(氧气吸收波段)和 1.4 μm(水汽吸收波段)。

我国 2002 年 3 月发射的神舟 3 号无人飞船上搭载了一个中分辨率的成像光谱仪(China moderate resolution imaging spectroradiometer，CMODIS)，CMODIS 有 34 个波段，波长范围在 0.4～12.5 μm。这是继美国 1999 年发射 EOS 平台之后第二次将中分辨率成像光谱仪送上太空，从而使中国成为世界上第二个拥有航天载成像光谱仪的国家。2008 年 9 月 6 日，我国首个环境与灾害监测预报小卫星星座环境一号(HJ-1-A)卫星在太原卫星发射中心通过一箭双星方式发射成功，其上搭载的干涉型超光谱成像光谱仪具有 128 个波段，波长范围在 0.45～0.95 μm。2010 年 11 月发射成功的风云三号(FY-3)气象卫星搭载了具有 20 个波段的中分辨率成像光谱仪(MERIS)，该仪器是风云三号卫星上的主要遥感仪器之一，采用由 4 个焦平面探测器获取信号的多元并行扫描技术，可探测可见光至长波红外波段 20 个光谱通道的地球目标详细光谱影像，地面分辨率为 250 m 和 1 000 m 2 种。仪器具有红、绿、蓝 3 个自然色以及近红外和长波红外 5 个 250 m 分辨率的通道，能每天观测全球两次，具有目前国际上所没有的遥感功能，是监测地球环境动态变化最有效的空间遥感仪器。

高光谱遥感正由以航空遥感为主转向航空和航天高光谱遥感相结合的阶段。那些已发射的与即将发射的高光谱遥感传感器将使人类将以更敏锐的眼光洞察世界。人们利用 NASA EOS 计划，以及 ESA 的 ENVISAT 等卫星所提供的丰富的陆地、海洋和大气等信息，配合航空高光谱成像光谱仪所提供的高空间分辨率、高光谱信息，将会给遥感技术及应用带来一场革命性的变革。

8.3 高光谱数据的获取与分析

8.3.1 高光谱数据的获取

高光谱遥感数据的获取需要覆盖一定波谱范围的成像光谱仪及非成像光谱仪作为它的传感器。而这些高光谱传感器获取数据主要有 3 种方式：一是通过星载传感器获取；二是通过机载传感器获取；三是地面获取。

8.3.1.1 地面非成像光谱数据的获取

利用光谱测量仪器地面同步测量不同地物反射光谱特性是高光谱遥感应用和研究

的重要环节之一。利用高光谱非成像光谱(辐射)仪在野外或实验室测量地质矿物、植物或其他物体的光谱反射率、透射率及其他辐射率，不仅能帮助理解航空或航天高光谱遥感数据的性质，而且可以模拟和定标一些成像光谱仪在升空之前的工作性能。在研制任何将来希望升空的传感器之前，首先要进行地面模拟和测试，如确定传感器测量光谱范围、波段设置(波段数、宽度、位置)和评价遥感数据的应用潜力等。

野外光谱仪在自然环境下测得的高光谱数据可用于不同的遥感领域。首先野外光谱仪数据可供用来建立和测试描述表面方向性光谱反射和生物物理属性的关系。地表的辐射能抵达传感器是一个复杂的过程，受多种因素影响，包括地面的生物物理性质、地表的宏观微观糙度、观测和光线照射的几何角度、大气状态等因素的影响。因而这种模拟是必要的。其次，光谱测量学用来描述表面反射特性，以便为航空和航天传感器定标。第三，当有些应用不需要图像数据时，光谱测量或低空测量是一种成本低廉、灵活的数据获取方法。因此，本书主要介绍有代表性的 ASD 野外光谱分析仪 FieldSpec Pro 的工作原理、技术参数以及地物数据的测量方法。

(1) 野外光谱仪

随着光电技术的迅速发展，许多新型的高光谱分辨率光谱(辐射)仪相继问世，其中大部分由美国制造。这些光谱仪可用于各种目的，特别是地物光谱分析，如利用便携式光谱仪到野外测定各种覆被类型的光谱值，可帮助人们理解各种地物的光谱特性和提高不同种类遥感数据的分析应用精度。

非成像光谱仪的基本工作原理是由光谱仪通过光导线探头摄取目标光线，经由 A/D(模/数)转换卡(器)变成数字信号，进入计算机。整个测量过程由计算机通过操作员控制。便携式计算机控制光谱仪并实时将光谱测量结果显示于计算机屏幕上。有的光谱仪带有一些简单的光谱处理软件(图 8-3)，可进行简单的处理，如光谱曲线平滑处理、微分处理等。测得的光谱数据可贮存在计算机内，也可拷贝到软盘上。为了测定目标光谱，需要测定三类光谱辐射值：第一类称暗光谱，即没有光线进入光谱仪时由仪器记录的光谱(通常是系统本身的噪声值，取决于环境和仪器本身温度)；第二类为参考光谱或称标准板白光，实际上是从较完美漫辐射体——标准板上测得的光谱；第三类为样本光谱或目标光谱，是从感兴趣的目标物上测得的光谱(这是我们最终需要的光谱)。为了避免光饱和或光量不足，依照测量时的光照条件和环境温度需要调整光谱仪的测定时间。最后，感兴趣目标的反射光谱是在相同的光照条件下通过参考光辐射值除目标光辐射值得到。因此，目标反射光谱是个相对于参考光谱辐射的比值(光谱反射率)。假如测量目标物的光谱透射率(如溶液样品)，则通过参考光谱除透射光谱得到样本的光谱透射率。

ASD 野外光谱分析仪 FieldSpec Pro 是一种测量可见光到近红外波段地物波谱的有效工具，能快速扫描地物，光纤探头能在毫秒内得到地物单一光谱。分析仪主要由附属手提电脑、观测仪器、手枪式手柄、光纤光学探头及连接数据线组成。表 8-3 列出了野外光谱辐射仪的技术参数。图 8-4 为 ASD 背挂式野外光谱辐射仪(ASD FieldSpec FR)及其野外测量图。

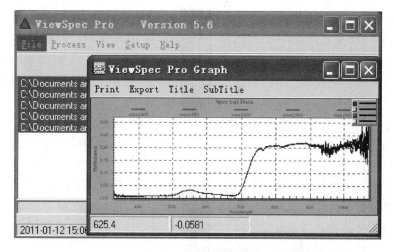

图 8-3 光谱处理软件

图 8-4 **ASD 野外光谱辐射仪及其野外测量图**

(来自 http://www.asdi.com/products/fieldspec-3-portable-spectroradiometer)

表 8-3 ASD 背挂式野外光谱辐射仪的技术参数

光谱范围 (nm)	光谱分辨率 (nm)	采样间隔 (nm)	视场角 (°)	显示	总质量 (kg)
350~2 500	3, 10	1.4(350~1 050), 2(1 000~2 500)	25	实时	8

FieldSpec FR 质量只有 8 kg，非常便于携带；0.35~2.5 μm 的光谱范围以及 3 和 10nm 的光谱分辨率使 FieldSpec FR 能满足分析现有及将来航空、卫星载成像光谱仪的需要；每秒获取 10 个光谱的速度使之更具备多功能性。同时，它能在手提电脑上实时持续显示测量光谱，使测量者在测量过程中依据即时反馈的光谱图像获取需要的测量数据。

FieldSpec FR 分光辐射度计由 3 个分光计组成，覆盖全部太阳反射光谱，即 350~2 500nm。1 个光学二极管阵列分光计用于 350~1 000nm(UV/VNIR)，而另外 2 个快速扫描分光计则用于 1 000~2 500nm(SWIR 1 和 2)。UV/VNIR 探测仪为一个拥有 512 阵元的弱暗电流 NMOS 光学二极管阵列，可根据周围环境的温度运转。InGaAs 探测器单元、PE 制冷恒温，主要用于两个 SWIR 分光计。所有的 3 个分光计利用凹全息照相栅分解光谱。

FieldSpec FR 分光计具有以下特点：每秒可得到 10 个光谱；内置光闸，漂移锁定暗电流补和分段二级光谱滤光片等为用户提供无差错的数据；实时测量并观测反射、透射、辐射度或者辐照率；高信噪比，高可靠性，高重复性；实时显示光谱线；重量轻，可电池操作。

FieldSpec FR 分光计通过一个长约 1.2 m 的光学纤维束采集光谱。当然，也可以使用更长的光学纤维束进行采集，但当波长超过 2 200nm 后，传输效果会减弱。光纤在分光计外被包裹为一束，进入仪器内部后，光纤则相应被分为三束连接 3 个分光计。一般仪器探针前视场为 25°，可装入到三角架上的手枪式手柄中，并带有可选择前附式光学附件，包括：辐射照度测量余弦接收器以及反射率和辐射亮度测量光学视角镜。仪器通过外接笔记本电脑控制，进行数据的显示与储存。各分光计得到光谱通过软件连接，并显示为 350~2 500nm 的连续光谱。

除此之外，ASD 公司还提供多种便携式太阳反射率、辐射率和辐照率测量光谱仪，包括：FieldSpec UV/VNIR(350~1 050nm)、FieldSpec NIR(1 000~2 500nm)、FieldSpec UV/VNIR/CCD(300~1 030nm)、FieldSpec Dual UV/VNIR(350~1 050nm) 和 FieldSpec OS(300~1 100nm) 等。

(2) 地物光谱的测量方法

样品的实验室测量：实验室测量常用分光光度计，仪器由微机控制，并把测量数据直接传给计算机。分光光度计的测量条件是一定方向的光照射，半球接收，因此获得的反射率与野外测定有区别。室内测量时要有严格的样品采集和处理过程，例如，植被样品要有代表性，采集后迅速冷藏保鲜，并在 12h 内送实验室测定；土壤和岩矿应按专业要求并制备成粉或块。由于实验室的测量条件高，应用不够广泛。

野外测量采用比较法，分为垂直测量和非垂直测量。

垂直测量：为使所有数据能与航空、航天传感器所获得的数据进行比较，一般情况下测量仪器均用垂直向下测量的方法，以便与多数传感器采集数据的方向一致。由于实地情况非常复杂，测量时常将周围环境的变化忽略，认为实际目标与标准板的测量值之比就是反射率之比。计算式为

$$\rho(\lambda) = \frac{V(\lambda)}{V_s(\lambda)} \rho_s(\lambda) \tag{8-1}$$

式中 $\rho(\lambda)$ ——被测物体的反射率；

$\rho_s(\lambda)$ ——标准板的反射率；

$V(\lambda)$ 和 $V_s(\lambda)$ ——测量物体和标准板的仪器测量值。

通常标准板用硫酸钡($BaSO_4$)或氧化镁(MgO)制成，在反射天顶角 $\theta_r \leq 45°$ 时，接近朗伯体，并且经过计量部门标定，其反射率为已知值。这种测量没有考虑入射角度变化时造成的反射辐射值的变化，也就是对实际地物在一定程度上取近似朗伯体，可见测量值也有一定的适用范围。

非垂直测量：在野外更精确的测量是测量不同角度的方向反射比因子，考虑到辐射到地物的光线由来自太阳的直射光(近似定向入射)和天空的散射光(近似半球入

射），因此，方向反射比因子取两者的加权和，其式为

$$R(\theta_i\phi_i,\theta_r\phi_r) = K_1 R_s(\theta_i\phi_i,\theta_r\phi_r) + K_2 R_D(\theta_r\phi_r)$$
$$K_1 = I_s(\theta_i\phi_i)/I(\theta_i\phi_i) \tag{8-2}$$
$$K_2 = I_D/I(\theta_i\phi_i)$$

式中　θ_i，ϕ_i——太阳的天顶角和方位角；

　　　θ_r，ϕ_r——观测仪器的天顶角和方位角；

　　　I_D——天空漫入射光照射地物的辐照度；

　　　$I_s(\theta_i\phi_i)$——太阳直射光在地面上的辐照度；

　　　$I(\theta_i\phi_i)$——太阳直射光和漫入射光的总辐照度；

　　　$R_D(\theta_r\phi_r)$——漫入射的半球—定向反射比因子；

　　　$R_s(\theta_i\phi_i,\theta_r\phi_r)$——太阳直射光照射下的双向反射比因子；

　　　$R(\theta_i\phi_i,\theta_r\phi_r)$——野外测量出的方向反射比因子。

具体测量方法如图 8-5 所示。

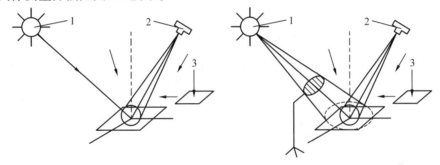

图 8-5　野外测量方法
1. 太阳　2. 光谱辐射计　3. 标准白板

先测 K_2 和 K_1。地面上平放标准板，用光谱辐射计垂直测量。①自然光照射时测量一次，相当于 I 值；②用挡板遮住太阳光使阴影盖过标准板（图 8-5 右），再测一次相当于 I_D；③求出两者比值 $K_2 = I_D/I$；④求出 $K_1 = 1 - K_2$。

再测自然条件下的反射比因子 $R(\theta_i\phi_i,\theta_r\phi_r)$。选择太阳方向 $(\theta_i\phi_i)$ 和观测角 $(\theta_r\phi_r)$，在同一地面位置分别迅速测量标准板的辐射值和地物的辐射值，计算比值得到 R。

用黑挡板遮住太阳直射光，在只有天空漫入射光时分别迅速测量标准板和地物的辐射值，计算比值得到半球—定向反射比系数 $R_D(\theta_r\phi_r)$。

由式(8-2)计算出双向反射比因子 $R_s(\theta_i\phi_i,\theta_r\phi_r)$。测量时可以保持方位角 ϕ_i 始终为 $0°$。

8.3.1.2　成像光谱数据的获取

成像光谱技术是既能成像又能获取目标光谱曲线的"图谱合一"的技术。成像光谱技术的发展早已引起了遥感科学家们的兴趣。高光谱成像光谱仪是遥感进展中的新技术，其图像是由多达数百个波段非常窄的连续光谱波段组成，光谱波段覆盖了可见

光、近红外、中红外和热红外区域全部光谱带。光谱仪成像时多采用扫描式或扫寻式，可以收集200或200以上波段的数据，使得图像中的每一像元均得到连续的反射率曲线，而不像其他一般传统的成像光谱仪在波段之间存在间隔。

图8-6为2种基本类型的高光谱成像光谱仪工作原理示意图，(a)方式基本属于光学机械式扫描。这种阵列成像光谱仪要产生200多个连续光谱波段，经过光学色散装置分色后，不同波段的辐射照射到CCD线阵列的各个元件上。因而来自地面瞬时视场的辐射强度被分色记录下来，其光谱通道数与线阵列元件数相同。在逐行逐个像元扫描过程中，产生了上百个窄波段组成的连续光谱的图像。这种扫描式的高光谱成像仪主要用于航空遥感探测，较慢的飞行速度使空间分辨率的提高成为可能。例如，AVIRIS航空可见光/红外光成像光谱仪(美国)，共有224个波段，光谱范围从$0.38\mu m$至2.5nm，波段宽度为10nm，瞬时视场为1mard(毫弧度)，整个扫描视场为30°。其工作原理就是扫描式。这种成像光谱仪的航高为20 km，地面分辨率为20 m，每幅宽为11 km。我国上海技术物理研究所机载成像光谱仪也是这一类型。(b)方式属于扫

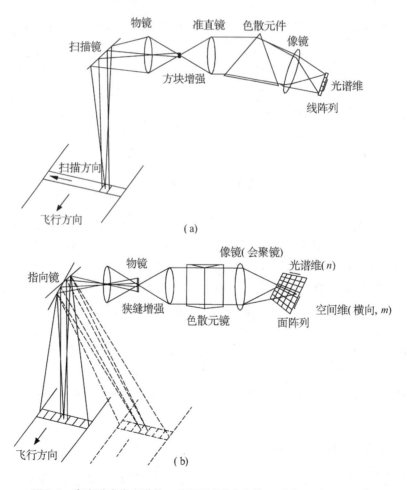

图8-6　高光谱成像光谱仪工作原理(引自 Lillesand & Kiefer, 1994)
(a)光学机械式扫描光谱仪　(b)扫寻式面阵列成像光谱仪

帚式面阵列成像光谱仪。其为二维面阵列，一维是线性阵列，另一维作光谱仪。图像一行一行地记录数据，不再移动元件。成像装置在横向上测量一行中的每个像元所有波段的辐射强度，有多少波段就有多少个探测元件。在工作时，与(a)方式类似，通过快门曝光，将来自地面的辐射能传输到寄存器记录数据。光电探测器采用 CCD 或汞-镉-碲/CCD 混合器件，空间扫描由器件的固体扫描完成。由于像元的摄像时间长，系统的灵敏度和空间分辨率的提高可以实现。例如，加拿大研究公司研制的 CASI 型机载高光谱成像仪共有 288 个波段、光谱范围从 $0.385 \sim 0.9\ \mu m$，波段宽度为 1.8nm，仅在 $0.65\ \mu m$ 处为 2.2nm，瞬时视场为 $0.3 \sim 2.4$ mrad，整个扫描视场为 35.4。CASI 可以用两种工作方式工作，既可以用多光谱方式工作，设置 6 个或更多非重叠的波段，又可以用高光谱方式工作，达到 288 个波段的连续光谱取样。这种独特的工作方式表现了这种仪器的强大功能。中国的推扫式高光谱成像仪(PHI)也属于这种类型的仪器。

与其他遥感数据一样，成像光谱数据也经受着大气、遥感平台姿态、地形因素的影响，产生横向、纵向、扭曲等几何畸变及边缘辐射效应，因此，在数据提供给用户使用之前必须进行预处理，预处理的内容主要包括平台姿态的校正、沿飞行方向和扫描方向的几何校正以及图像边缘辐射校正。

8.3.2 高光谱遥感影像分析

自成像光谱技术提出以来，许多国家都积极投身于成像光谱仪的研制和相关软件产品的开发。成像光谱技术极大地推动了高光谱遥感技术的发展，高光谱遥感技术的应用也向纵深方向发展，其应用所覆盖的领域和研究的深度取得了突破性的飞跃。尽管成像光谱仪具有其独特的优越性，但海量数据也为应用和分析带来不便。目前，国内外在成像光谱仪的遥感应用研究中，所采用的分析方法可归纳为两大类。

8.3.2.1 基于纯像元的分析方法

(1) 基于成因分析的光谱分析方法

基于成因分析的方法主要从地物光谱特征上发现表征地物的特征光谱区间和参数。最常用的是各种各样的植被指数。成像光谱仪问世以后，许多研究人员沿用了这种方法，利用成像光谱仪数据的高光谱分辨率，选取影像的波段，发展了许多更为精细的植被指数。与此相对应的方法，是地物光谱重建和重建的光谱与数据库光谱的匹配识别。这一方法通过对比分析地面实测的地物光谱曲线和由成像光谱仪图像得到的光谱曲线来区分地物。为了提高成像光谱仪数据分析处理的效率和速度，一般要对这些曲线进行编码或者提取表征曲线的参数。"光谱匹配"是利用成像光谱仪探测数据进行地物分析的主要方法之一。但由于野外实际情况的复杂性，很难建立一个比较通用的地物光谱库，这就限制了其应用。目前仅在比较小的领域内(如岩石成分分析等)取得成功的运用。

(2) 基于统计分析的图像分类和分析

基于统计分析的图像分类和分析视每一波段的图像为随机变量，然后利用概率统计理论进行多维随机向量的分类。成像光谱仪图像波段多，分类在很大程度上受限于数据的维数。面对数百个波段的数据，如果全部用于分类研究，在时间上往往是无法接受的。因此在图像分类之前必须压缩波段，同时又要尽可能地保留信息，即进行"降维"的研究。目前，压缩波段有两种途径，一是从众多的波段中挑选感兴趣的若干波段；二是利用所有波段，通过数学变换来压缩波段，最常用的有主成分分析法等。基于统计分析的图像分类和分析在理论上比较严谨，所以需要有充分的地学数据特征，否则得到的结果有时仅是不明确的物理解释。

8.3.2.2 基于混合像元的分析方法

遥感数据在获取的过程中，图像是以像元为单位记录地物信息的，像元信息是不同地物覆盖类型光谱响应特征的综合，由于传感器空间分辨率的限制以及地物的复杂多样性，混合像元普遍存在于遥感图像中，地面地物分布比较复杂的区域尤其如此。如果将该像元归为一类，势必会带来分类误差，导致分类精度下降，不能反映地物的真实覆盖状况。解决混合像元问题，对于提高定性和定量遥感精度具有重要的应用价值。

目前国内外在混合像元分解方面已经开展了很多研究，混合模型主要有两类，即线性光谱混合模型和非线性光谱混合模型。线性光谱混合模型是迄今为止最受欢迎且使用最多的一种模型，其突出优点是简单。这种模型建立在像元内相同地物具有相同的光谱特征和光谱线性可加性基础之上的。虽然它只能分离与波段数数目相同的类别，但对于有着数百个波段的高光谱数据，采取一些特殊处理方法，已经可以克服这种限制。对于非线性光谱混合模型可以利用某些方法使之线性化，从而简化为线性模型。

近年来，混合像元的研究中比较有代表性的为美国 Maryland 大学的 chang 等人和英国 Surey 大学的 Bosdogianni 等人所做的研究。前者于 1994 年提出 OSP(Orthogonal SubSpace Projection)法之后，又相继开发和介绍了一系列基于 OSP 的方法，并将 Kalman 滤波器用于线性混合模型中。这种线性分离 Kalman 滤波器不仅可以检测到像元内各种特征丰度的突然变化，而且能够检测对分类有用的目标特征。Bosdogianni 等人利用遥感技术对火灾后的森林及生态环境进行长期监测，建立了高阶矩的混合模型，同时他们也提出了利用 Houghes 变换进行混合像元分类的方法。

国内也有大量学者对混合像元分解进行了深入的研究。李丹等以广州市北部为例，利用线性光谱混合模型和支持向量机方法进行 Hyperion 影像分类，估计荔枝分布信息，提取精度达到 85.7%。武永利等采用线性混合像元分解技术对 MODIS 数据进行分析，应用于冬小麦种植面积的分解计算研究，绝大部分(98.45%)均方根误差小于 0.01。陶秋香等以 OMISI 高光谱遥感数据为例，用一种新的非线性混合光谱模型进行混合像元的分类，并结合一种相应的非线性最小二乘迭代方法求解，实验证明该模型在植被高光谱遥感分类中的总体分类精度比线性光谱模型提高了 5%。

总之，与高光谱遥感的硬件发展相比，高光谱数据的处理技术显得相对滞后。但由于高光谱数据的巨大优势，世界各国都将继续加强相关研究。在美国已研究出智能化比较高的实用高光谱图像处理系统,如成像光谱集成软件包 ISIS、为卫星和航空高光谱遥感数据处理分析而设计的 ENVI 影像处理系统、著名的 ERDAS 影像处理系统等。我国在"863"计划支持下开发了国内第一套具有完全自主知识产权,主要面向高光谱遥感数据的专业图形处理与应用软件系统 HIPAS V1.0。高光谱图像处理与分析系统(HIPAS)包含了高光谱图像处理所需要的基本功能,增加了国内外高光谱领域较为成熟的算法,支持国内主要传感器数据格式,同时扩展了在专业应用方面的业务流程化。

8.4 高光谱数据的处理

建立各种从高光谱遥感数据中提取各种生物物理参数(例如,LAI、生物量、植物种类、冠层结构、净生产率等)、生物化学参数(例如,叶绿素等多种色素、各种糖类、淀粉、蛋白质和各种营养元素等)的分析技术,在植物生态系统研究中是十分重要的内容。利用现有的分析技术可从高光谱数据以及它们的各种变换形式中,提取、估计和预测各种生物物理、化学参数。结果之优劣取决于具体的技术方法、数据特征和数据质量。下面介绍几种适用于植被研究的技术方法。

8.4.1 多元统计分析技术

高光谱植被研究中最普遍采用的技术是多元统计分析技术,它以光谱数据或它们的变换形式(如原始光谱反射率、一阶、二阶微分变换、对数变换、各种植被指数、倒数后的对数变换等)作为自变量,生物物理、生物化学参数(如 LAI、生物量、叶绿素含量等)为因变量,建立多元回归估计(预测)模型。通常在采集的实测样本中,一部分作为建立统计回归模型之用,另一部分用来测试已构建的回归模型的执行性能。

在高光谱植被研究中,多元统计分析技术常被用来估计或预测生物物理、化学参数。例如,Johnson 等(1994)分析了在美国俄勒冈州中西地区的几块林分上获取的 AVIRIS 高光谱数据和相应林分冠层生化特性变化的关系后,指出冠层全氮量(TN)和木质素(表示成浓度或含量)的变化与选择的 AVIRIS 波段数据变化存在着一般性对应关系。但他们亦发现数据与淀粉含量没有显著相关。Matson 等(1994)使用 AVIRIS 和小型机载成像光谱仪(CASI)数据证实冠层化学成分携有多种气候区生态系统变化过程的信息,并建议从高光谱数据中估计此类信息。他们发现中心波长在 1 525~1 564 nm 的一阶微分光谱数据可用来描述冠层中氮量(N)的变化。Wessman 等(1988,1989)指出 AIS 的辐射数据与针、阔纯林的冠层木质素(表示成浓度或含量)、有效 N 之间存在显著相关,例如,在选入的二波段方程中,与氮浓度(N)的相关系数为 0.91。另外,Peterson 等(1988)通过研究 AIS 数据[以 $\log(1/R)$ 及它们的微分形式表示]与实测的化学成分数据的关系,指出红外区的吸收特征强烈地受到生化特性的影响。

经过植被指数,(R_{NIR}/R_{700} 和 R_{NIR}/R_{550})和叶绿素含量的相关分析后,Gitelson 等(1996,1997)证实这 2 种植被指数对于评价 2 种硬阔叶树种——枫树和栗树的叶绿素含量是非常有用的。植被指数 VI 可以用来诊断植被一系列生物物理和生物化学参数，如 LAI、植被覆盖度、生物量、光合有效辐射吸收系数、叶绿素等色素和植物营养元素等。常规的多光谱植被指数通常表达为近红外波段与可见光红波段的差值和比值的组合（例如，常见的比值植被指数 RVI 和归一化差值植被指数 NDVI）。对于高光谱分辨率数据而言，可见光近红外光植被光谱可以被看作是一个梯级函数，来表达植被反射率在 $\lambda = \lambda_0 = 0.7\ \mu m$ 处的突然递增。NDVI（陈述彭，1998）可表达为：

$$NDVI = \frac{R(\lambda_0 + \Delta\lambda) - R(\lambda_0 - \Delta\lambda)}{R(\lambda_0 + \Delta\lambda) + R(\lambda_0 - \Delta\lambda)} \tag{8-3}$$

实际上高光谱分辨率植被光谱随波长变化可视为连续的过程。因此，上述的 NDVI 离散形式可变为连续形式，在 $\Delta\lambda \to 0$ 极限条件下

$$NDVI = \frac{1}{2R(\lambda)} \cdot \frac{dR}{d\lambda} \tag{8-4}$$

同样的，其他形式的离散 VI 也可变为连续的形式，即微分光谱与一系数的乘积，如垂直植被指数：

$$PVI = \frac{1}{\sqrt{a^2 - 1}} \cdot \frac{dR}{d\lambda}$$

Gong 等（1995）应用三类统计模型方法（单变量回归、多变量回归及基于植被指数的 LAI 估计模型）利用 CASI 数据估计 LAI。研究结果表明，三类统计模型技术均能产生较高的 LAI 估计精度。童庆禧等（1997）利用成像光谱数据波长 λ_1 和 λ_2 之间导数波形积分作为植被因子，并将此植被因子考虑成 $LAI \to \infty$ 状态下的归一化植被因子；再将实地测量的生物量数据与归一化植被因子进行统计回归分析，得到它们之间的对数关系；最后由归一化植被因子计算出高光谱图像每个像元的生物量，并产生研究区内的生物量分布图，此分布图较真实地反映了研究区内生物量分布的现状。

8.4.2 基于光谱位置（波长）变量的分析技术

不同于多元统计方法，基于光谱波长位置变量的分析技术是根据波长变化量或相应的参数变量（自变量）与生物物理和生物化学参数（因变量）的关系来估计因变量的。例如，研究这类技术最多的是"红边"，它的定义是反射光谱的一阶微分的最大值对应的光谱位置（波长），通常位于 680~750nm 之间。这种"红边"位置依据叶绿素含量、生物量和物候变化，沿波长轴方向移动。许多国外的学者从实验室或飞机上获取的高光谱数据中证实了这种"红边"位移的现象。当绿色植物叶绿素含量高、生长活力旺盛时，此"红边"会向红外方向偏移（长波方向移动）；当植物由于感染病虫害或因污染或物候变化而"失绿"时，则"红边"会向蓝光方向移动（称蓝移）。

Matson 等（1994）指出，从 CASI 和 AVIRIS 数据中提取的光学参数与相应的簇叶化学成分变量关系紧密。"红边"位移除受季节性、病虫害、长势因素影响外，还受植物年龄的影响。用"红边"位移量探测低覆盖度植被亦有效。其原因有三方面：一是叶绿素红边是绿色叶子最明显的光谱特征；二是"红边"现象在岩石、土壤和大部分植物凋落物中是不存在的；三是"红边"位置变化区域正好落在太阳高照度区。因

为叶绿素红边是绿色植物可诊断性特征,所以当分析高光谱数据时,可以通过某种处理手段(如光谱微分处理)压抑这种混合背景(岩石、土壤和凋落物)的影响。叶绿素红边特征是否出现及其量的大小有助于探测低覆盖度植被。

"红边"除通过实测高光谱数据的一阶微分求得外,也可以从"红边"反射光模型求算,例如,可通过 Miller 等(1990)的反高斯红边光学模型(IG 模型)求算红边光学参数,进而估计生物化学参数,如叶绿素含量等。由于利用 IG 模型可以求算红边参数,因此当你没有高光谱数据,如只有陆地卫星 TM 数据时,你也可以拟合 IG 模型,进而提取红边光学参数。Hare 等(1984)和 Miller 等(1985)建议"红边"(670~800nm)反射光谱曲线形状可用一条半反高斯曲线逼近(IG 模型)

$$R(\lambda) = R_s - (R_s - R_0)\exp\left(\frac{-(\lambda_0 - \lambda)^2}{2\sigma^2}\right) \tag{8-5}$$

式中　R_s——近红外区域肩反射值(最大);
　　　R_0——红光区域叶绿素吸收最小反射值;
　　　λ_0——对应 R_0 的波长;
　　　σ——高斯函数标准差系数。

图 8-7 是 IG 模型对实测栎叶"红边"反射光谱的最佳拟合(虚线),图中出现第 5 个"红边"光学参数 λ_p,它是"红边"反射陡坡弯曲点所对应的波长 $\lambda_p = \lambda_0 + \sigma$。"红边"光学参数(或 IG 模型参数)特别是 λ_0 和 λ_P 是量测植物化学成分叶绿素等含量的重要参数。

为了拟合 IG 模型,根据 Miller 等(1990)可用两种方法得到模型参数。第一种称

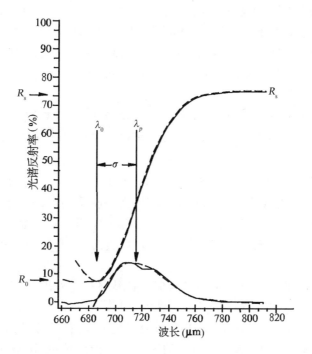

图 8-7　IG 模型对实测栎叶"红边"反射光谱(实线)的最佳拟合(虚线)(引自 Miller, *et al*., 1990)

线性拟合方法。首先在 670~685nm 范围内和 780~795nm 范围内确定 R_0 和 R_s，然后在 685~780nm 范围内用最小二乘法估计其余两个模型参数 λ_0 和 σ（或 λ_p）。根据式(8-6)

$$B(\lambda) = -\ln\left[\frac{R_s - R(\lambda)}{R_s - R_0}\right]^{\frac{1}{2}} \tag{8-6}$$

得到波长 λ 的线性函数 $B(\lambda)$，从而在 B 和 λ 之间可用最小二乘法拟合估计最佳系数 a_0 和 a_1（$B = a_0 + a_1\lambda$）。a_0 和 a_1 与 IG 模型参数 λ_0 和 σ 关系如下：

$$\lambda_0 = \frac{-a_0}{a_1} \tag{8-7}$$

和

$$\sigma = \frac{1}{\sqrt{2a_1}} \tag{8-8}$$

另一种方法称最佳迭代拟合方法。首先要精心地选择模型参数的初始值、每个参数的变化范围（波长范围）和设置最小均方差（残差）标准；其次是对参数 λ_0、σ 和 R_s 设置迭代步长（一般分别为 0.1nm、0.03nm 和 0.10%）；最后根据步长迭代，直至达到最小允许误差，停止迭代。最后迭代结果说明 IG 模型参数对 σ 在 15.0~45.0nm 之间的初始取值是完全不敏感的。

"绿峰"（绿色植物绿光反射峰所处的波长位置）光学模型描述了植物叶绿素含量与高光谱遥感数据决定的"绿峰"位置的关系：当植物生长健康、处于生长期高峰、叶绿素含量高时，"绿峰"向蓝光方向偏移；植物因伤病或营养不良而"失绿"时，则向红光方向偏移。在波长 500nm 到 680nm 之间的植被光谱反射率具有位于绿光区最大光谱反射率及反射光谱峰值稍微有点偏向长波方向的特性。Feng & Miller(1991) 用一个称为植被可见光光谱反射率（VVSR）模型来描述植被在可见光区的光谱反射率。他们的 VVSR 模型根据"绿峰"反射率（R_g）及相应的波长（λ_g）、红光最小反射率（R_0）及相应的波长（λ_0）、曲线拟合系数（C）以及从 500nm 到 λ_0 的光谱半宽系数（F_C）等参数定义，其模型表达式如下：

$$R(\lambda) = R_0 + (R_g - R_0)\exp\{-C\ln[1 + (\lambda - \lambda_g)/F_C]^2\} \tag{8-9}$$

据经验，当 F_C 取下述形式时，曲线拟合效果最好，即残差最小，

$$F_C = \sqrt{2}(\Delta\lambda) \tag{8-10}$$

式中 $\Delta\lambda$ 是 500nm 到 λ_0 之间的光谱半宽度（波长）。

已经发现 VVSR 模型在 λ_0 处很容易和 IG 模型联系起来，这样两模型可以代表 500~810nm 整个光谱范围的植被光谱反射率。实验结果显示，植被"绿峰"光学参数（如 λ_g 和 λ_0 之间的弯曲点波长，相似于"红边"弯曲点 λ_p）和叶子叶绿素含量有很好的相关性。

虽然"红边""绿峰"光学参数可从实验室或从飞机上获取的高光谱数据中提取，甚至从"红边"反射光模型[如 Miller 等(1990)的反高斯红边光学模型和 Feng & Miller 等(1991)绿峰光学模型]提取，但使用这种分析技术来预测生物化学参数还没像多元回归技术那样普遍。这可能是用于分析的数据观测条件苛刻，如光谱测量条件必须很精确、光谱和生物物理、化学参量要有较宽的变化幅度等。

8.4.3 光学模型方法

应用以上两类技术方法最后对高光谱遥感数据进行分析,以预测或估计多种生物物理、化学参数,均属于经验性的统计模型方法。统计模型灵活,但对不同的数据源需重新拟合参数,不断调整模型。因此,探索具有普适性的物理光学模型已成为不少学者感兴趣的研究课题。基于光学辐射传输理论的模型有较强的物理基础,且具普适性。近30年来,遥感工作者对较复杂的农作物、草地和森林植物的辐射进行了模拟。对于某一特定时间的植被冠层而言,一般辐射传输模型为:

$$S = F(\lambda, \theta_S, \psi_s, \theta_v, \psi_v, C) \tag{8-11}$$

式中 λ——波长;

θ_S, ψ_s——太阳天顶角和方位角;

θ_v, ψ_v——观测天顶角和方位角;

C——一组关于植被冠层的物理特性参数,它包括植被类型(种类)、生长姿态、受干扰程度、叶—枝—花等的比例与总量,以及叶子盖度、叶面指向和分布等。

这类模型向前可以计算叶子或冠层的反射率和透射率;向后反演可以用来估计生物物理、生物化学参数。建立植冠光学模型时,以植被参数、光照及传感器的姿态为已知条件,计算双向反射特征。这类模型不仅有助于加深对各类现象的辐射特性和成相机理的理解,而且还能将其反演,以便提取植冠生物物理和生物化学参数。在高光谱植被遥感中,遥感工作者对后者更感兴趣,即利用遥感手段将遥感数据作为模型的输入参数,则输出参数将是不同类型的生物理化参数。

例如,Jacquemoud 等(1996)和 Fourty 等(1996)应用冠层光学模型和高光谱植被遥感数据研究估计冠层参数的潜力。该模型为 PROSPECT(叶子光学性质光谱模型),是一种辐射传输模型,用于模拟 0.4~2.5 μm 光谱范围的叶子光学性质,并为以下3类变量的函数:叶肉组织内部结构,叶绿素 a 和 b 浓度及叶子水分浓度。PROSPECT 还不包括植物其他化学成分的影响,如木质素、纤维素、淀粉和氨基酸。SAIL(任意倾斜叶子散射)模型是一种被研究得较多的辐射传输模型,它以一种简化的方式描述冠层结构。仅要求一些参数像叶子反射率和透射率、LAI、平均叶子倾斜角度和太阳入射漫辐射分量。SAIL 模型及它的改进型既可用于反演不同生物物理参数,也可用于反演生物化学参数。但是迄今为止,大量研究表明,模型的反演相当困难,就生物化学参数反演仅限于叶绿素含量和水分含量。虽然 Dawson 等(1998)开发了它并称之为 LIBERTY 模型(leaf incorporation biochemical exhibiting reflectance and transmittance yields)可反演包括 N、木质素和纤维素生化成分。但需要进一步验证其反演性能。

大部分辐射传输模型都假定叶子在冠层中的分布是随机的,因而它们并不适宜模拟叶子实际分布呈簇状的森林冠层。辐射传输模型虽然能详细描述森林冠层结构,但这类模型要求大量地输入参数,以描述冠层结构。利用遥感测量数据反演这类模型几乎不可能。传统的光学辐射模型反演多采用优化技术,即通过迭代的方法使损失函数值达到最小以估算各个模型参数值。有些模型因过于复杂而几乎不可能用这类方式进行反演。Gong 等(1999)用神经元网络技术对 Liang 等(1993)的辐射传输模型进行反演，得到较好的 *LAI* 反演估计结果。几何—光学模型可以用来描述森林冠层的简单几何形状，并且这种模型利用遥感数据输入是可反演的。这是一种很有发展前途的模型类型。

8.4.4 参数成图技术

成像光谱仪已为研究生物理化参数在空间上的分布提供了极好机会。利用高光谱遥感图像，逐个像元估计(预测)各类参数值，编制不同参数的分布图已为遥感工作者所重视。参数成图方法首先是给每个像元赋具体参数值。这可借助一些波段值或其变换形式(如微分变换、对数变换、波段线性或非线性组合如植被指数等)与生物理化参数的半经验关系建立预测模型。通常采用统计回归的方法建立这种关系，然后通过这种关系计算出高光谱遥感图像上每个像元的单参数预测值。下一步就是采用聚类或密度分割的方法将单参数预测图分成若干级(类)，即为单参数分布图。为了进一步编成精细的单参数分布图，可在给每个像元赋参数值之前，施行混合光谱分解方法以产生单个成分(end member)图(某一成分是为感兴趣的参数)，然后分割此成分图。例如，Gong 等(1994)采用线性光谱分解方法得到 5 个成分图，其中之一为松林图。如果对此松林图进行分级就可得到森林覆盖度这一单参数变化图。Lelong 等(1998)为了利用高光谱遥感图像编制小麦长势图，先采用 PCA 和线性光谱分解的技术得到正常、缺水 2 类小麦及土壤和阴影共 4 个成分图，然后对两个小麦成分图根据小麦成分图分量值与叶面积指数的关系，计算得到每个像元小麦的 *LAI*。

尽管遥感信息处理技术在全数字化、可视化、智能化和网络化等方面有了很大的发展，但就目前遥感技术的发展状况来看，硬件技术的发展远远超前于遥感信息的处理，海量光谱遥感信息远没有被充分挖掘和处理，信息处理还远不能满足现实需要。据估计，空间遥感获取的遥感数据，经过计算机处理的还不足 5%。因此，遥感信息处理方法与技术还有待于深入研究和开发。

8.5 针叶树种高光谱分析

在自然资源管理、森林资源调查、环境保护、生物多样性和野生动物栖息地研究中，正确识别森林树种非常重要。常规的树种调查和识别方法主要依赖于一些成本高、费时、费力的野外森林调查方法或利用大比例尺航片的判读方法(比例尺 > 1∶10 000)。在过去二三十年里，大面积的应用数字遥感数据(如 TM、SPOT)进行树种识别实践证明只能分到树种组或简单地将树种分为针叶、阔叶两大类。其原因主要是由于宽波段遥感缺少高光谱分辨率和大量的光谱波段，而不同树种经常有极为相似的光谱特性(通常称为"异物同谱"现象)，它们细微的光谱差异用宽波段遥感是无法探测的。另外，由于光学遥感所依赖的光照条件变化无常，可能引起相同树种具有显著不同的光谱特性(即所谓的"同物异谱"现象)。高光谱遥感技术是 20 世纪 80 年代以来在对地观测方面取得的重大技术突破之一，它具有波段窄、波段多的特点，能够提供比多光谱遥感技术更细致的地物光谱信息，因此，能大大的改善对植被的识别和分类精度。这使光谱特征极其相似的针叶树种之间的识别成为可能。

国外已有一些学者开展了利用高光谱遥感技术进行针叶树种识别的研究。宫鹏等利用高分辨率光谱仪在实地测得的光谱数据来识别美国加州的 6 种主要针叶树种（花旗松、美国巨杉、香肖楠、美国西黄松、糖松和白冷杉），结论是高光谱数据具有较强的树种识别潜力。他们认为对高光谱数据进行简单的变换能够有效地改善识别精度，识别针叶树种最好利用波段宽为 20nm 或更窄一点的光谱数据。Martin 等结合不同森林树种之间特有的生化特性和已经在高光谱数据（AVIRIS）和簇叶化学成分之间建立的关系鉴别 11 种森林类型（空旷地、红枫、红栎、阔叶混交林、白松、铁杉、针叶混交林、挪威云杉、红松、云杉沼泽林及阔叶沼泽林），认为应用高光谱遥感技术可将森林树种或森林类型分得更细。Goodenough 等人利用 Hyperion、ALI、ETM 3 种遥感数据对加拿大维多利亚地区的 5 种森林类型（冷杉、铁杉、北美圆柏、小干松和赤杨）进行分类，分类精度分别为 Hyperion 92.9%，ALI 84.8% 和 ETM 75.0%，结果表明高光谱遥感数据具有更强的森林类型识别能力。

我国也有少数学者对针叶树种识别进行了研究。谭炳香利用最大似然分类法对高光谱数据 Hyperion、多光谱数据 ALI 和 ETM 进行了森林类型（包括针叶树种）的识别，3 种数据的森林识别精度平均为：Hyperion 88.89%，ALI 85.19%，和 ETM 77.78%。臧卓等利用 ASD 公司生产的 FieldSpec HandHeld 地物光谱仪获取 2005 年、2006 年、2008 年测量的杉木、马尾松、黑松、雪松等针叶树种光谱进行 PCA（主成分分析）和 GA（遗传算法）方法降维，然后采用 BP 神经网络和支持向量机（SVM）对降维后的测试数据进行分类，结果表明：PCA-BP 神经网络模型分类精度为 95%，PCA-SVM 分类精度为 97.5%，GA 和 BP 分类精度为 92.5%，GA-SVM 分类精度为 100%。

8.5.1 光谱数据

利用美国 ASD 公司生产的手持式野外光谱辐射仪，分别于 2010 年 4～9 月在湖南省森林植物园内的天际岭林场测定了 120 个样本的光谱数据。实验对象为处于 10 个不同立地条件、自然状态下生长的杉木和马尾松。光谱测量的波段范围为 325～1 075nm。图 8-8 为杉木和马尾松的原始光谱。

8.5.2 分析方法

为了利用高光谱测量数据识别 2 种针叶树，光谱处理时用到了光谱微分技术、提取植被指数的方法，树种识别用到了判别分析方法。

8.5.2.1 光谱微分技术

光谱一阶微分是常用的数据处理方法。一方面，它能够有效地消除光谱数据之间的系统误差、削弱大气辐射、散射和吸收等背景噪声对目标光谱的影响；另一方面，光谱微分可以增强光谱曲线在坡度上的细微变化，分辨重叠光谱，便于提取可识别地物的光谱吸收峰参数。一阶微分的计算公式为：

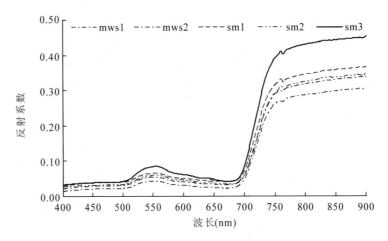

图 8-8 2 树种的原始光谱曲线

$$d(R) = ((r_3 - r_1)/\Delta\lambda, (r_4 - r_2)/\Delta\lambda, \cdots, (r_n - r_{n-2})/\Delta\lambda) \quad (\Delta\lambda \text{ 为 2 倍波长值})$$
(8-12)

光谱反射值经对数变换后,不仅趋向于增强可见光区的光谱差异,而且趋向于减少因光照条件变换引起的乘性因素的影响。对数变换后还需进行微分处理,这样才能取得较好效果。对 R 的对数变换:

$$\log(R) = [\log(r_1), \log(r_2), \cdots, \log(r_n)]$$
(8-13)

然后再对 $\log(R)$ 进行一阶微分变换,得到 $d[\log(R)]$。

8.5.2.2 植被指数提取

植被指数是对多个光谱遥感数据进行分析运算(加、减、乘、除等线性或非线性组合方式),产生某些对植被长势、生物量等有一定指示意义的数值。植被指数以简单的形式来实现对植物状态信息的表达,以定性和定量地评价植被覆盖、生长活力及生物量等。因此,根据已有研究成果,特选择了 16 种植被指数来探究它们进行树种识别的潜力。各植被指数的来源及计算公式见表 8-4。

表 8-4 16 种植被指数计算公式及来源

指 数	公 式	来 源
SIPI	$(R_{800} - R_{445})/(R_{800} - R_{680})$	Penµe las
DD	$(R_{750} - R_{720}) - (R_{700} - R_{670})$	LeMaire G
PSND	$(R_{800} - R_{680})/(R_{800} + R_{680})$	Blackbµrn G A
TCARI	$3((R_{700} - R_{670}) - 0.2(R_{700} - R_{550})(R_{700}/R_{670}))$	Daµghtry
NPQI	$(R_{415} - R_{435})/(R_{415} + R_{435})$	Barnes
mND705	$(R_{750} - R_{705})/(R_{750} + R_{705} - 2R_{445})$	Sims &Gamon
mSR705	$(R_{750} - R_{445})/(R_{705} - R_{445})$	Sims &Gamon
R800	$R_{800} - R_{550}$	Bµschman & Nagel
NDI	$(R_{750} - R_{705})/(R_{750} + R_{705})$	Gitelson

(续)

指　　数	公　　式	来　　源
PVR	$(R_{550}-R_{650})/(R_{550}+R_{650})$	SpecTerra
GNDVI	$(R_{750}-R_{550})/(R_{750}+R_{550})$	Gitelson
GM	R_{750}/R_{700}	Gitelson
VOGa	R_{740}/R_{720}	Vogelman
NPCI	$(R_{430}-R_{680})/(R_{430}+R_{680})$	Penμelas、Gamon
SRPI	R_{430}/R_{680}	Penμelas、Gamon
R680	R_{680}/R_{710}	Maccioni

8.5.2.3 逐步判别分析

逐步判别分析法是采用"有进有出"的算法，即逐步引入变量，每次引入一个在方程之外的剩余变量中"相对最重要"的变量进入判别方程，同时也考虑较早引入判别方程的某些变量，如果其判别能力随新引入变量而变得不显著了，应及时从判别方程中把它剔除，直到判别式中没有不重要的变量需要剔除，而剩下来的变量也没有重要的变量可引入判别式。因此，逐步判别分析方法可以筛选出对树种识别能力最大的波段，同时显示对树种的识别精度。采用 SPSS 软件进行逐步判别分析。

8.5.2.4 波段选择方法

用于树种识别的波段主要选择差异比较明显的原始光谱波段、一阶微分光谱波段、对数变换后取一阶微分的波段。对于差异性显著的波段范围内的反射率值每 10nm 进行数据平均，所得的波段值用于树种识别。差异比较明显的波段为：原始光谱有 490~519，530~569，660~779，800~819nm，每 10nm 取平均后得到 21 个光谱值。一阶微分光谱有 510~539，560~579，700~739，760~779，810~819nm，每 10nm 取平均后得到 12 个光谱值。对数变换后取一阶微分有：500~529，560~589，600~619，630~659，670~719，760~779nm，每 10nm 取平均后得到 17 个光谱值。图 8-9 和图 8-10 分别为两树种的一阶微分光谱和对数一阶微分光谱图。

8.5.3 结果与分析

分别对求取平均值后的原始光谱 21 个波段、一阶微分光谱 12 个波段、对数变换后一阶微分光谱 17 个波段以及 16 个植被指数进行逐步判别分析。求解过程中逐步选择变量的方式采用马氏距离，即每步使得两类间最近的马氏距离最大的变量进入判别方程。判别函数系数选项组选择 Fisher 判别方程的系数。最终判别结果及入选判别方程的波段如表 8-5 所示。

从表 8-5 可以看出对数变换后一阶微分的波段识别精度最高，达到了 96.67%，其次为植被指数，达到了 89.17%，最差的是原始光谱，识别精度为 81.67%。从而说明对原始光谱进行微分变换，尤其进行对数变换后再进行微分变换可以提高树种的

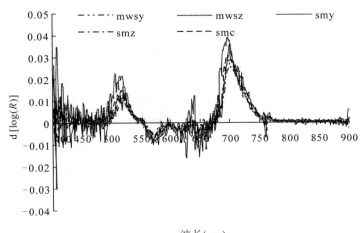

图 8-9　2 个树种的对数一阶微分光谱

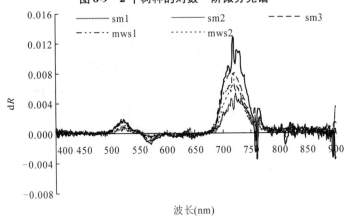

图 8-10　2 个树种的一阶微分光谱

识别精度。另外，原始光谱经过运算组合成植被指数后对树种的识别精度也有很大的提高。综合起来看对树种识别较好的波段有 490~499，500~519，560~579，610~619，630~649，680~700，710~719，770~779nm 以及组成 NPCI、mND_{705}、SRPI、GNDVI、GM 这些植被指数的波段：430、445、550、680、700、705、750nm，说明这些波段是区别杉木和马尾松的特征波段。

表 8-5　不同变换方法的树种识别精度及入选波段

参　数	识别精度(%)	入选波段(nm)
原始光谱	81.67	490~499、690~699、500~509
一阶微分光谱	82.5	510~519、660~669
对数变换后一阶微分	96.67	570~579、560~569、630~639、640~649、610~619、680~689、690~699、710~719、770~779
植被指数	89.17	NPCI、mND_{705}、SRPI、GNDVI、GM

8.6 森林郁闭度信息的提取

森林郁闭度是林分树冠投影面积对林地总面积的比值。它不仅是一个经济指标，更多地表现为一个林业综合评价指标，一个生态指标。随着社会的进步，人们认识到森林是陆地最大的生态系统。森林效益不仅表现在经济方面，而且更重要地表现在生态方面和社会方面，人们对森林郁闭度的重视程度越来越高了。森林郁闭度信息估计如同森林树种识别对于森林生态系统研究和森林经营管理都是非常重要的。常规的森林郁闭度信息估计是通过野外调查和航片判读技术获得，这种常规获取方法劳动强度大，且费时费力、成本高。遥感技术的推广应用特别是成像光谱学的出现给地区尺度以至大区域进行森林郁闭度估计提供了有力的工具。

郁闭度在遥感图像上是一个比较容易提取的参数，但在空间分辨率低时（>20 m），由于像元光谱混合的问题，利用宽波段遥感数据提取的郁闭度信息精度不会太高。利用高光谱数据实行的混合光谱分解方法就可以将郁闭度这个最终光谱单元信息提取出来，合理而真实地反映其在空间上的分布。如果利用宽波段遥感数据，实行这种混合像元分解技术效果不会太好，其原因是波段太宽、太少，不能代表某一成分光谱的变化特征，即由少数几个宽波段数据描述混合像元诸成分光谱代表性不够。而高光谱的情形就完全不同了，每个高光谱图像像元均可近似用一条光谱曲线描述。因此，用它分解混合像元诸成分，光谱分量精度必定很高，许多线性光谱混合模型求解结果证明了这一点。

浦瑞良等在定标的 CASI 高光谱图像上选择"纯"的最终单元，以用于定标的 AVIRIS 图像光谱混合像元分解，由此方法提取的森林郁闭度信息分量图像比红外航片判读值高出 2%~3%，且郁闭度分布看上去比较合理，说明从高光谱图像数据中用光谱混合模型方法提取森林郁闭度信息是可靠的。Pu 等利用小波变换的 EO-1 Hyperion 图像，通过逐步回归方法选取与森林郁闭度关系紧密的变量，然后建立多元回归关系，结果表明高光谱图像的估测精度能达到近 85%，可满足生产需要。

谭炳香等利用 2001 年 7 月 14 日获取的美国星载 EO-1 Hyperion 高光谱遥感数据估测森林郁闭度。采用 2 种方式对高光谱数据光谱特征空间降维，一种是光谱特征选择的波段选择法（BS），另一种是光谱特征提取的主成分变换法（PCA）。从森林资源变化图上获取 200 个样点的实测郁闭度值，130 个用于建模，70 个用于验证。对应图像的取值采用单像元值（NP）和 3×3 窗口的平均值（W33）2 种方法。2 种光谱特征降维方式和 2 种图像取值方法构成 4 种估测模型（BS-NP、BS-W33、PCA-NP 和 PCA-W33）。首先对图像进行预处理，选出质量好的波段；然后采用逐步回归技术提取与郁闭度相关性高的波段或变量，建立多元回归模型估测郁闭度；最后对估测精度进行验证。经检验，估测精度分别为：BS-NP 83.17%、BS-W33 84.21%、PCA-NP 85.62% 和 PCA-W33 86.34%。结果表明，光谱特征提取的主成分变换分析法比光谱特征选择的波段选择法的郁闭度估测更有效；3×3 窗口的图像取值方法比单像元取值方法的估测精度高。由于光谱特征提取的方法不仅能突出光谱信息，同时能够抑制噪声，因此，进行森林郁闭度估测时采用 PCA-W33 法较好。

思考题

1. 什么是高光谱遥感？它与常规遥感的区别是什么？
2. 高光谱遥感影像分析方法主要有哪些？
3. 高光谱遥感的数据处理方法主要有哪些？
4. 简述高光谱成像光谱仪的工作原理。

第9章 遥感技术在林业中的应用

遥感技术在林业中的应用由来已久。最初主要应用于森林资源调查,从1979年起,美国启动了名为"利用遥感技术进行全国土地资源清查计划"的研究,开始利用卫星数据、航空相片和地面调查相结合的多阶清查的试验。我国是将卫星遥感资料应用到林业领域中较早的国家之一。随着遥感技术的迅猛发展和林业生产科研的深入,遥感技术在林业中的应用越来越广泛,涵盖了森林资源动态监测、森林生物物理参数反演、森林生态系统碳循环模拟、森林气候变化影响与响应、景观格局分析、森林可视化经营等诸多领域,并不断沿定量化、参数化的方向纵深拓展。

9.1 森林制图与森林资源调查

遥感技术在林业中最早最基本的应用为森林制图与森林资源调查,是遥感进入林业生产研究的先导。

9.1.1 森林制图

森林覆盖是地表覆盖中的重要组成部分。森林覆盖制图是全球变化、景观格局与动态、可持续发展评价及陆面过程模型等诸多领域研究的基础。如何提高遥感影像森林信息提取效率与精度,是林业行业长期关注的热点问题。

很多森林信息遥感反演与制图是地表覆盖制图研究的有机组成部分,具有广泛影响的全球地表覆盖制图及变化监测国际研究计划有:IGBP 和 IHDP 土地利用/覆盖变化(LUCC)核心项目、美国 NASA 土地利用/覆盖变化研究项目(land use and land cover change program)、国际应用系统分析研究所(IIASA)土地利用/覆盖和农业研究项目(land use change and agriculture program)等。全球/区域森林覆盖及其变化专题研究也非常广泛。由 CEOS 提出的森林和地表覆盖动态的全球观测(global observation of forest and land cover dynamics, GOFC-GOLD)项目是主要面向全球森林覆盖及变化的国际计划。GOFC-GOLD 提供的 GOFC 森林覆盖产品系列包括 TM、ETM+、ALI、MODIS 和 VEGATATION 等数据,分为原始、精细和提取3个水平,并具有全球、国家/地区及特定区域等3类空间覆盖范围。

区域或国家尺度的森林覆盖制图研究主要集中在欧美国家和热带雨林地区。美国利用 Landsat TM 和 AVHRR 数据制成包括25个森林类型的森林植被图;欧洲为推进1992国际空间年,在 NOAA-AVHRR 数据基础上形成一幅泛欧洲森林分布图;欧洲森林遥感监测项目(the forest monitoring in Europe with remote sensing project,FMERS)将大陆尺度的森林制图方法研究纳入框架,检验包括 Landsat TM、SPOT、IRS-WiFS 以及 ERS-SAR 等数据在内的多源卫星影像;而热带生态系统环境卫星观测项目(tropical ecosystem environment observation by satellite,TREES)则将热带雨林全面覆盖分布图及数字数据库等作为关键产品。

国内森林制图研究成果颇丰,已形成多数据源多方法的体系。马延辉(2010)利用 MODIS 增强型植被指数(EVI)时间序列数据,结合决策树模型,成功实现我国南方针叶林信息提取(图9-1、图9-2)。

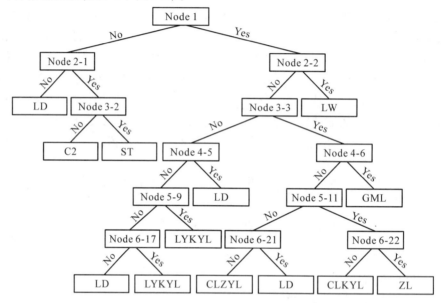

图9-1　MODIS 时间序列 EVI 数据森林类型信息提取决策树模型

注:模型中,"CLZYL"表示常绿针叶林,"CLKYL"表示常绿阔叶林,"ZL"表示竹林,"GML"表示灌木林,"LYKYL"表示落叶阔叶林,"LD"表示裸地,"LW"表示芦苇,"ST"表示水体,"CZ"表示城镇。

9.1.2　森林资源调查及规划

森林资源社会经济和环境的可持续发展具有不可替代的重要作用。能否快速准确地获取森林资源的数量和质量的能力,是一个国家林业生产水平的重要标志。遥感技术具有宏观、动态、周期重复性强和成本低廉等诸多优点,已成为研究森林资源分布状况的理想手段,在各类森林资源调查中表现尤为突出。

(1) 国家森林资源连续清查

国家森林资源连续清查(national continuous forest inventory),简称一类调查,是以抽样理论为基础设置固定样地,定期对固定样地上森林资源进行重复性调查的一种资源调查方法。遥感影像本身就含有森林资源的空间分布信息,通过计算机图像处理,可以为一类调查提供遥感影像、森林分布等空间信息。应用遥感目视判读技术与

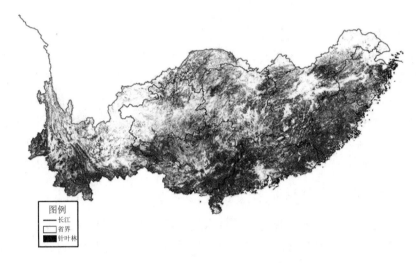

图 9-2　我国南方针叶林信息提取结果

地面抽样调查相结合的方法开展森林清查,为提供全面准确的森林资源调查数据和图面材料、编制森林采伐限额和森林经营方案及建立森林资源档案提供了可靠的科学依据。

目前我国森林资源清查中,应用较多的遥感数据为 Landsat TM \ ETM 和 CBERS-CCD 数据。1999 年开始的全国第六次全国森林资源连续清查中全面应用了"建立国家森林资源监测体系"项目的研究成果,遥感技术应用也由实验阶段过渡到实际应用,并在体系全覆盖、提高抽样精度、防止偏估等方面起到了重要的作用。借助遥感手段,寻求快速宏观监测森林资源的方法,从定时监测转向连续监测,从静态监测转向动态监测,提高监测的现势性和时效性,对森林资源的可持续经营与利用具有重要意义。

(2) 森林资源规划设计调查

森林资源规划设计调查,简称二类调查。早在 20 世纪 50 年代,航空相片开始用于森林资源二类调查,但由于航空相片成本较高而难以广泛应用。20 世纪 90 年代,Landsat-TM 数据开始应用于森林资源二类调查,虽然 TM 数据波段丰富,可供选择的波段组合多,但是由于其空间分辨率较低,不宜用作外业调绘图纸,从而限制了其在二类调查中的应用。SPOT5 数据的出现,以 2.5m 和 5m 的全色波段分辨率,10m 的多光谱数据吸引了广大的林业生产单位。为加强森林资源经营管理,适应国家信息化发展需要,SPOT5 数据不仅应用于林业的科研项目,而且已在国内大范围地应用于森林资源二类调查。

蓄积量估测是森林资源调查的重要内容。传统的蓄积量估计方法是对标准地进行调查,以标准木平均胸径、树高进行估测,人为影响较大。近年来,RS、GIS 和 GPS 技术在森林资源调查和管理中的应用日渐普及和深入,国内外诸多学者运用 RS、GIS、GPS 技术估测森林蓄积量,进行了大量研究,并取得了较好的效果。广泛采用的方式是通过抽样建立航天遥感数据与地面实测样地之间的多元回归关系估算森林蓄积量,为快速、准确估测大面积森林蓄积量提供了一种有效的途径和方法。

9.2 森林资源动态监测

卫星遥感能周期性地提供包括森林植被信息的遥感数据，为森林资源动态监测提供了可靠的信息源。利用2个或多个不同时期的遥感资料，就可以获得森林资源的动态变化情况。利用遥感多时相特点和GIS技术相结合，能够实现区域尺度甚至全球尺度的动态监测。目前，欧美许多北方森林(boreal forest)监测项目应用MODIS数据，包括冠层制图、植被覆盖转移监测、过火区与采伐监。典型监测设计见图9-3。

9.2.1 森林资源生态状况监测

森林资源宏观监测主要内容之一是林木生长状况监测。美国等欧美发达国家最早开始关注并监测森林健康状况。目前，包括我国在内的许多国家都已将森林健康调查纳入森林资源调查体系。红外遥感波段可清晰反映森林健康状况；大区域遥感监测可及时了解森林生境、森林消长动态；AVHRR、MODIS等高时间分辨率数据的出现，为形成时间序列监测森林物候、气候变化影响与响应提供了无可替代的条件，成为森林生态状况监测的重要分支。利用MODIS数据，可采用归一化植被指数(NDVI)、增强型植被指数(EVI)、土壤调节植被指数(SAVI)以及比值植被指数(RVI)等对监测区典型树种的长势进行分析。

此外，森林生态系统生物多样性监测已成为森林生态状况监测的重要延伸。纵观国内外的研究，目前利用遥感估计森林生物多样性，大致可以归纳为3种类型：①直接利用遥感数据对单个树种或生境制图，从而预测树种或森林类型的分布；②通过统计学方法建立遥感数据的光谱辐射值与野外调查得到的森林类型的分布格局间的关系模型，从而估计一定区域的多样性；③与野外调查数据结合直接进行生物多样性描述指标制图。

9.2.2 林业生态工程监测

2001年初，国务院批准实施6大林业重点工程规划，并将其列入"十五"计划。这6大工程分别是：①天然林资源保护工程；②退耕还林工程；③"三北"及长江中下游等重点防护林体系建设工程；④京津风沙源治理工程；⑤野生动植物保护及自然保护区建设工程；⑥重点地区速生丰产用材林基地建设工程。六大工程的实施，标志着我国林业真正开始了由产业为主向以公益事业、由以采伐天然林为主向以采伐人工林为主、由毁林开垦向退耕还林、由无偿使用生态效益向有偿使用生态效益、由部门办林业向社会办林业的历史性转变。

利用多级分辨率卫星遥感数据对林业工程区进行遥感监测评价，可以对工程区域的实施情况进行跟踪监测，实现监测数据直观、反映情况及时、成效评价客观的目标，从而为我国林业生态建设管理、制定相应的管理规定和宏观决策提供科学依据。工程监测可综合运用"3S"技术，获得林业工程区域在时间序列上的空间信息，并通过分析和处理，对工程的实施做出如下方面的监测与评价：①监测工程进展情况，为

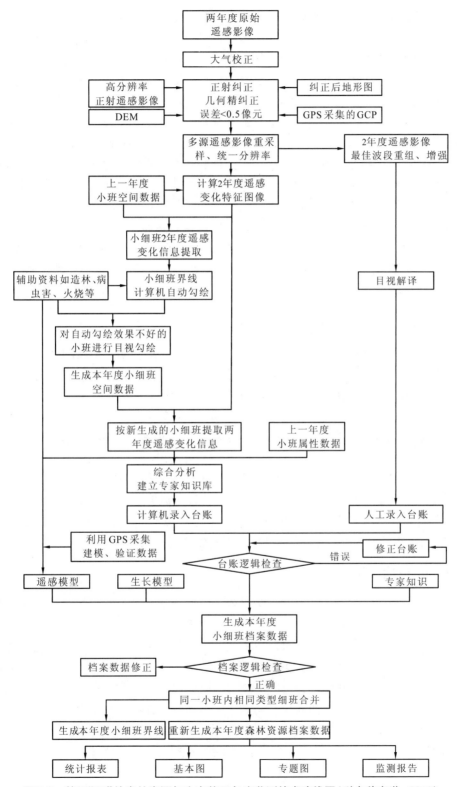

图 9-3　基于"3S"的森林资源与生态状况年度监测技术路线图(引自魏安世, 2010)

工程落实提供基础数据；②监测工程实施状况和质量，为工程建设与管理提供依据；③评估工程建设成效，为工程建设的各项决策提供依据；④调查监测区森林植被变化状况，分析林业生态工程的实施对监测区生态环境的影响。

我国林业生态工程监测示范研究已获阶段性进展，对于不同的工程，选取重点监测区，利用不同分辨率的遥感数据，以多阶监测的方法，辅以适当地面调查核实，对重点监测区进行连续的动态监测，已形成一套林业生态工程监测的系统方法。成功完成的案例有内蒙古伊金霍洛天保工程监测和陕西凤县退耕还林监测等。张家口退耕还林工程的新造经济林监测研究中，提出了一种利用高分辨率遥感技术监测新造林成活率及长势的方法，主要采用面向对象的信息提取技术提取退耕地新造林的树冠信息，进而计算树冠因子，统计造林成活率，达到了掌握新造林地现状的目的。近年国内学者构建了基于归一化植被指数(NDVI)的植被覆盖度定量估算模型，并利用MODIS-NDVI时间序列数据，估算了"三北"防护林工程区2001年8月和2007年8月的植被覆盖度，分析了"三北"防护林工程区植被覆盖度的时空变化特征，实现了对"三北"防护林工程区的监测。

9.2.3 森林火灾监测预报

目前，我国林业系统已建成了卫星林火监测中心、林火信息监测网络。通过气象卫星影像定标、定位处理，及时提取林火热点信息，确定林火发生地的环境、地类等内容，为森林火灾指挥扑救提供决策。如1987年我国大兴安岭原始森林发生特大火灾，遥感图像不但显示了它的火头、火灾范围，还发现火势有向内蒙古原始森林逼近的可能，救火指挥部根据这一信息，及时采取有效措施，加以防止，减少了火灾损失。

以NOAA/AVHRR资料为主要信息源的国家"八五"科技攻关项目"西南林区等火灾监测评价"，就是对西南林区等火灾进行宏观监测和早期预报，林火蔓延及发展趋势监测和评价，火灾发生后损失评价和减灾辅助决策，建立了快速、准确且实用的"林火监测应用技术系统"。这些项目提高了遥感技术在我国森林火灾监测预报能力。

9.2.4 森林病虫害监测

植物受到病虫害侵袭，会导致植物在各个波段上的波谱值发生变化。如植物在受到病虫害时，在人眼还看不到时，其红外波段的光谱值就已发生了较大的变化，从遥感资料提取这些变化的信息，分析病虫害的源地、灾情分布、发展状况，给防治病虫害提供信息。如对安徽省全椒县国营孤山林场1988年、1989年发生的马尾松松毛虫害，用TM卫星遥感资料作波谱亮度值分析，提取灾情信息的图像处理，掌握了虫情分布、危害状况，并统计出重害、轻害和无害区所占的面积，有效地指导了松毛虫害的防治和灾后评估。"八五"国家科技攻关项目"松毛虫早期灾害点遥感监测研究"，是我国利用遥感技术对森林病虫害进行预测，预报、监测管理的比较深入的应用研究。

9.2.5 森林灾害损失评估

遥感技术能及时、准确评估森林灾害造成的损失。在 1987 年大兴安岭特大火灾的损失评价中，利用卫星资料统计出过火面积为 $124\times10^4\mathrm{hm}^2$，其中重度、轻度、居民点、道路过火面积分别为 $104.3\times10^4\mathrm{hm}^2$、$19.3\times10^4\mathrm{hm}^2$、$0.24\times10^4\mathrm{hm}^2$、$0.15\times10^4\mathrm{hm}^2$，其精度为 96%。1986 年我国吉林省长白山自然保护区原始森林遭受特大飓风侵袭，由于该地区交通不便，地面调查困难，利用卫星遥感资料进行了损失评估，得出森林蓄积量损失达 $185\times10^4\mathrm{m}^3$，有效地支持了灾后建设。

2008 年 1 月初以来，我国部分地区出现近 50 年罕见的持续雨雪冰冻天气，对我国南方地区经济、社会正常秩序造成严重的破坏，广大受灾地区森林资源也遭到了前所未有的损失。雨雪冰冻灾害后，及时掌握森林资源受灾损失情况，客观评估灾害损失及影响，可以为灾后森林恢复重建提供科学依据，制定新的重建恢复措施。遥感技术在灾后损失评估中起到了重大作用。首先，通过遥感影像分析，可明确受灾面积、受灾程度，进行森林冰冻灾害实物量损失评估，进而计算评估森林受灾价值量损失；其次，可从森林覆盖率、经济林、不同林分类型损失等方面分析冰冻灾害对林业生产的影响；再次，遥感技术可辅助分析冰雪灾害对生态状况的影响，如对水土流失、森林质量、水源涵养的影响；最后，由于冰冻灾害使森林火环境恶化、灾害木清理不及时、对生物防火林带损毁严重等原因，造成森林火灾隐患，遥感技术能够对森林火灾及其影响进行实时动态监测与分析。

森林灾害损失评估，尤其是社会效益损失的评价问题尚处于探索阶段，如何才能形成一套完整科学的监测、计量和评价体系，还须从理论上和方法上做大量的研究。

9.3 森林生物物理参数反演

利用遥感技术进行森林生态系统参量反演和推算主要是基于植被反射光谱特征来实现的。植被的光谱反射特征是关于植被叶片组织结构的光学特性、冠层生物物理特征、土壤条件以及光照和观测几何条件的函数。

森林生态系统参量包括生物物理参数和生物化学参数，其中从遥感数据中提取生物物理参数主要指用于陆地生态系统研究的一些生物物理变量(biophysical parameters)：叶面积指数、吸收光合有效辐射、净初级生产力、生物量(biomass)、森林树种识别、郁闭度及其他冠层结构参数等。这些参数可以反映植物生长发育的特征动态，也是联系物质生产和反射光谱关系的中间枢纽，遥感技术应用于此类参数定量反演的研究日益增多。

我国龙计划 2(Dragon Project 2)中"中国干旱地区典型内陆河流域关键生态—水文参数的反演与陆面同化系统研究"即重点探索生物物理参数反演：利用多/高光谱和多角度遥感资料反演生物物理参数；探索协同各类卫星遥感数据如 MERIS、AATSR、LISS-III、CHRIS、IRS、CBERS-MUX 与一系列小型、低成本卫星数据如 HJ-1-A/B、BEIJING-1 反演生物物理参数的潜在性。

9.3.1 叶面积指数

叶面积指数(leaf area index，LAI)指单位地面面积上总叶面积的一半，是一项极其重要的描述植被冠层几何结构的植被特征参量。随着全球变化研究的深入，LAI常常作为生态系统碳循环、能量交换、水文和气候等模型中重要的输入因子而成为模型中不可缺少的组成部分，因而一直是遥感估测生物物理参数的焦点。

LAI遥感定量估算主要有经验模型和物理模型2种方法。经验模型是以LAI为因变量，以光谱数据或其变换形式(如植被指数VI)作为自变量建立的统计估算模型，植被指数反演经典的LAI遥感定量方法。物理模型是基于植被的二向反射特性，建立在辐射传输模型基础上的一种模型，不依赖于植被的具体类型或背景环境变化，具有较强的物理基础。

卫星遥感为大区域研究LAI提供了很好的途径，早在20世纪80年代就开始用遥感数据来提取。目前，针对多光谱数据和高光谱数据，已开展了较多LAI的遥感反演研究。在中高空间分辨率遥感数据中，TM/ETM+是最常被用于LAI反演研究的。国内外有通过建立不同时相TM数据植被指数与LAI的关系、建立样地实测LAI与TM影像回归关系、结合辐射传输模型和遗传算法优化技术、利用贝叶斯网络(Bayesian networks)、生成TM/ETM+各种植被指数并建立与植被LAI之间的回归关系，以及利用其他中高分辨率遥感影像(如IRS P6、IKONOS、QuickBird和SPOT等数据)等方法定量估测森林LAI。

在中低分辨率的遥感数据中，MODIS是最常用的遥感数据。MODIS可以提供每天和8天合成的LAI产品。Liu等基于几何光学和辐射传输理论，模拟了LAI与地表反射率之间的关系，并利用MODIS数据估算了中国LAI的分布及其在碳循环研究中的应用。

AVHRR和SPOT VEGETATION也是时间序列LAI数据估算的重要数据源。AVHRR数据已用于基于NDVI的草场、作物和森林LAI估算。加拿大遥感中心采用光谱植被指数建立LAI的计算模型，利用AVHRR生成了1993年以来全国每旬1 km分辨率的LAI分布图。Deng等基于几何光学和辐射传输理论，提出一种直接利用BRDF的全球LAI反演算法，并用VEGETATION数据计算了全球LAI的分布。但是也有很多研究表明，1km分辨率的LAI误差在25%~50%之间。如何提高中低分辨率遥感数据的LAI反演精度，是目前国内外一个活跃的研究领域。

宽波段多光谱遥感数据反演森林LAI的精度存在局限，而高光谱遥感数据则提高了与LAI的相关性。国外应用高光谱遥感数据提取森林LAI的研究已有十几年的历史，多采用成像光谱数据，如CASI、Hyperion、ALI、AVIRIS、HyMap等，国内对于高光谱遥感的应用起步较晚，利用高光谱数据估测植被LAI的研究大部分应用在农业方面，而用其估测森林LAI的研究较少。

此外，针对LAI的空间尺度转换研究也是定量遥感研究的热点，其问题和挑战集中表现在简单通用的森林LAI遥感定量反演模型构建、LAI反演精度验证、LAI的尺度效应和尺度转换、LAI的时空尺度融合等方面。

9.3.2 光合有效辐射与吸收光合有效辐射

光合有效辐射(photosynthesis active radiation, PAR)是指能被绿色植被利用进行光合作用的那部分太阳辐射能,是形成生物量的基本能量来源,对这部分光的截获和利用是生物圈起源、进化和持续存在的必要条件。吸收光合有效辐射(absorbed photosynthesis active radiation, APAR)为植被冠层吸收并参与光合生物量累积的光合有效辐射部分。植被所吸收的光合有效辐射取决于太阳总辐射和植被对光合有效辐射的吸收比例(fPAR)。基于遥感数据计算的 fPAR,是将遥感数据引入光能利用率模型的主要途径,因此,对大范围 APAR 的监测和估算主要通过对 fPAR 和 PAR 的估算来实现。

植被对太阳有效辐射的吸收比例取决于植被类型和植被覆盖状况,fPAR 由 NDVI 和植被类型 2 个因子来表示。fPAR 随植被类型、演替阶段、纬度和季节的不同而变化,对 fPAR 的估算主要是通过遥感数据 VI 和 fPAR 的经验公式来确定。大量研究表明,NDVI 和 fPAR 间存在线性关系,可根据此线性关系利用遥感影像资料及同期地面气象资料确定地表植被吸收的光合有效辐射,然后由光能利用率得到植被净初级生产力。一般来说,高生产力的生态系统其 NDVI 与 APAR 间存在很好的线性关系,而低生产力生态系统由于 NDVI 受土壤背景的影响而使其 NDVI 和 APAR 的关系不明显。针对这一问题,有学者对 NDVI 进行校正提高 NDVI 估算 fPAR 的精度,也有研究指出不同的植被类型需要选择其合适的 VI。

全球范围和大区域 PAR 的遥感估测主要有 2 种方法:一是气候模型法,如法国气象局的全球气候模型(GCM),但是结果精确度不高;二是利用遥感资料进行建模,如 Goward 等利用 Nimbus-7/TOMS 卫星遥感数据的紫外辐射(370nm)来估算了地面的总 PAR。张娜等基于 TM 影像利用自己建立的模型 EPPML 估算了长白山自然保护区景观尺度上主要植被的 PAR 和 NPP。

9.3.3 生物量

森林生物量是整个森林生态系统运行的能量基础和营养物质的来源。它不仅是研究生物生产力、净初级生产力、碳循环、全球气候变化研究的基础,而且在全球碳平衡中也起着重要的作用。生物量的传统研究方法主要有二氧化碳平衡法(气体交换法)、微气象场法(昼夜曲线法)、收获法和生物量转换因子连续函数法。随着遥感技术的迅速发展,对植被生物量的研究已经从小范围、二维尺度的传统地面测量发展到大范围、多维时空的遥感模型估算。

植被遥感图像信息的反射光谱特征反映了植物的叶绿素含量和生长状况,而叶绿素含量与叶生物量相关,叶生物量又与群落生物量相关,所以遥感反演一般根据光合作用即森林植被生产力形成的生理生态过程,以及森林植被对太阳辐射的吸收、反射、透射及其辐射在植被冠层内及大气中的传输,结合植被生产力的生态影响因子,在卫星接收到的信息与实测生物量之间建立完整的数学模型及其解析式,进而利用这些解析式来估算森林生物量。

目前,MSS、Landsat TM/ETM 和 NOAA/AVHRR 数据已被广泛用于估算森林植被生物量的小区域的精细研究和大范围的宏观研究，如结合地面调查和 TM、AVHRR 数据，对数百万平方千米欧洲森林生物量的成功估算和对美国 East Maryland 落叶林的地上部分生物量的估算等。

森林地上生物量由叶和枝干生物量 2 部分组成。对于一个成熟的林分，叶生物量占不到地上总生物量的 10%，木质生物量（包括枝和干）约占 90%。光学和近红外光谱只与绿叶生物量产生反应，而微波具有穿透树冠、与枝和树干发生作用的能力，并有穿透云雾、全天候全天时成像的优势，因而微波遥感为森林生物量全面和精确估测提供了可行的工具，在区域和全球森林生物量估测方面具有其他光学遥感数据不可替代的作用。近年来，各种 SAR 数据已经被广泛用于估算森林生物量，如利用 JERS-1 SAR 数据对澳大利亚桉树林生物量的估测。大量研究探索微波遥感的后向散射强度和森林生物量的关系，表明微波遥感的后向散射强度随着森林生物量的增加而线性增加，达到一定生物量水平时，后向散射趋于饱和。森林微波后向散射模型依据将林冠层分为连续树冠森林微波后向散射模型和不连续树冠森林微波后向散射模型 2 种。

用不同的遥感数据来反演森林生物量时，其估算都要受植被类型、林冠结构和郁闭度及林下植被、地形和土壤等因素的影响，关键是反演模型的构建以及选取合适的波段得到准确的光谱特征信息来解决植被类型等因素的影响，从而才能有效提高森林生物量的遥感估算。

9.3.4 净初级生产力

森林生态系统净初级生产力（net primary productivity，NPP），是指森林在单位面积、单位时间内所累积的净有机物数量，不仅直接反映了森林生态系统在自然环境条件下的生产能力及其质量，而且是森林生态系统碳循环的原动力，在全球变化和碳平衡中扮演着重要作用。在过去的四五十年中，对于森林植被 NPP 的研究一直是生态学、林学、遥感应用研究的热点领域。近年来，随着全球变化与碳循环研究的持续升温，考虑到 NPP 在全球碳循环、碳截获、碳储存和全球变化中起到的重要作用，对 NPP 的研究继续引起人们的关注。

早期 NPP 的研究都基于站点实测，主要包括直接收割法、光合作用测定法、CO_2 测定法、pH 值测定法、放射性标记测定法、叶绿素测定法和原料消耗量测定法等。由于"粮食安全"和"全球变暖"这两个问题越来越被人们所重视，出现了一系列基于区域和全球尺度的 NPP 模型。根据模型对各种调控因子的侧重点以及对 NPP 调控机理的解释，可将这些模型概括为气候相关统计模型、生态系统过程模型和光能利用率模型，全球尺度 NPP 模型以后两者为主，不同模型都有其优劣点。

气候相关统计模型（statistical climate-correlation models） 气候相关统计模型也称作气候生产潜力模型。以 Miami 模型、Thornthwaite Memorial 模型和 Chikugo 模型为代表。这类模型主要利用气候因子与 NPP 之间的相关性原理，利用大量的实测数据建立简单统计回归模型，因此，大部分统计模型获得的结果是潜在植被生产力。

生态系统过程模型（ecosystem process models） 生态系统过程模型又称机理模型或生物地球化学模型。该模型是通过对植物的光合作用、有机物分解及营养元素的循环等生理过程的模拟而得到的，可以与大气环流模式耦合，因此可以用这类模型进行 NPP 与全球气候变化之间的响应和反馈研究。目前已有的生态系统过程模型很多，如 BEPS、TEM、Forest-BGC 和 BIOME-BGC。

光能利用率模型(light utilization efficiency models) 光能利用率模型又被称为生产效率模型(production efficiency models)。这类模型是以植物光合作用过程和 Monteith 提出的光能利用率(ε)为基础建立的，主要的模型有 GLO-PEM、CASA 和 C-FIX 等。

随着遥感、地理信息系统和计算机技术的快速发展，将实地测量数据与卫星遥感信息相结合，联系植物生理生态学过程和环境因子的 NPP 模型研究成为了热点。以上 CASA、C-FIX、BIOME-BGC 模型和 BEPS、Forest-BGC、GLO-PEM、RHESSYS、SiB2、TURC 等都是利用遥感数据设计的 NPP 模型。AVHRR 数据时间序列长达 20 多年，在 NPP 模型研究中应用最广；MODIS 数据由于其高时间分辨率和高光谱分辨率而在陆地生态系统 NPP 和碳循环研究中具有重要的应用价值。现有研究成果已非常丰富，如结合遥感和野外实测数据对大区域森林参数进行了无偏估计、以 MODIS fA-PAR 和 NDVI 时间序列产品进行瑞典南部针叶林 NPP 制图，以及通过 MODIS 数据获取的光化学反射指数(photochemical reflectance index，PRI)来检测北方落叶林的光合光能利用率年际变动。也有结合多光谱与高光谱卫星影像提取森林生产力的研究。

9.4 森林生态系统碳循环模拟

陆地生态系统碳循环是全球碳循环中的重要环节(图 9-4)，森林生态系统在其中起着举足轻重的作用。据估计，森林生态系统碳储量占陆地生态系统的 46%，森林固碳能力关系到能否降低大气 CO_2 浓度及抑制全球变暖趋势。森林碳储量的大小受光合作用、呼吸作用、死亡、收获等自然和人类活动因素共同影响，因而碳储量的变化反映了森林的演替、人类活动、自然干扰(如林火、病虫害等)、气候变化和人为污染等影响，森林生态系统的碳循环与碳储量在全球陆地生态系统碳循环和气候变化研究中具有重要意义。

森林碳储量的研究通常都是以森林生物量的研究为基础的。早在 1882 年，德国的林学家 Ebermayer 就通过测定几种森林的树枝落叶量和木材重量对巴伐利亚森林的干物质生产力进行了研究。世界范围内的大规模研究始于 20 世纪 60 年代，而 1997 年"联合国气候变化框架公约第三次缔约国大会"所制定的《京都议定书》，掀起了国际间各国林业部门评价本国森林生态系统对全球碳平衡贡献和估算森林碳储存能力的工作高潮 IGBP、WCRP、IHDP，以及一些国家和地区性计划，如 USGCRP、Carbon Europe 等都将森林的碳储量及其碳交换过程作为重要的研究内容。世界大型的碳通量观测网络如 1997 年实施的 FLUXNET 项目，其网络由 AMERIFLUX(南北美洲通量网)、EUROFLUX(欧洲通量网)、MEDEFLUX(地中海通量网)、ASIAFLUX(亚洲通量网)和 OZFLUX(大洋洲通量网)等区域性网络加上一些世界其他地区的独立站点组成。能量网络的建立，为全球森林生态系统的碳交换过程研究提供了良好的科学平台。

森林碳储量的传统研究手段主要是样地实测法、生理生态模型法。随着遥感与信

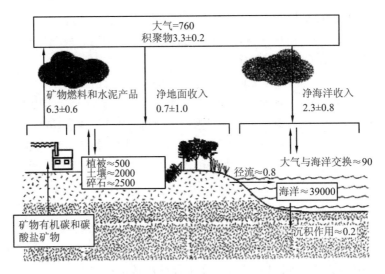

图 9-4　全球碳循环（单位：Pg C）（引自张娜，2003）

息技术的发展，国内外研究者也开始借助于遥感手段研究森林碳储量碳汇进展问题。20 世纪 60 年代以来，日本科学家吉良龙夫及其研究小组在东南亚储量遥感宏观监测方法研究热带地区做了大量工作，其研究方法和结论对后来的研究产生了很大影响。

早在 IGBP/GAIM 的模型研究计划中，就特别重视利用遥感技术估算全球生态系统的净初级生产力，主要采用 NOAA AVHRR 卫星较长时间序列的遥感数据估计净初级生产力。美国 NASA 陆地生态项目支持的 Big Foot 计划开始准备直接提供 MODLand 科学产品，包括土地覆盖、LAI、光合吸收主动辐射分量、净初级生产力。他们利用地面测量、遥感数据、生态系统过程模型在点上再现森林生物量，定量估计碳储量。在陆地生态系统碳汇研究中，人们主要利用遥感技术提取宏观大尺度范围内森林植被的动态（如叶面积指数、生物量等）来研究植被碳储量的变化。近年来人们开始尝试将遥感与模型相结合，以充分发挥模型的过程机理、定量化和遥感信息的宏观、动态的长处，快速获取估计森林碳储量和碳汇值及空间分布。

9.5　森林生态系统景观格局分析

随着景观生态学研究升温，森林生态系统景观格局分析成为近年来遥感技术在林业的重要应用领域之一。研究森林景观格局与生态过程之间相互关系对重建森林景观格局、预测森林景观发展趋势及其管理、城市景观生态环境的优化、土地的合理利用以及城市规划具有重要的意义。

下面结合湖南省长沙、株洲、湘潭城市群核心区森林景观实例，阐述城市森林景观结构与分布格局遥感分析应用。采用的数据源包括 MSS、TM/ETM 和 CBERS 6 期遥感影像，景观划分为有林地、灌木林地、其他林地、耕地、水域和建设用地，研究方法主要为景观指数、转移矩阵和 Kappa 指数。分析流程如图 9-5 所示。

各期遥感影像经预处理及分类后获得各期城市森林景观类型分布及动态（图 9-6）。

9.5 森林生态系统景观格局分析

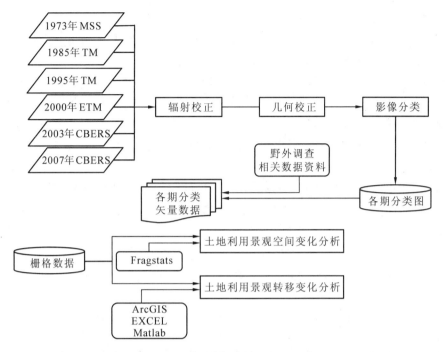

图 9-5 长株潭核心区森林景观动态变化分析流程

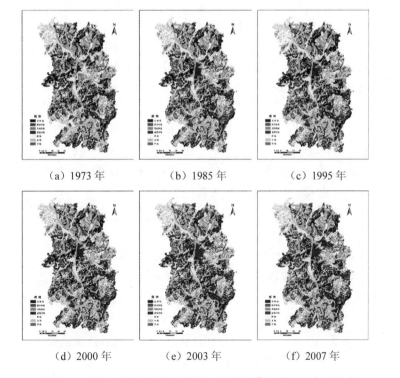

图 9-6 1973—2007 年长株潭核心区森林景观类型分布及动态

进而，将分类结果导入 GIS 软件与景观格局分析软件，计算斑块面积、平均斑块面积、斑块数、斑块密度、边缘密度、分维数、聚集度等景观指数进行景观变化分析。研究区景观斑块密度增加、景观异质性变高、分维数增长、聚集度指数降低、分离度指数增加，景观分布越来越复杂。

转移矩阵分析表明长株潭核心区建设用地面积增加明显，耕地和林地面积减少；林地中，有林地和其他林地面积减少，灌木林地面积增加；耕地和林地向建设用地转化明显，数量大，频率高。Kappa 指数变化加速，年丢失信息增加，表明景观类型位置变化和数量变化速度加快。从各种 Kappa 指数变化顺序反映核心区经济和城市化发展较快。

研究实例表明，时间序列遥感数据不仅可以反映不同时期森林景观格局现状，更可借助 GIS 与景观分析软件揭示森林景观变化动态与特征，为林政措施与城市长期规划提供参考，具有重大的现实意义。

9.6 森林可视化经营

用可视化技术模拟森林环境，具有花费小、耗时短、结果直观的优点，减少了森林经营管理过程中外业的工作量，丰富了森林经营管理的手段。森林环境的可视化可以让公众更好地参与森林的经营决策和森林规划，从而使森林更好地为人类服务。目前，美国、日本、德国的林分可视化系统（SVS、TREEDRAW）都已经研发并且投入应用，而我国林业可视化技术应用程度较低。

下面以湖南省株洲市攸县黄丰桥国有林场经营可视化系统为例，介绍遥感技术在数字林业、虚拟现实中的应用。案例中采用的卫星数据源为 Landsat TM 遥感影像。此外，收集研究区 1:10 000 地形图，黄丰桥林场森林资源分布图、林相图等辅助数据。研究流程如图 9-7。

如图 9-8 所示，根据林相图和研究区等高线数据，以小班为单位，建立 DEM 模型，叠加上遥感影像图，模拟真实的林场三维地形[图 9-8(c)]，进而通过 3DS MAX 和 ArcEngine 建模技术，构建单木三维模型，根据种植点行状配置进行更新造林模拟，构建了具有高度真实感的虚拟森林景观[图 9-8(d)]。

在森林择伐理论的基础上，设计了面向森林经营管理的虚拟林分经营模拟（图 9-9）。

该系统以林业调查数据为数据源，实现二维森林调查数据的管理，虚拟森林漫游等功能。利用 ArcEngine 开发的面向大场景的森林可视化系统具有低成本、开发方便、支撑大数据量的优势，结合相应的数据库技术和空间数据库引擎技术开发森林经营可视化系统切实可行。

以上是卫星遥感在林业中的主要应用。除此以外，遥感技术从小尺度的树高、郁闭度、林龄估测，直至大尺度森林水文、物候、碳氮耦合等生态研究，几乎渗透到林业行业各个领域。随着遥感技术的发展，特别是卫星数据分辨率的迅速提高和雷达、高光谱等遥感数据的多元化，遥感技术应用将日趋广泛，逐步从宏观走向微观，从定性走向定量。

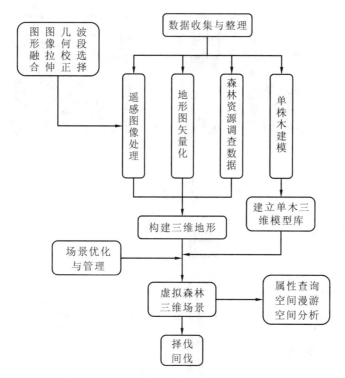

图9-7 黄丰桥国有林场经营可视化系统研建技术路线

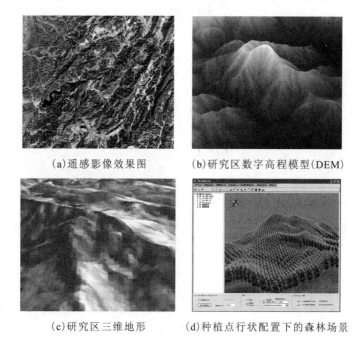

图9-8 研究区三维地形建立与森林场景模拟

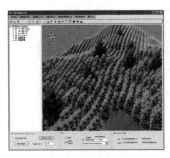 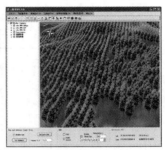

(a)择伐前　　　　　　　　(b)择伐后

图 9-9　森林场景择伐效果图

思考题

1. 试述遥感技术在林业中的应用状况。
2. 如何选择合适的遥感数据源进行森林资源动态监测？
3. 假设需要利用 CBERS 02B 数据或 SPOT5 进行一个县的森林资源调查工作，请设计一个合理的应用方案。
4. 试述遥感定量研究在林业中的作用。

参考文献

承继成,林珲,周成虎,等. 2000. 数字地球导论[M]. 北京:科学出版社.

陈述彭,童庆禧,郭华东. 1998. 遥感信息机理研究[M]. 北京:科学出版社.

陈新芳,安树青,陈镜明,等. 2005. 森林生态系统生物物理参数遥感反演研究进展[J]. 生态学杂志,24(9):1074-1079.

车风. 2009. 黄丰桥国有林场经营可视化系统研建[D]. 中南林业科技大学硕士学位论文.

仇肇悦,李军,郭宏俊. 1998. 遥感应用技术[M]. 武汉:武汉测绘科技大学出版社.

冯钟葵,厉银喜. 1999. SPOT 系列卫星及其数据产品的特征[J]. 遥感信息(3):31-34.

宫鹏,蒲瑞良,郁彬. 1998. 不同季相针叶树种高光谱数据识别分析[J]. 遥感学报,2(3):211-217.

宫鹏,史培军,蒲瑞良,等. 1996. 对地观测技术与地球系统科学[M]. 北京:科学出版社.

李德仁,周月琴,金为铣. 2001. 摄影测量与遥感概论[M]. 北京:测绘出版社.

李丹,陈水森,陈修治. 2010. 高光谱遥感数据植被信息提取方法[J]. 农业工程学报,26(7):181-185.

李小文,刘素红. 2008. 遥感原理与应用[M]. 北京:科学出版社.

李伟建. 1999. 俄罗斯的卫星遥感数据[J]. 遥感信息(4):55-56.

梁顺林. 2009. 定量遥感[M]. 范闻捷,等译. 北京:科学出版社.

林辉,李际平,刘泰龙. 2002. 遥感技术基础教程[M]. 长沙:中南大学出版社.

林辉,李际平,叶光华. 2003. 多项式法航空相片几何纠正[J]. 北京林业大学学报,25(2):58-62.

林辉,赵双泉,赵煜鹏. 2004. 遥感数字图像的无缝镶嵌[J]. 中南林学院学报,24(1):83-86.

林辉,熊育久,孙华,等. 2007. 湖南省森林资源连续清查遥感应用研究[J]. 中南林业科技大学学报,27(4):33-38.

刘文熙,许伦,魏志芳,等. 1993. 航空摄影测量及遥感[M]. 北京:中国铁道出版社.

马延辉. 2010. 南方针叶林遥感信息提取研究[D]. 中南林业科技大学硕士学位论文.

梅安新,彭望琭,秦其明,等. 2001. 遥感导论[M]. 北京:高等教育出版社.

莫登奎. 2006. 中高分辨率遥感影像分割与信息提取研究[M]. 长沙:中南林业科技大学.

彭望琭,白振平,刘湘南,等. 2002. 遥感概论[M]. 北京:高等教育出版社.

浦瑞良,宫鹏. 2000. 高光谱遥感及其应用[M]. 北京:高等教育出版社.

孙家抦. 2002. 遥感原理与应用[M]. 武汉:武汉大学出版社.

谭炳香. 2006. 高光谱遥感森林类型识别及其郁闭度定量估测研究[D]. 中国林业科学研究院博士论文.

谭炳香,李增元,陈尔学,等. 2006. Hyperion 高光谱数据森林郁闭度定量估测研究[J]. 北京林业大学学报, 28(3): 95-101.

谭炳香. 2003. 高光谱遥感森林应用研究探讨[J]. 世界林业研究, 16(2): 33-37.

陶秋香, 陶华学, 张连蓬. 2004. 在植被高光谱遥感分类中的应用研究[J]. 勘察科学技术, 1: 21-24.

童庆禧, 张兵, 郑兰芬. 2006. 高光谱遥感[M]. 北京: 高等教育出版社.

童庆禧, 郑兰芬, 王晋年等. 1997. 湿地植被成像光谱遥感研究[J]. 遥感学报, 1(1): 50-57.

汪小钦, 江洪, 傅银贞. 2009. 森林叶面积指数遥感研究进展[J]. 福州大学学报(自然科学版), 37(6): 822-828.

魏安世, 等. 2010. 基于"3S"的森林资源与生态状况年度监测技术研究[M]. 北京: 中国林业出版社.

邬伦、刘瑜、等. 2001. 地理信息系统原理方法和应用[M]. 北京: 科学出版社.

薛重生, 张志, 王京名. 2000 地学遥感概论[M]. 武汉: 中国地质大学出版社.

熊育久, 林辉, 孙华, 等. 2005. 多源遥感数据融合及其对植被识别的影响[J]. 林业资源管理, 5: 71-76.

薛晓坡. 2009. 长株潭核心区森林景观动态变化分析[D]. 中南林业科技大学硕士学位论文.

徐冠华, 徐吉炎. 1988. 再生资源遥感研究[M]. 北京: 科学出版社.

章孝灿, 黄智才, 赵元洪. 1997. 遥感数字图像处理[M]. 杭州: 浙江大学出版社.

张良培, 张立福. 2005. 高光谱遥感[M]. 武汉: 武汉大学出版社.

张娜, 于贵瑞. 2003. 基于"3S"的自然植被光能利用率的时空分布特征的模拟[J]. 植物生态学报, 27(3): 325-336.

赵宪文, 李崇贵. 2001. 基于"3S"的森林资源定量估测[M]. 北京: 中国科学技术出版社.

赵秋艳. 2000. 俄罗斯的RESURS系列地球资源卫星[J]. 航天返回与遥感(3): 30-35.

赵秋艳. 2000. Orbview系列卫星介绍[J]. 航天返回与遥感(2): 23-29.

赵英时. 2003. 遥感应用分析原理与方法[M]. 北京: 科学出版社.

郑兰芬, 王晋年. 1992. 成像光谱遥感技术及其图像光谱信息提取分析研究[J]. 环境遥感, 7(1): 49-58.

周成虎, 骆剑承, 杨晓梅, 等. 2001. 遥感影像地学理解与分析[M]. 北京: 科学出版社.

ARGANY M, AMINI J, SARADJIAN, M. R. 2006. Artificial neural networks for improvement of classification accuracy in Landsat + ETM images. Proceeding of Map Middle East Conference, Dubai, March 26-29, 2006. Available at:

http://www.gisdevelopment.net/proceeding/mapmiddleeast/2006/mm06pos_98.htm

BARET F, GUYOT G. 1991. Potentials and limits of vegetation indices for LAI and APAR assessment. Remote Sensing of Environment, 35: 161-173.

BARNSLEY M J, SETTLE J J, Cutter M A, et al. 2004. The PROBA/CHRIS mission: A low-cost small-sat for hyperspectral, multi-angle observations of the earth surface and atmosphere[J]. IEEE Transactions on Geosciences and Remote Sensing, 42: 1 512-1 520.

BELANGER M J, MILLER J R, BOYER M G. . 1995. Comparative relationships between some red edge parameters and seasonal leaf chlorophyll concentrations[J]. Canadian Journal of Remote Sensing, 21: 16-21.

COCKS T, JENSSEN R, STEWART A, et al. 1998. The HymapTM airborne hyperspectral sensor: the system, calibration and performance[J]. Proceeding of 1st Earsel Workshop on Imaging Spectroscopy,

5: 37-45.

DENG F, CHEN J M, PLUMMER S, et al. 2006. Algorithm for global leaf area index retrieval using satellite imagery[J]. IEEE Transactions on Geoscience and Remote Sensing, 44(8): 2 219-2 229.

DEMAREZ V, et al. 1999. Seasonal variation of leaf chlorophyll content of a temperate forest inversion of the PROSPECT model[J]. International Journal of Remote Sensing, 20(5): 879-894.

DARSON C S T, et al. 1998. Curran P J, Plummer S E. LIBERTY modeling the effects of leaf biochemical concentration on reflectance spectra[J]. Remote Sensing of Environment, 65: 50-60.

ERDAS, 1999. ERDAS Field Guide (fifth edition). ERDAS Inc. Atlanta, GA, USA.

ELVIDGE C D, CHEN Z, GROENEVELD D P. 1993. Detection of trace quantities of green vegetation in 1990 AVIRIS data[J]. Remote Sensing of Environment, 44: 271-279.

FENG Y, MILLER J R. 1991. Vegetation green reflectance at high spectral resolution as a measure of leaf chlorophyll content. Proceedings of the 14th Canadian Symposium on Remote Sensing[J]. Calgary Alberta, 351-355.

FOURTY Th, et al. 1996. Leaf optical properties with explicit description of its biochemical composition: direct and inverse problems[J]. Remote Sensing of Environment, 56: 104-117.

GITELSON A A, MERZLYAK M N. 1996. Signature analysis of leaf reflectance spectra: algorithm development for remote sensing of chlorophyll[J]. Journal of Plant Physical, 148: 494-500.

GITELSON A A, MERZLYAK M N. 1997. Remote estimation of chlorophyll content in higher plant leaves[J]. International Journal of Remote Sensing, 18: 2 691-2 697.

GOETZ ALEXANDER F H, et al. 1985. Imaging spectrometry for earth remote sensing[J]. Science, 228(4 704): 1 147-1 153.

GONG P, PU R, MILLER J R.. 1995. Coniferous forest leaf area index estimation along the Oregon transect using compact airborne spectrographic imager data[J]. Photogrammetric Engineering & Remote Sensing, 61(9): 1 107-1 117.

GONG P, et al. 1999. Inverting a canopy reflectance model using a neural network[J]. International Journal of Remote Sensing. 20(1): 111-122.

GOWARD S N, HUEMMRICH K F. 1992. Vegetation canopy PAR absorptance sand the normalized difference vegetation index: An assessment using the SAIL model[J]. Remote Sensing of Environment, 39: 119-140.

GREEN ROBERT O, et al. 1998. Imaging spectroscopy and the airborne visible/infrared imaging spectrometer(AVIRIS)[J]. Remote Sensing of Environment, 65: 227-248.

GYANESH CHANDER, BRIAN L. MARKHAM, DENNIS L. HELDER. 2009. Summary of current radiometric calibration coefficients for Landsat MSS, TM, ETM+, and EO-1 ALI sensors[J]. Remote Sensing of Environment, 113: 893-903.

HUETE A., et al. 2002. Overview of the radiometric and biophysical performance of the MODIS vegetation indices. Remote Sensing of Environment, 83 (1-2): 77-96.

HUETE A R. 1988. A Soil-Adjusted Vegetation Index (SAVI)[J]. Remote Sensing of Environment, 25: 295-309.

HARE E W, et al. 1984. Studies of the vegetation red reflectance edge in geobotanical remote sensing in eastern Canada[C]. Proceedings of the 9th Canadian Symposium on Remote Sensing. Held at St John's. Newfoundland, 13-17 Aug 1984, 433-440.

IM J, JENSEN J R, TULLIS J A. 2007. Object-based change detection using correlation image analysis and image segmentation[J], International Journal of Remote Sensing, 29: 2, 399 – 423.

JACQUEMOUD S, et al. 1996. Estimating leaf biochemistry using the PROSPECT leaf optical properties mode[J]l. Remote Sensing of Environment, 56: 194 – 202.

JACQUEMOUD S, BARET F. 1990. PROSPECT: a model of leaf optical properties spectra[J]. Remote Sensing of Environment, 34: 75 – 91.

JAMES B. CAMPBELL. 2006. Introduction to Remote Sensing[M]. 4th. New York: The Guilford Press.

JOHNSON L F, et al. 1994. Multivariate analysis of AVIRIS data for canopy biochemical estimation along the Oregon transect[J]. Remote Sensing of Environment, 47: 216 – 230.

JORDAN C F. 1969. Derivation of leaf area index from quality of light on the forest floor[J]. Ecology, 50: 663 – 666.

KAUTH R J, Thomas G S. 1976. The Tasselled Cap – A Graphic Description of the Spectral – Temporal Development of Agricultural Crops as Seen by LANDSAT.

KNIPLING E B. 1970. Physical and physiological basis for the reflectance of visible and near – infrared radioation from vegetation. Remote Sensing of Environment, 1: 155 – 159.

LILLESAND T M, KIEFER R W. 1994. Remote sensing and Image Interpretation[M]. 3th, New York: John Wiley & Sons, Inc.

LI X, STRAHLER A. 1986. Geometric – optical bi – directional reflectance modeling of a coniferous forest canopy[J]. IEEE Transactions on Geoscience and Remote Sensing, GE – 24: 906 – 919.

LIU R, CHEN J M, LIU J, et al. 2007. Application of a new leaf area index algorithm to China's landmass using MODIS data for carbon cycle research[J]. Journal of Environmental Management, 85: 649 – 658.

MATSON P A, et al. 1994. Seasonal changes in canopy chemistry across the Oregon transect: patterns and spectral measurement with remote sensing[J]. Ecological Applications, 4(2): 280 – 298.

MILLER J R, HARE E W, WU J. 1990. Quantitative characterization of the vegetation red edge reflectance, 1. An inverted – Gaussian reflectance mode[J]l. International Journal of Remote Sensing, 11(10): 1 775 – 1 795.

MILLER J R, et al. 1991. Season patterns in leaf reflectance red edge characteristics. International Journal of Remote Sensing, 12(7): 1 590 – 1 523.

MILTON E J, ROLLIN E M, EMERY D R. 1995. Advances in field spectroscopy[M], in Adcances in Environmental Remote Sensing. Edited by F. Mark Sanson and S. E. Plummer, New York: Wiley, 9 – 13.

NEVILLEe R A, et al. 1997. Spectral unmixing of SFSI imagery in Nevada[C], Proceedings of the Twelfth International Conference and Workshops on Applied Geologic Remote Sensing, Denver, Colorado, 17 – 19, November, Volume II, II – 449 – II – 456.

NIEMANN K O. 1995. Remote sensing of forest stand age using airborne spectrometer data[J]. Photogrammetric Engineering & Remote Sensing, 61(9): 1 119 – 1 127.

OETTER D R, COHEN W B, BERTERRETCHE M, et al. 2001. Land cover mapping in an agricultural setting using multiseasonal Thematic Mapper data[J]. Remote Sensing of Environment, 76: 139 – 155.

PETERSON D L, et al. 1988. Remote Sensing of forest canopy and leaf biochemical contents[J]. Remote Sensing Environment, 24: 85 – 108.

PU RUILIANG, PENG GONG. 2004. Wavelet transform applied to EO – 1 hyperspectral data for forest

LAI and crown closure mapping[J]. Remote Sensing of Environment, 91, 212 – 224.

RICHARDSON A J, EVERITT J H. 1992. Using spectra vegetation indices to estimate rangeland productivity[J]. Geocarto International, 1: 63 – 69.

ROUSE J W, HAAS R H, SCHELL J A, et al. 1974. Monitoring the vernal advancement of retrogradation of natural vegetationR[R] NASA/GSFC, Type III, Final Report, Greenbelt, MD, p. 371.

SABINS JR F F. 1987. Remote sensing: principles and interpretation[M]. New York: W H Freeman & Co.

SKOOG D A, HOLLER E J, NIEMAN T A. 1998. Principles of Instrumental Analysis[M]. 5th. Phildelphia: Saunders College Publishers, 849.

VANE GREGG, GOETZ ALECANDER F H. 1993. Terresttrial imaging spectroscopy: current status, future trends[J]. Remote Sensing of Environment, 44: 117 – 126.

VANE GREGG, GOETZ ALECANDER F H. 1988. Terrestrial imaging spectroscopy[J]. Remote Sensing of Environment, 24: 1 – 29.

WESSMAN C A, et al. 1989. An evaluation of imaging spectrometry for estimating forest canopy chemistry[J]. International Journal of Remote Sensing, 10: 1 293 – 1 316.

WESSMAN C A, et al. 1988. Remote sensing of canopy chemistry and nitrogen cycling in temperate forest ecosystems[J]. Nature, 335: 154 – 156.

XIE H. J. 2005. Remote sensing image processing and analysis (lecture). University of Texas

附录　遥感中英文词汇表

中文	英文	中文	英文
BP 网络	Back propagation network	大气影响	Atmospheric affection
K-L 变换	K-L transform	道路	Roadway
X 射线	X-ray	等角点	Isocenter
γ 射线	Γ-ray	地段	Segment
按波段顺序	Band sequential, BSQ	地理信息系统	Geographic information system, GIS
饱和度	Saturation		
被动式	Passive	地理资源分析支持系统	Geographic resources analysis support system, GRASS
比例尺	Scale		
比值植被指数	Ratio vegetation index, RVI	地理坐标	Geodetic coordinates
编号	Number	地面	Ground
标定参数	Calibration parameter	地面分辨率	Ground resolution
表面粗糙度	Surface roughness	地面记录与监测系统	Ground recording & Monitoring system, GR&MS
波段间扫描线逐行交替记录	Band interleaved by line, BIL		
		地面接收站	Ground receiving station
波段间像交叉	Band interleaved by pixel, BIP	地面控制点	Ground control points, GCP
		地面控制中心	Ground control center
波谱曲线	Spectral curve	地球观测实验卫星（法国卫星系统）	Systeme probatoire d'observation de la terre, SPOT
采伐迹地	Cleared area		
彩色片	Color film	地球观测卫星	Earth observation satellite, EOS
彩色原理	Color principle		
操作向导	Wizard	地球观测卫星公司	Earth observation satellite corporation, EOSAT
成分	Component		
成像过程	Imaging	地球观测卫星委员会	Committee on earth observation satellites, CEOS
臭氧总量测图光谱仪/系统	Total ozone mapping spectrometer/system, TOMS		
		地球资源观测系统	Earth resources observation satellite/system, EROS
传感器	Sensor		
传输与处理	Transportation and processing	地球资源技术卫星	Earth resources technology satellite, ERTS
垂直投影	Vertical projection	地球资源卫星	Land satellite, LANDSAT
搭载校验数据	Payload correction date	地物波谱特征	Ground spectrum characteristics
大气窗口	Atmospheric window		
大气吸收波段	Atmospheric absorption band	电磁波	Electromagnetic wave

附录 遥感中英文词汇表

中文	英文	中文	英文
电磁波谱	Electro-magnetic spectrum	改进型甚高分辨率辐射仪	Advanced very high resolution radiometer, AVHRR
电荷耦合器件	Charge coupled device, CCD	感光材料	Graphical materials
调制传递函数	Modulation transfer function, MTF	高度	Altitude
动态定位	Dynamic positioning	高分辨率可见光波段传感器	Haute resolution visible, HRV
短波红外	Short-Wavelength infrared, SWIR	高分辨率视频	High resolution video, HRV
多光谱扫描仪	Multi-Spectral scanner, MSS	高分辨率图像传递装置	High resolution picture transmission, HRPT
多光谱摄影机	Multispectral camera	高光谱	Hyper-spectrum
多角度成像光谱辐射仪	Multi-angle imaging spectro-radiometer, MISR	戈达德宇航中心	Global space flight center, GSFC
二维直方图	2D histogram	格式	Format
反差	Contrast	格网数据	Grid data
反差系数	Contrast coefficient	工矿	Industrial and mineral areas
反差增强	Contrast enhancement	灌木林	Brush
反光立体镜	Mirror(-type) stereoscopy	光谱反射曲线	Spectral reflectance curves
反立体	Pseudo-stereoscopy	光谱分辨率	Spectral resolution
反射	Reflection	光谱辐射	Spectral radiance
反射角	Angle of reflection	光谱特性	Spectral properties
反束光导管摄像管	Return beam vidicon, RBV	光谱效应	Spectral effect
方差扩大因子法	Variance inflation factor	光速	Light velocity
非参数估计	non-parametric estimation	光学	Optical
非成像	Non-imaging	广角成像仪	Wide field imager, WFI
非林地	Non-forest land	轨道	Orbit
分辨单元	Resolution cell	国际地圈-生物圈计划	Integrated geosphere-biosphere programme, IGBP
分辨率	Resolution	国际电信联盟	International telecommunications union, ITU
分布式计算	Distributed computation	国家海洋与大气管理局	National oceanographic and atmospheric administration, NOAA
分布式主动归档中心	Distributed active archive center, DAAC	国家航空航天局	National aeronautics and space administration, NASA
分布图	Distribution map	国家极轨环境卫星系统	National polar orbiting environmental satellite system, NPOESS
分层抽样	Stratification sampling		
分类	Classification		
分形	Fractal		
分形布朗运动	Fractal Brown motion	国家气象中心	National meteorological center, NMC
分形维数	Fractal dimension		
符号	Symbol		
辐射校正	Radiation	哈达玛核	Hadamard kernel
俯仰角	Angle of pitch	海拔	Elevation
复共线性	Multi-collinearity		
傅立叶变换	Fourier transform		

中文	英文	中文	英文
海量存储器	Mass storage	计算机兼容磁带	Computer compatible tape, CCT
航高	Flight altitude	技术系统	Technical system
航空	Aerial	加拿大遥感中心	Canada center for remote sensing, CCRS
航空侧视雷达	Aerial side-working radar	加色法	Addictive mixtures
航空摄影	Aerial photography, Aerophotography	假彩色	False color
航空摄影机	Aerial camera	监督分类	Supervision classification
航空摄影平台	Aerial platform	减色法	Subtractive mixture
航空遥感	Aerial remote sensing	焦距	Focal length
航偏角	Angle of yaw	角速度	Angular rate
航摄相片分辨力	Resolution of photo	接收站	Receiving station
航天	Space	结构	Structure
航天遥感	Space remote sensing	介质	Dielectric
航向重叠	Longitudinal overlap	经度	Longitude
合成孔径雷达	Synthetic aperture radar, SAR	经纬度注记	Annotation of longitude and latitude
核函数	Kernel function	精度	Accuracy
红外	Infrared, IR	净初级生产力	Net primary productivity, NPP
红外彩色片	Infrared film	静态定位	Static positioning
红外扫描仪	Infrared scanner	镜头分辨力	Resolution of len
红外线	Infrared light	镜像	Mirror image
宏纹理	Macro texture	居民点	Residence
互操作	Interoperate	局部比例尺	Local scale
环境植被指数	Environmental vegetation index, EVI	局部地区覆盖	Local area coverage, LAC
荒山	Waste land	绝对定位	Absolute position
灰标	Gray level	绝对航高	Absolute height
灰度比值	Ratio of gray value	军用设施	Military establishment
灰度值	Gray value	均方差	Mean square error
灰阶	Gray scale	均方根误差	Root mean square error, RMSE
混交稀疏林	Mixed open forest	可见光	Visible light
混交郁闭林	Mixed close forest	可见光和近红外光	Visible and near infrared, VNIR
机载成像光谱仪	Airborne imaging spectrometer, AIS	可视化	Visualization
基本控制	Basic control	空间分辨率	Spatial resolution
基准点	Origin of a datum	空间分布	Spatial distribution
极地球面投影	Polar stereography project, PSP	空间结构	Spatial structure
集成电路	Integrated circuit, IC	空间信息	Spatial information
几何校正	Geometric correction	空间坐标系	Space coordinate system

中文	英文	中文	英文
快速格式	Fast Format	面积估计	Area estimation
宽视场传感器	Wide field sensor, WIFS	面状目标	Area target
框标	Fiducial mark	目视判读	Visual interpretation
扩展二进制编码的十进制交换代码	Extended binary coded decimal interchange code, EBCDIC	牧地	Grazing land
		农地	Farm land
		诺阿卫星	NOAA satellite
阔叶稀疏林	Open broadleaf forest	欧洲太空局	European space agency, ESA
阔叶郁闭林	Close broadleaf forest	欧洲遥感卫星	European remote sensing satellite, ERS
雷达图像	Radar image		
离散分形布朗随机场	Discrete fractal Brownian random field	旁向重叠	Lateral overlap
		配准	Calibration
离散余弦变换	Discrete cosine transform, DCT	品质保证	Quality assurance, QA
		平均残差平方和	Residual mean squares
立体感觉	Stereoscopic perception	平台	Platform
立体观察	Stereoscopograph stereovision	坡向	Aspect
		乔木树种	Arboreal species
立体模型	Stereoscopic model	桥式立体镜	Bridge-type stereoscopy
立体效应	Stereoscopic effect	倾斜角	Angle of tilt
联合研究中心	Joint research center, JRC	全球(气候、海洋、陆地)观测系统	Global (Climate, Ocean, Terrestrial) observing systems, G3OS
粮农组织	Food and agriculture organization, FAO		
亮度	Lightness	全球成像仪	Global imager, GLI
林班	Compartment	全球大地测量系统	World geodetic system, WGS
林地	Forest land	全球定位系统	Global positioning system, GPS
林分类型	Stand type		
林网	Forest network	全球分区覆盖	Global area coverage, GAC
林业遥感	Remote sensing of forestry	全球森林覆盖观测	Global observation of forest cover, GOFC
岭参数	Ridge parameter		
岭迹分析	Ridge trace analysis	全球综合观测战略	Integrated global observing strategy, IGOS
陆地卫星	Landsat		
陆地卫星影像数据质量评定	Landsat image data quality assessment, LIDQA	全色片	Panchromatic film
		全站仪	Total station instrument
陆地资源卫星系统	Landsat system	热(红外)波段	Thermal band
滤光镜	Filter	人工神经网络	Artificial neural network, ANN
绿色植被指数	Green vegetation index, GVI		
漫散射	Diffuse reflection	入射角	Angle of incidence
美国标准化协会	American standards association, ASA	三次卷积	Cubic convolution
		三基色	Three base colors
美国地质调查局	United States geological survey, USGS	三维表面模拟	3D surface modeling
		散射	Scatter
米氏散射	Mie scattering	扫描	Scanning

中文	英文	中文	英文
色调	Hue	天底角	Angle of nadir
色盲片	Blind film	天线	Antenna
森林覆盖率	Forest coverage rate	条件数法	Condition number
森林资源调查	Forestry resources survey	通用横轴墨卡托投影	Universal transverse mercator projection, UTM
神经元	Neuron		
时表	Timer	投影	Projection
时间分辨率	Temporal resolution	投影差	Projection difference
实时差分定位	Real time differential positioning	透射	Transmission
		图像分割	Image segmentation
矢量图	Vector map	图像分类	Image classification
世界向量式海岸线	World vector shoreline, WVS	图像结构	Image structure
树种	Tree species	图像理解	Image understanding
数据反演局	Data assimilation office, DAO	图像增强	Image enhancement
		图像增强处理	Image enhancement processing
数据获取	Data collection		
数据库	Database	土地覆盖工作组	Land cover working group, LCWG
数据压缩	Data compression		
数据与信息系统	Data and information system, DIS	拓扑关系	Topology relation
		拓扑维数	Topology dimension
数字地面模型	Digital Terrain Model	微波	Microwave
数字地球	Digital Earth	微纹理	Micro texture
数字地形高程数据	Digital terrain elevation data, DTED	纬度	Latitude
		纹理	Texture
数字高程模型	Digital elevation model, DEM	稳健估计	Robust estimation
数字化仪	Digitizer	沃尔什变换	Walsh transform
数字世界航图	Digital chart of the world, DCW	无线电波	Wireless wave
		误差反传算法	Back propagation algorithm
数字图像处理	Digital image processing	吸收	Absorption
数字信号级	Digital signal level, DSL	稀疏纯林	Open pure forest
双线性内插法	Bi-linear interpolation method	系统畸变	System distortion
		先进地球观测卫星	Advanced earth observation satellite, ADEOS
双向反射比分布函数	Bidirectional reflectance distribution function, BRDF	先进型甚高分辨辐射仪	Advanced very high resolution radiometer, AVHRR
水域	Water		
速度	Velocity	先进沿轨扫描辐射计	Advanced along track scanning radiometer, AATSR
缩放晒印	Ratio print		
太阳辐射	Solar radiation	现代林业	Modern forestry
太阳高度角	Sun angle	线性扩展	Linear expansion
太阳同步卫星	Sun-synchronous satellite	相对定位	Relative positioning
特性	Characteristic	像底点	Photographic nadir
特征根	Eigen-root	相片编号	Photo number

附录 遥感中英文词汇表

中文	英文	中文	英文
相片倾斜角	Tilt angle of photograph	折射角	Angle of refraction
像移补偿器	Image-motion compensator	针叶稀疏林	Open conifer
像元	Pixel	针叶郁闭林	Close conifer
像主点	Principal point	振幅	Amplitude of oscillation
小班	Sub-compartment	正规化植被指数	Normalized Difference Vegetation Index, NDVI
信息系统	Information System	正交植被指数	Perpendicular vegetation index, PVI
形状	Shape		
虚拟现实	Virtual reality	正立体	Orthostereoscopy
蓄积量	Stock volume	正色片	Orthochromatic film
蓄积量估测	Estimation of forest stock	正射投影	Orthographic map projection
悬崖	Precipice	正态植被指数	Normal vegetation index, NVI
雪山	Snowy mountain		
压平线	Frame of image	直方图扩展	Histogram expansion
衍射	Diffraction	植被指数	Vegetation Index, VI
眼基线	Eye base	专题成像制图仪	Thematic mapper, TM
阳坡	Sunny slope	最大似然估计法	Maximum likelihood
样地	Sample plot	中巴地球资源卫星	China/Brazil earth resources satellite, CBERS
遥感	Remote Sensing		
野外调绘	Field classification survey	中度多角度成像光谱辐射仪	Moderate resolution imaging spectroradiometer, MRIS
野外检察	Field check		
阴坡	Shady slope	中国标准	GB
应用	Application	中心投影	Centering projection
应用软件包	Application package	重叠	Overlap
有偏估计	Bias estimation	主动式	Active
郁闭纯林	Close pure forest	主数据处理机	Master data processor, MDP
郁闭度	Crown density	注释	Annotating
元数据	Metadata	姿态	Attitude
圆形的	Cycle	紫外片	Ultraviolet film
运行周期	Orbital period	紫外扫描仪	UV scanner
造林地	Afforestation land	紫外线	Ultraviolet light
增强型专题成像仪	Enhanced thematic mapper plus, ETM+	组合式光电多波段扫描仪	Modular opto-electric multi-spectral scanner, MOMS
栅格图	Raster map	最大似然准则	Maximum likelihood criterion
招标	Announcement of opportunity, AO	最近临分析	Nearest neighbor analysis
沼泽	Swamp	坐标系统	Coordinate system
折射	Refraction		